全国环境影响评价工程师职业资格考试系列参考教材

环境影响评价技术导则与标准

（2015年版）

环境保护部环境工程评估中心　编

中国环境出版社·北京

图书在版编目（CIP）数据

环境影响评价技术导则与标准：2015年版／环境保护部环境工程评估中心编．—8版．—北京：中国环境出版社，2015.3

全国环境影响评价工程师职业资格考试系列参考教材

ISBN 978-7-5111-2226-1

Ⅰ．①环…　Ⅱ．①环…　Ⅲ．①环境影响—评价—工程师—资格考试—教材　Ⅳ．①X820.3

中国版本图书馆CIP数据核字（2015）第018648号

出 版 人　王新程
责任编辑　黄晓燕
文字编辑　陈雪云
封面制作　宋　瑞

出版发行　中国环境出版社
（100062　北京市东城区广渠门内大街16号）
网　　址：http://www.cesp.com.cn
电子邮箱：bjgl@www.cesp.com.cn
联系电话：010-67112765（编辑管理部）
010-67112735（环评与监察图书分社）
发行热线：010-67125803，010-67113405（传真）
印　　刷　北京市联华印刷厂
经　　销　各地新华书店
版　　次　2005年2月第1版　2015年3月第8版
印　　次　2015年3月第1次印刷
开　　本　787×960　1/16
印　　张　17.5
字　　数　330千字
定　　价　50.00元

【版权所有，未经许可请勿翻印、转载，侵权必究】
如有缺页、破损、倒装等印装质量问题，请寄回本社更换

编 写 委 员 会

主　编　刘伟生

副主编　赵瑞霞　卓俊玲

编　委　（以姓氏拼音字母排序）

蔡　梅　关　睢　康拉娣　李宁宁　李忠华

林　樱　刘金洁　刘彩凤　刘海龙　邱秀珍

石静儒　史雪廷　谈　蕊　闫如松　杨申卉

叶　斌　周申燕

前 言

为了满足环境影响评价工程师职业资格考试应试需求，我中心组织具有多年环境影响评价实践经验的专家于2005年编写了第一版环境影响评价工程师职业资格考试系列参考教材。《环境影响评价技术导则与标准》是该套教材的其中一册，归纳整理了从事环境影响评价业务所必需的环境影响评价技术导则与标准，并对重点内容作了解释和说明。

根据全国统一考试实践和《全国环境影响评价工程师职业资格考试大纲》的要求，我们于2006—2014年先后组织对该册教材进行了九次修订，补充完善并修订了与考试相关的环境影响评价技术导则和标准的有关内容。2015年初，我们对该册教材进行了第十次修订，重点对规划环境影响评价导则、锅炉大气污染物排放标准及生活垃圾焚烧污染控制标准等相关内容进行了修订，并对个别不准确的提法或者错误进行了修正。本版教材修订人员为：李鱼、石静儒、关雎。各版教材编写、修订和统稿人员同为本书作者。书中不当之处，恳请读者批评指正。

编 者

2015年2月于北京

目 录

第一章　环境保护标准体系

第一节　环境标准概述

一、环境标准的定义

环境标准是为了防治环境污染，维护生态平衡，保护人群健康，对环境保护工作中需要统一的各项技术规范和技术要求所做的规定。具体讲，环境标准是国家为了保护人民健康，促进生态良性循环，实现社会经济发展目标，根据国家的环境政策和法规，在综合考虑本国自然环境特征、社会经济条件和科学技术水平的基础上，规定环境中污染物的允许含量和污染源排放污染物的数量、浓度、时间和速度以及监测方法和其他有关技术规范。

环境标准是随着环境问题的产生而出现的，随着科技进步和环境科学的发展，环境标准也随之而发展，其种类和数量也越来越多。我国环境标准可分为国家标准和地方标准；按其内容和性质，可分为环境质量标准、污染物排放标准、方法标准、标准样品标准和基础标准等。

二、环境标准的作用

1．环境标准是国家环境保护法规的重要组成部分

我国环境标准具有法规约束性，是我国环境保护法规所赋予的。在《中华人民共和国环境保护法》、《中华人民共和国大气污染防治法》、《中华人民共和国水污染防治法》、《中华人民共和国海洋环境保护法》、《中华人民共和国环境噪声污染防治法》、《中华人民共和国固体废物污染环境防治法》等法律法规中，都规定了实施环境标准的条款，使环境标准成为执法必不可少的依据和环境保护法规的重要组成部分。我国环境标准本身所具有的法规特征是：国家环境标准绝大多数是法律规定必须严格贯彻执行的强制性标准。国家环境标准是环境保护部组织制订、审批、发布；地方环境标准由省级人民政府组织制订、审批、发布。这就使我国环境标准具有行政法规的效力。国家环境标准明确规定了适用范围及企事业单位在排放污染物时必须达到的各项技术指标要求，规定了监测分析方法以及违反要求所应承担的经济后

果等。同时我国环境标准从制（修）订到发布实施有严格的工作程序，使环境标准具有规范性特征。国家环境标准又是国家有关环境政策在技术方面的具体表现，如我国环境质量标准兼顾了我国环境保护工作的区域性和阶段性特征，体现了我国经济建设和环境建设协调发展的战略政策；我国污染物排放标准综合体现了国家关于资源综合利用的能源政策、淘劣奖优的产业政策、鼓励科技进步的科技政策等，其中行业污染物排放标准又着重体现了我国行业环境政策。

2．环境标准是环境保护规划的体现

环境规划的目标主要是用标准来表示的。我国环境质量标准就是将环境规划总目标依据环境组成要素和控制项目在规定时间和空间内予以分解并定量化的产物。因而环境质量标准是具有鲜明的阶段性和区域性特征的规划指标，是环境规划的定量描述。污染物排放标准则是根据环境质量目标要求，将规划措施，根据我国的技术和经济水平以及行业生产特征，按污染控制项目进行分解和定量化，它是具有阶段性和区域性特征的控制措施指标。

环境规划是指在什么地方到什么时候采取什么措施达到什么标准，也就是通过环境规划来实施环境标准。通过环境标准提供了可列入国民经济和社会发展计划中的具体环境保护指标，为环境保护计划切实纳入国家各级经济和社会发展计划创造了条件；环境标准为其他行业部门提出了环境保护具体指标，有利于其他行业部门在制订和实施行业发展计划时协调行业发展与环境保护工作；环境标准提供了检验环境保护工作的尺度，有利于环保部门对环保工作的监督管理，对于人民群众加强对环保工作的监督和参与，提高全民族的环境意识也有积极意义。

3．环境标准是环境保护行政主管部门依法行政的依据

多年来逐步形成的环境管理制度，是环境监督管理职能制度化的体现。但是，这些制度只有在各自进行技术规范化之后，才能保证监督管理职能科学有效地发挥。

环境管理制度和措施的一个基本特征是定量管理，定量管理就要求在污染源控制与环境目标管理之间建立定量评价关系，并进行综合分析。因而就需要通过环境保护标准统一技术方法，作为环境管理制度实施的技术依据。

目标管理的核心是对不同时间、空间、污染类型，确定相应要达到的环境标准，以便落实重点控制目标；另一方面需要从污染物排放标准和区域总量控制指标出发，确定建设项目环境影响评价指标和“三同时”验收指标，确定集中控制工程与限期治理项目对污染源的不同控制要求，确定工业点源执行排放标准和总量指标的负荷分配量，以及相应的排污收费额度。

总之，环境标准是强化环境管理的核心，环境质量标准提供了衡量环境质量状况的尺度，污染物排放标准为判别污染源是否违法提供了依据。同时，方法标准、标准样品标准和基础标准统一了环境质量标准和污染物排放标准实施的技术要求，为环境质量标准和污染物排放标准正确实施提供了技术保障，并相应提高了环境监督管理的科学水平和可比程度。

4. 环境标准是推动环境保护科技进步的一个动力

环境标准与其他任何标准一样，是以科学与实践的综合成果为依据制定的，具有科学性和先进性，代表了今后一段时期内科学技术的发展方向。使标准在某种程度上成为判断污染防治技术、生产工艺与设备是否先进可行的依据，成为筛选、评价环保科技成果的一个重要尺度，对技术进步起到导向作用。同时，环境方法、样品、基础标准统一了采样、分析、测试、统计计算等技术方法，规范了环保有关技术名词、术语等，保证了环境信息的可比性，使环境科学各学科之间、环境监督管理各部门之间以及环境科研和环境管理部门之间有效的信息交往和相互促进成为可能。标准的实施还可以起到强制推广先进科技成果的作用，加速科技成果转化为生产力的步伐，使切合我国实际情况的无废、少废、节能、节水及污染治理新技术、新工艺、新设备尽快得到推广应用。

5. 环境标准是进行环境评价的准绳

无论进行环境质量现状评价，编制环境质量报告书，还是进行环境影响评价，编制环境影响报告书，都需要环境标准。只有依靠环境标准，方能做出定量化的比较和评价，正确判断环境质量的好坏，从而为控制环境质量，进行环境污染综合整治，以及设计切实可行的治理方案提供科学依据。

6. 环境标准具有投资导向作用

环境标准中指标值高低是确定污染源治理资金投入的技术依据；在基本建设和技术改造项目中也是根据标准值，确定治理程度，提前安排污染防治资金。环境标准对环境投资的这种导向作用是明显的。

三、环境标准的特性

环境标准不同于产品质量标准，环境标准（环境质量标准和污染物排放标准）有其独特的法规属性。环境标准属于技术法规，具有强制性，必须执行。

在计划经济时代，我国实行的是国家制定产品标准的体制，由于历史的原因，环境保护标准纳入了标准化法的调整范围；但是鉴于环境保护标准特殊性，标准化法在“标准的制定”一章中的第六条第三款规定“法律对标准的制定另有规定的依照法律的规定执行”。我国《中华人民共和国环境保护法》第九条、第十条规定：由国务院环境保护行政主管部门制定国家环境质量标准和污染物排放标准，只在编号、发布形式上采用产品标准的做法。应当指出，环境保护标准虽然采用产品标准的形式（如编 GB 号、采用产品标准的格式等）发布，但是环境标准与产品质量标准在内涵、外延和制定标准的目的等方面有着本质的区别。

（1）在标准体系方面，环境保护标准中的环境质量标准和污染物排放标准只有国家和地方两级，而产品质量标准除国家级和地方级标准外，还有行业级标准和企业级标准。

（2）在各级标准的优先执行关系上，环境保护标准与产品质量标准也截然不同：环境质量标准以国家级标准为主，地方环境质量标准补充制定国家级标准中没有的项目，国家级标准和地方级标准同时执行。地方污染物排放标准的项目可以是国家级标准中没有的项目，若与国家级标准项目相同的要严于国家级排放标准，执行标准时地方级标准优先于国家级标准；而产品质量标准以国家级标准的效力最高，有国家级标准的就不能再制定相同适用范围的行业标准和地方标准。

（3）环境保护标准的内涵不同于产品质量标准。产品标准是对“重复性事物”所做的统一规定，制定标准的对象是产品的规格、尺寸（如螺钉、螺母的螺纹规格，铁路的轨距和机车车辆的轮距，电源插头、插座的形状、尺寸等）。可见，制定产品标准的根本目的在于提高产品的通用性和互换性，从而降低成本，为用户和消费者提供方便。产品标准中的技术指标是完全可以人为加以控制和改变的，不同的城市甚至国家可以按照同一产品标准，制造出质量和性能完全相同的产品。环境不是人工制造的产品，环境因素错综复杂，大多数环境因素是不能人为地加以控制的，制定环境保护标准要考虑被保护对象的要求和控制对象的承受能力。环境因素具有与产品性能完全不同的高度的特异性，一个特定区域的环境不可能在其他区域被复制。因此，环境不是“重复性事物”，环境因素中不存在通用性和互换性的问题，不宜把环境保护标准当做产品质量标准来进行管理和看待。

随着我国社会主义市场经济体制的建立，一些计划经济体制下形成的管理模式已不能适应改革开放形势的需要，围绕环境保护标准管理权的争论以及对环境保护标准属性认识上的分歧反映了在环境保护标准的管理体制方面存在的问题，这些问题只能通过改革环境保护标准的管理体制予以解决。

四、环境标准工作历史沿革

我国的环境标准是与环境保护事业同步发展起来的。1973 年 8 月召开的第一次全国环境保护工作会议审查通过了我国第一个环境标准——《工业“三废”排放试行标准》，奠定了我国环境标准的基础。这一标准为我国刚刚起步的环保事业提供了管理和执法依据，在“三同时”把关、排污收费、污染源控制和污染防治等方面发挥了重大作用。

1979 年 3 月，第二次全国环境保护工作会议在成都召开，会议决定进一步加强环境标准工作。同时国家颁布了《中华人民共和国环境保护法（试行）》，明确规定了环境标准的制（修）订、审批和实施权限，使环境标准工作有了法律依据和保障。同时开始制定大气、水质和噪声等环境质量标准及钢铁、化工、轻工等 40 多个工业污染物国家排放标准。80 年代中期配合环境质量标准和污染物排放标准制定了相应的方法标准和标准样品标准。

80 年代末，国家环保局重新修订、颁布了《地面水环境质量标准》（GB 3838—88），替代了 GB 3838—82；制定了《污水综合排放标准》（GB 8978—88），替代了《工业“三废”排放试行标准》中的废水部分。这两项标准的突出特点是：环境质量按功能分类保护，排放标准则根据水域功能确定了分级排放限值，即排入不同的功能区的废水执行不同级别的标准；强调了区域综合治理，提出了排入城市下水道的排放限值，对行业排放标准进行了调整，统一制定了水质浓度指标和水量指标，体现了水质和排污总量双重控制。

1991 年 12 月在广州召开的环境标准工作座谈会上，提出了新的环境标准体系。在此之后，针对排放标准的时限问题和重点污染源控制问题，进一步明确了排放标准的时间段的确定依据，综合排放标准及行业排放标准的关系，着手修订综合排放标准和重点行业的排放标准，进一步理顺和解决了在实施中的一些问题。到 1996 年，在国家环境标准清理整顿中，制定和颁布了一批水、气污染物排放标准，进一步贯彻执行了广州会议的精神。

2000 年 4 月 29 日在第九届全国人大第十五次常委会议上，通过新修订的《中华人民共和国大气污染防治法》，阐明了“超标即违法”的思想，使环境标准在环境管理中的地位进一步明确。随着调整污染物国家排放标准体系的开展，以及国家环境保护标准“十五”规划的编制实施，我国的环境标准工作迈上了新台阶。

30 多年来，我国环境标准工作者积极研究、制定、实施环境标准，为推动我国的环境标准工作做出了不懈的努力，取得了显著的成绩。目前，现行国家环境标准数量已经突破 1 300 项，基本形成了种类齐全、结构完整、协调配套、科学合理的环境标准体系。

第二节 环境标准体系

一、环境标准体系定义

体系：指在一定系统范围内具有内在联系的有机整体。

环境标准体系：各种不同环境标准依其性质功能及其客观的内在联系，相互依存、相互衔接、相互补充、相互制约所构成的一个有机整体，即构成了环境标准体系。

二、环境标准体系结构

环境标准分为国家环境标准、地方环境标准和环境保护部标准。国家环境标准包括国家环境质量标准、国家污染物排放标准（或控制标准）、国家环境监测方法标准、国家环境标准样品标准、国家环境基础标准。地方环境标准包括地方环境质量标准和地方污染物排放标准。

1．国家环境标准

（1）国家环境质量标准。是为了保障人群健康、维护生态环境和保障社会物质财富，并考虑技术、经济条件，对环境中有害物质和因素所做的限制性规定。国家环境质量标准是一定时期内衡量环境优劣程度的标准，从某种意义上讲是环境质量的目标标准。

（2）国家污染物排放标准（或控制标准）。是根据国家环境质量标准，以及适用的污染控制技术，并考虑经济承受能力，对排入环境的有害物质和产生污染的各种因素所做的限制性规定，是对污染源控制的标准。

（3）国家环境监测方法标准。为监测环境质量和污染物排放，规范采样、分析、测试、数据处理等所做的统一规定（指分析方法、测定方法、采样方法、试验方法、检验方法、生产方法、操作方法等所做的统一规定）。环境监测中最常见的是分析方法、测定方法、采样方法。

（4）国家环境标准样品标准。为保证环境监测数据的准确、可靠，对用于量值传递或质量控制的材料、实物样品而制定的标准物质。标准样品在环境管理中起着特别的作用：可用来评价分析仪器、鉴别其灵敏度；评价分析者的技术，使操作技术规范化。

（5）国家环境基础标准。对环境标准工作中需要统一的技术术语、符号、代号（代码）、图形、指南、导则、量纲单位及信息编码等做的统一规定。

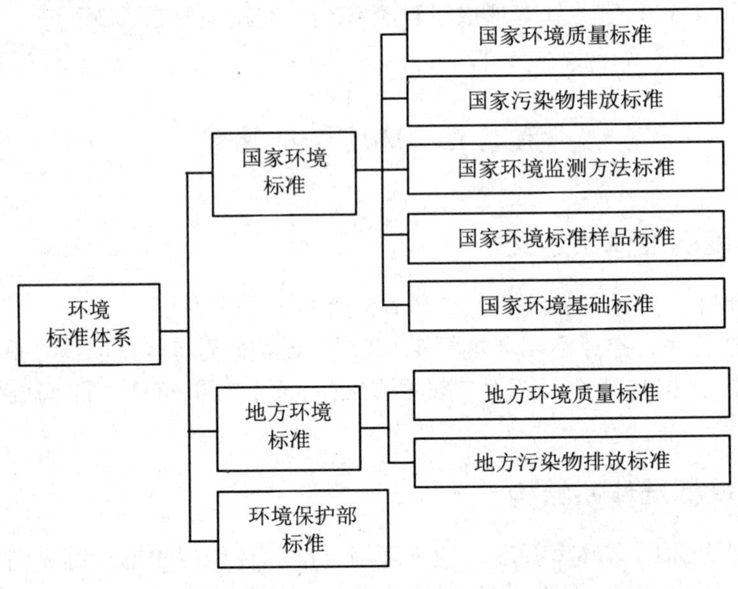

图 1-1 环境标准体系

2．地方环境标准

地方环境标准是对国家环境标准的补充和完善。由省、自治区、直辖市人民政府制定。近年来为控制环境质量的恶化趋势，一些地方已将总量控制指标纳入地方环境标准。

（1）地方环境质量标准。国家环境质量标准中未做出规定的项目，可以制定地方环境质量标准，并报国务院行政主管部门备案。

（2）地方污染物排放（控制）标准。国家污染物排放标准中未做规定的项目可以制定地方污染物排放标准；国家污染物排放标准已规定的项目，可以制定严于国家污染物排放标准的地方污染物排放标准；省、自治区、直辖市人民政府制定机动车船大气污染物地方排放标准严于国家排放标准的，须报经国务院批准。

3．环境保护部标准

在环境保护工作中对需要统一的技术要求所制定的标准（包括执行各项环境管理制度、监测技术、环境区划、规划的技术要求、规范、导则等）。

环境影响评价技术导则由规划环境影响评价技术导则和建设项目环境影响评价技术导则组成。其中规划环境影响评价技术导则由总纲、专项规划环境影响评价技术导则和行业规划环境影响评价技术导则构成，总纲对后两项导则有指导作用，后两项导则的制定要遵循总纲总体要求。目前发布的规划环境评价技术导则主要有《规划环境影响评价技术导则　总纲》和《规划环境影响评价技术导则　煤炭工业矿区总体规划》。

建设项目环境影响评价技术导则由总纲、专项环境影响评价技术导则和行业建设项目环境影响评价技术导则构成，总纲对后两项导则有指导作用，后两项导则的制定要遵循总纲总体要求。

专项环境影响评价技术导则包括环境要素和专题两种形式，如大气环境影响评价技术导则、地表水环境影响评价技术导则、地下水环境影响评价技术导则、声环境影响评价技术导则、生态影响评价技术导则等为环境要素的环境影响评价技术导则。建设项目环境风险评价技术导则等为专题的环境影响评价技术导则。

火电建设项目环境影响评价技术导则、水利水电工程环境影响评价技术导则、机场建设工程环境影响评价技术导则、石油化工建设项目环境影响评价技术导则等为行业建设项目环境影响评价技术导则。

国家环境标准分为强制性和推荐性标准。环境质量标准和污染物排放标准以及法律、法规规定必须执行的其他标准属于强制性标准，强制性标准必须执行。强制性标准以外的环境标准属于推荐性标准。国家鼓励采用推荐性环境标准，推荐性环境标准被强制标准引用，也必须强制执行。

三、环境标准之间的关系

1. 国家环境标准与地方环境标准的关系

执行上，地方环境标准优先于国家环境标准。

2. 国家污染物排放标准之间的关系

国家污染物排放标准分为跨行业综合性排放标准（如污水综合排放标准、大气污染物综合排放标准）和行业性排放标准（如火电厂大气污染物排放标准、合成氨工业水污染物排放标准、造纸工业水污染物排放标准等）。综合性排放标准与行业性排放标准不交叉执行。即有行业性排放标准的执行行业排放标准，没有行业排放标准的执行综合排放标准。

3. 环境标准体系的体系要素

一方面，由于环境的复杂多样性，使得在环境保护领域中需要建立针对不同对象的环境标准，因而它们各具有不同的内容用途、性质特点等；另一方面，为使不同种类的环境标准有效地完成环境管理的总体目标，又需要科学地从环境管理的目的对象、作用方式出发，合理地组织协调各种标准，使其互相支持、相互匹配以发挥标准系统的综合作用。

环境质量标准和污染物排放标准是环境标准体系的主体，它们是环境标准体系的核心内容，从环境监督管理的要求上集中体现了环境标准体系的基本功能，是实现环境标准体系目标的基本途径和表现。

环境基础标准是环境标准体系的基础，是环境标准的“标准”，它对统一、规范环境标准的制定、执行具有指导的作用，是环境标准体系的基石。

环境方法标准、环境标准样品标准构成环境标准体系的支持系统。它们直接服务于环境质量标准和污染物排放标准，是环境质量标准与污染物排放标准内容上的配套补充以及环境质量标准与污染物排放标准有效执行的技术保证。

四、环境质量标准与环境功能区之间的关系

环境质量一般分等级，与环境功能区类别相对应。高功能区环境质量要求严格，低功能区环境质量要求宽松一些。试举三例说明。

（一）GB 3095—2012关于环境空气功能区的分类和标准分级

1. 功能区分类：二类

一类区：为自然保护区、风景名胜区和其他需要特殊保护的区域；

二类区：为居住区、商业交通居民混合区、文化区、工业区和农村地区。

2. 标准分级：二级

一类区：适用环境空气污染物一级浓度限值；

二类区：适用环境空气污染物二级浓度限值。

（二）地表水环境质量功能区的分类和标准值

1. 功能区分类：五类

Ⅰ类：主要适用于源头水、国家自然保护区；

Ⅱ类：主要适用于集中式生活饮用水水源地一级保护区、珍贵鱼类保护区、鱼虾产卵场等；

Ⅲ类：主要适用于集中式生活饮用水水源地二级保护区、一般鱼类保护区及游泳区；

Ⅳ类：主要适用于一般工业用水区及人体非直接接触的娱乐用水区；

Ⅴ类：主要适用于农业用水区及一般景观要求水域。

同一水域兼有多功能的，依最高功能划分类别。

2. 标准值：五类

对应地表水上述五类功能区，将地表水环境质量基本项目标准值分为五类，不同功能类别分别执行相应类别的标准值。水域功能类别高的区域执行的标准值严于水域功能类别低的区域。

（三）声环境功能区的分类和标准值

1. 功能区分类：五类

0类：指康复疗养区等特别需要安静的区域；

1类：指以居民住宅、医疗卫生、文化教育、科研设计、行政办公为主要功能，需要保持安静的区域；

2类：指以商业金融、集市贸易为主要功能，或者居住、商业、工业混杂，需要维护住宅安静的区域；

3类：指以工业生产、仓储物流为主要功能，需要防止工业噪声对周围环境产生严重影响的区域；

4类：指交通干线两侧一定距离之内，需要防止交通噪声对周围环境产生严重影响的区域，包括4a类和4b类两种类型。4a类为高速公路、一级公路、二级公路、城市快速路、城市主干路、城市次干路、城市轨道交通（地面段）、内河航道两侧区域；4b类为铁路干线两侧区域。

2. 标准值：五类

对应声环境五类功能区，将环境噪声标准值分为五类，不同功能类别分别执行相应类别的标准值。噪声功能类别高的区域（如居住区）执行的标准值严于噪声功能类别低的区域（如工业区）。

五、污染物排放标准与环境功能区之间的关系

过去，对于水、气污染物排放标准，大部分是分级别的，分别对应于相应的环境功能区，处在高功能区的污染源执行严格的排放限值，处在低功能区的污染源执行宽松的排放限值。

目前，污染物排放标准的制定思路有所调整。首先，排放标准限值建立在经济可行的控制技术基础上，不分级别。制定国家排放标准时，明确以技术为依据，采用“污染物达标技术”，即现有源以现阶段所能达到的经济可行的最佳实用控制技术为标准的制定依据。国家排放标准不分级别，不再根据污染源所在地区环境功能不同而不同，而是根据不同工业行业的工艺技术、污染物产生量水平、清洁生产水平、处理技术等因素确定各种污染物排放限值。排放标准以减少单位产品或单位原料消耗量的污染物排放量为目标，根据行业工艺的进步和污染治理技术的发展，适时对排放标准进行修订，逐步达到减少污染物排放总量，以实现改善环境质量的目标。其次，国家排放标准与环境质量功能区逐步脱离对应关系，由地方根据具体需要进行补充制定排入特殊保护区的排放标准。逐步改变目前国家排放标准与环境质量功能区对应的关系，超前时间段不分级别，现时间段可以维持，以便管理部门的逐步过渡。排放标准的作用对象是污染源，污染源排污量水平与生产工艺和处理技术密切相关。而目前这种根据环境质量功能区类别来制定相应级别的污染物排放标准过于勉强，因为单个排放源与环境质量不具有一一对应的因果关系，一个地方的环境质量受到诸如污染源数量、种类、分布、人口密度、经济水平、环境背景及环境容量等众多因素的制约，必须采取综合整治措施才能达到环境质量标准。但地方可以根据具体情况和管理需要，对位于特殊功能区的污染源制定更为严格的控制标准。

第三节 环境标准的实施与实施监督

组织实施标准，是指有计划、有组织、有措施地贯彻执行标准的活动。县级以上地方人民政府环境保护行政主管部门负责组织实施。

对标准实施监督，是指对标准贯彻执行情况进行督促检查处理的活动。

一、环境质量标准的实施

（1）在实施环境质量标准时，应结合所管辖区域环境要素的使用目的和保护目的划分环境功能区，对各类环境功能区按照环境质量标准的要求进行相应标准级别的管理。

（2）县级以上地方人民政府环境保护行政主管部门在实施环境质量标准时，应按国家规定，选定环境质量标准的监测点位或断面。经批准确定的监测点位、断面

不得任意变更。

（3）各级环境监测站和有关环境监测机构应按照环境质量标准和与之相关的其他环境标准规定的采样方法、频率和分析方法进行环境质量监测。

（4）承担环境影响评价工作的单位应按照环境质量标准进行环境质量评价。

（5）跨省河流、湖泊以及由大气传输引起的环境质量标准执行方面的争议，由有关省、自治区、直辖市人民政府环境保护行政主管部门协调解决，协调无效时，报环境保护部协调解决。

二、污染物排放标准的实施

县级以上人民政府环境保护行政主管部门在审批建设项目环境影响报告书（表）时，应根据下列因素或情形确定该建设项目应执行的污染物排放标准：

（1）建设项目所属的行业类别、所处环境功能区、排放污染物种类、污染物排放去向和建设项目环境影响报告书（表）批准的时间。

（2）建设项目向已有地方污染物排放标准的区域排放污染物时，应执行地方污染物排放标准，对于地方污染物排放标准中没有规定的指标，执行国家污染物排放标准中相应的指标。

（3）实行总量控制区域的建设项目，在确定排污单位应执行的污染物排放标准的同时，还应确定排污单位应执行的污染物排放总量控制指标。

（4）建设从国外引进的项目，其排放的污染物在国家和地方污染物排放标准中无相应污染物排放指标时，该建设项目引进单位应提交项目输出国或发达国家现行的该污染物排放标准及有关技术资料，由市（地）人民政府环境保护行政主管部门结合当地环境条件和经济技术状况，提出该项目应执行的排污指标，经省、自治区、直辖市人民政府环境保护行政主管部门批准后实行，并报环境保护部备案。

建设项目的设计、施工、验收及投产后，均应执行经环境保护行政主管部门在批准的建设项目环境影响报告书（表）中所确定的污染物排放标准。

企事业单位和个体工商业者排放污染物，应按所属的行业类型、所处环境功能区、排放污染物种类、污染物排放去向执行相应的国家和地方污染物排放标准，环境保护行政主管部门应加强监督检查。

三、国家环境监测方法标准的实施

（1）被环境质量标准和污染物排放标准等强制性标准引用的方法标准具有强制性，必须执行。

（2）在进行环境监测时，应按照环境质量标准和污染物排放标准的规定，确定采样位置和采样频率，并按照国家环境监测方法标准的规定测试与计算。

（3）对于地方环境质量标准和污染物排放标准中规定的项目，如果没有相应的国家环境监测方法标准时，可由省、自治区、直辖市人民政府环境保护行政主管部门组织制定地方统一分析方法，与地方环境质量标准或污染物排放标准配套执行。相应的国家环境监测方法标准发布后，地方统一分析方法停止执行。

（4）因采用不同的国家环境监测方法标准所得监测数据发生争议时，由上级环境保护行政主管部门裁定，或者指定采用一种国家环境监测方法标准进行复测。

四、国家环境标准样品的实施

在下列环境监测活动中应使用国家环境标准样品：

（1）对各级环境监测分析实验室及分析人员进行质量控制考核。

（2）校准、检验分析仪器。

（3）配制标准溶液。

（4）分析方法验证以及其他环境监测工作。

五、国家基础标准与环境保护部标准的实施

在下列活动中应执行国家基础标准或环境保护部标准：

（1）使用环境保护专业用语和名词术语时，执行环境名词术语标准。

（2）排污口和污染物处理、处置场所的图形标志，执行国家环境保护图形标志标准。

（3）环境保护档案、信息进行分类和编码时，采用环境档案、信息分类与编码标准。

（4）制定各类环境标准时，执行环境标准编写技术原则及技术规范。

（5）划分各类环境功能区时，执行环境功能区划分技术规范。

（6）进行生态和环境质量影响评价时，执行有关环境影响评价技术导则及规范。

（7）进行自然保护区建设和管理时，执行自然保护区管理的技术规范和标准。

（8）对环境保护专用仪器设备进行认定时，采用有关仪器设备环境保护部标准。

六、环境标准的监督实施

1．实施监督部门

（1）环境保护部负责对地方环境保护行政主管部门实施环境标准情况进行检查监督，在全国环保执法检查中要将环境标准执行情况作为一项重要内容。

（2）县级以上地方人民政府环保部门在向同级人民政府和上级环保部门汇报环保工作时，应将标准执行情况作为一项重要内容。

2．实施监督方式

标准实施的监督可分为自我监督和管理性监督。

自我监督主要由排污单位及其主管部门承担，其基本出发点主要是“达到标准规

定要求”。我国重点排污单位绝大部分有自我监控力量，具有一定水平的仪器、设备、人员，长期以来，对自身排污行为积累了大量资料、数据。以往环保部门对企业自身监督重视不够，应当说，这部分力量属于标准实施监督系统的一个重要组织部分，从守法的高度加以强化，也正是目前国外环境管理的一个特点。

管理性监督主要由各级环保行政主管部门负责，体现对标准实施的监察与督导。其基本出发点是“达标”，采用的手段一般为监督性监测和检查、抽查。对环境质量标准的实施监督，一般为固定采样点位、固定频率的例行监测，以相应标准进行质量评定。对排放标准的实施监督，往往采用抽样测试检查制度，对排污单位的排污行为以相应标准进行判定。方法、样品标准一般通过监测质量控制考核活动进行监督检查。

总体来说，环境标准实施监督系统应形成归口管理—实施—自我监督—管理性监督的运行机制。

第四节　主要环境标准名录

一、环境质量标准

1. 大气环境质量标准

（1）《环境空气质量标准》（GB 3095—1996、GB 3095—2012）

（2）《保护农作物的大气污染物最高允许浓度》（GB 9137—88）

（3）《室内空气质量标准》（GB/T 18883—2002）

2. 水环境质量标准

（1）《地表水环境质量标准》（GB 3838—2002）

（2）《海水水质标准》（GB 3097—1997）

（3）《渔业水质标准》（GB 11607—89）

（4）《农田灌溉水质标准》（GB 5084—2005）

（5）《地下水质量标准》（GB/T 14848—93）

3. 声环境质量标准

（1）《声环境质量标准》（GB 3096—2008）

（2）《城市区域环境振动标准》（GB 10070—88）

4. 土壤环境质量标准

《土壤环境质量标准》（GB 15618—1995）

二、污染物排放标准

1. 大气污染物排放标准

（1）《水泥工业大气污染物排放标准》（GB 4915—2013）
（2）《电池工业污染物排放标准》（GB 30484—2013）
（3）《砖瓦工业大气污染物排放标准》（GB 29620—2013）
（4）《电子玻璃工业大气污染物排放标准》（GB 29495—2013）
（5）《炼焦化学工业污染物排放标准》（GB 16171—2012）
（6）《铁合金工业污染物排放标准》（GB 28666—2012）
（7）《轧钢工业大气污染物排放标准》（GB 28665—2012）
（8）《炼钢工业大气污染物排放标准》（GB 28664—2012）
（9）《炼铁工业大气污染物排放标准》（GB 28663—2012）
（10）《钢铁烧结、球团工业大气污染物排放标准》（GB 28662—2012）
（11）《铁矿采选工业污染物排放标准》（GB 28661—2012）
（12）《钒工业污染物排放标准》（GB 26452—2011）
（13）《橡胶制品工业污染物排放标准》（GB 27632—2011）
（14）《火电厂大气污染物排放标准》（GB 13223—2011）
（15）《稀土工业污染物排放标准》（GB 26451—2011）
（16）《硝酸工业污染物排放标准》（GB 26131—2010）
（17）《硫酸工业污染物排放标准》（GB 26132—2010）
（18）《镁、钛工业污染物排放标准》（GB 25468—2010）
（19）《铜、镍、钴工业污染物排放标准》（GB 25467—2010）
（20）《铅、锌工业污染物排放标准》（GB 25466—2010）
（21）《铝工业污染物排放标准》（GB 25465—2010）
（22）《陶瓷工业污染物排放标准》（GB 25464—2010）
（23）《电镀污染物排放标准》（GB 21900—2008）
（24）《合成革与人造革工业污染物排放标准》（GB 21902—2008）
（25）《加油站大气污染物排放标准》（GB 20952—2007）
（26）《汽油运输大气污染物排放标准》（GB 20951—2007）
（27）《储油库大气污染物排放标准》（GB 20950—2007）
（28）《饮食业油烟排放标准（试行）》（GB 18483—2001）
（29）《锅炉大气污染物排放标准》（GB 13271—2014）
（30）《大气污染物综合排放标准》（GB 16297—1996）
（31）《工业炉窑大气污染物排放标准》（GB 9078—1996）
（32）《恶臭污染物排放标准》（GB 14554—93）

2. 水污染物排放标准

（1）《电池工业污染物排放标准》（GB 30484—2013）
（2）《制革及毛皮加工工业水污染物排放标准》（GB 30486—2013）
（3）《柠檬酸工业水污染物排放标准》（GB 19430—2013）
（4）《合成氨工业水污染物排放标准》（GB 13458—2013）
（5）《纺织染整工业水污染物排放标准》（GB 4287—2012）
（6）《缫丝工业水污染物排放标准》（GB 28936—2012）
（7）《毛纺工业水污染物排放标准》（GB 28937—2012）
（8）《麻纺工业水污染物排放标准》（GB 28938—2012）
（9）《铁矿采选工业污染物排放标准》（GB 28661—2012）
（10）《铁合金工业污染物排放标准》（GB 28666—2012）
（11）《钢铁工业水污染物排放标准》（GB 13456—2012）
（12）《炼焦化学工业污染物排放标准》（GB 16171—2012）
（13）《钒工业污染物排放标准》（GB 26452—2011）
（14）《橡胶制品工业污染物排放标准》（GB 27632—2011）
（15）《磷肥工业水污染物排放标准》（GB 15580—2011）
（16）《汽车维修业水污染物排放标准》（GB 26877—2011）
（17）《发酵酒精和白酒工业水污染物排放标准》（GB 27631—2011）
（18）《弹药装药行业水污染物排放标准》（GB 14470.3—2011）
（19）《稀土工业污染物排放标准》（GB 26451—2011）
（20）《硝酸工业污染物排放标准》（GB 26131—2010）
（21）《硫酸工业污染物排放标准》（GB 26132—2010）
（22）《镁、钛工业污染物排放标准》（GB 25468—2010）
（23）《铜、镍、钴工业污染物排放标准》（GB 25467—2010）
（24）《铅、锌工业污染物排放标准》（GB 25466—2010）
（25）《铝工业污染物排放标准》（GB 25465—2010）
（26）《陶瓷工业污染物排放标准》（GB 25464—2010）
（27）《油墨工业水污染物排放标准》（GB 25463—2010）
（28）《酵母工业水污染物排放标准》（GB 25462—2010）
（29）《淀粉工业水污染物排放标准》（GB 25461—2010）
（30）《电镀污染物排放标准》（GB 21900—2008）
（31）《合成革与人造革工业污染物排放标准》（GB 21902—2008）
（32）《制浆造纸工业水污染物排放标准》（GB 3544—2008）
（33）《羽绒工业水污染物排放标准》（GB 21901—2008）
（34）《发酵类制药工业水污染物排放标准》（GB 21903—2008）

（35）《化学合成类制药工业水污染物排放标准》（GB 21904—2008）
（36）《提取类制药工业水污染物排放标准》（GB 21905—2008）
（37）《中药类制药工业水污染物排放标准》（GB 21906—2008）
（38）《生物工程类制药工业水污染物排放标准》（GB 21907—2008）
（39）《混装制剂类制药工业水污染物排放标准》（GB 21908—2008）
（40）《制糖工业水污染物排放标准》（GB 21909—2008）
（41）《杂环类农药工业水污染物排放标准》（GB 21523—2008）
（42）《皂素工业水污染物排放标准》（GB 20425—2006）
（43）《煤炭工业污染物排放标准》（GB 20426—2006）
（44）《啤酒工业污染物排放标准》（GB 19821—2005）
（45）《医疗机构水污染物排放标准》（GB 18466—2005）
（46）《味精工业污染物排放标准》（GB 19431—2004）
（47）《城镇污水处理厂污染物排放标准》（GB 18918—2002）
（48）《兵器工业水污染物排放标准—火炸药》（GB 14470.1—2002）
（49）《兵器工业水污染物排放标准—火工药剂》（GB 14470.2—2002）
（50）《兵器工业水污染物排放标准—弹药装药》（GB 14470.3—2002）
（51）《畜禽养殖业污染物排放标准》（GB 18596—2001）
（52）《污水海洋处置工程污染控制标准》（GB 18486—2001）
（53）《污水综合排放标准》（GB 8978—1996）
（54）《磷肥工业水污染物排放标准》（GB 15580—2011）
（55）《烧碱、聚氯乙烯工业水污染物排放标准》（GB 15581—95）
（56）《航天推进剂水污染物排放标准》（GB 14374—93）
（57）《肉类加工工业水污染物排放标准》（GB 13457—92）
（58）《钢铁工业水污染物排放标准》（GB 13456—2012）
（59）《纺织染整工业水污染物排放标准》（GB 4287—2012）
（60）《海洋石油勘探开发污染物排放浓度限值》（GB 4914—2008）
（61）《船舶工业污染物排放标准》（GB 4286—84）
（62）《船舶污染物排放标准》（GB 3552—83）

3．环境噪声排放标准

（1）《建筑施工场界环境噪声排放标准》（GB 12523—2011）
（2）《工业企业厂界环境噪声排放标准》（GB 12348—2008）
（3）《社会生活环境噪声排放标准》（GB 22337—2008）
（4）《城市轨道交通车站站台声学要求和测量方法》（GB 14227—2006）
（5）《铁路边界噪声限值及其测量方法》（GB 12525—90）及修改方案（环境保护部公告 2008 年第 38 号）

（6）《机场周围飞机噪声环境标准》（GB 9660—88）

4．固体废物污染控制标准

（1）《水泥窑协同处置固体废物污染控制标准》（GB 30485—2013）

（2）《生活垃圾填埋场污染控制标准》（GB 16889—2008）

（3）《危险废物焚烧污染控制标准》（GB 18484—2001）

（4）《生活垃圾焚烧污染控制标准》（GB 18485—2014）

（5）《危险废物贮存污染控制标准》（GB 18597—2001）

（6）《危险废物填埋污染控制标准》（GB 18598—2001）

（7）《一般工业固体废物贮存、处置场污染控制标准》（GB 18599—2001）

三、环境影响评价技术导则

（1）《规划环境影响评价技术导则　总纲》（HJ 130—2014）

（2）《规划环境影响评价技术导则　煤炭工业矿区总体规划》（HJ 463—2009）

（3）《环境影响评价技术导则　总纲》（HJ 2.1—2011）

（4）《环境影响评价技术导则　大气环境》（HJ 2.2—2008）

（5）《环境影响评价技术导则　地面水环境》（HJ/T 2.3—93）

（6）《环境影响评价技术导则　地下水环境》（HJ 610—2011）

（7）《环境影响评价技术导则　声环境》（HJ 2.4—2009）

（8）《环境影响评价技术导则　生态影响》（HJ 19—2011）

（9）《开发区区域环境影响评价技术导则》（HJ/T 131—2003）

（10）《建设项目环境风险评价技术导则》（HJ/T 169—2004）

（11）《建设项目环境影响技术评估导则》（HJ 616—2011）

（12）《环境影响评价技术导则　煤炭采选工程》（HJ 619—2011）

（13）《环境影响评价技术导则　制药建设项目》（HJ 611—2011）

（14）《环境影响评价技术导则　农药建设项目》（HJ 582—2010）

（15）《环境影响评价技术导则　城市轨道交通》（HJ 453—2008）

（16）《环境影响评价技术导则　陆地石油天然气开发建设项目》（HJ/T 349—2007）

（17）《环境影响评价技术导则　水利水电工程》（HJ/T 88—2003）

（18）《环境影响评价技术导则　石油化工建设项目》（HJ/T 89—2003）

（19）《环境影响技术评价导则　民用机场建设工程》（HJ/T 87—2002）

（20）《火电厂建设项目环境影响报告书编制规范》（HJ/T 13—1996）

（21）《500 kV 超高压送变电工程电磁辐射环境影响评价技术规范》（HJ/T 24—1998）

（22）《辐射环境保护管理导则　核技术应用项目环境影响报告书（表）的内容

和格式》（HJ/T 10.1—1995）

（23）《辐射环境保护管理导则　电磁辐射监测仪器和方法》（HJ/T 10.2—1996）

（24）《辐射环境保护管理导则　电磁辐射环境影响评价方法与标准》（HJ/T 10.3—1996）

（25）《核设施环境保护管理导则　研究堆环境影响报告书（表）的内容和格式》（HJ/T 5.1—93）

（26）《核设施环境保护管理导则　放射性固体废物浅地层处置环境影响报告书（表）的内容和格式》（HJ/T 5.2—93）

四、建设项目竣工环境保护验收技术规范

（1）《建设项目竣工环境保护验收技术规范　生态影响类》（HJ/T 394—2007）

（2）《建设项目竣工环境保护验收技术规范　煤炭采选》（HJ 672—2013）

（3）《建设项目竣工环境保护验收技术规范　石油天然气开采》（HJ 612—2011）

（4）《建设项目竣工环境保护验收技术规范　公路》（HJ 552—2010）

（5）《建设项目竣工环境保护验收技术规范　水利水电》（HJ 464—2009）

（6）《建设项目竣工环境保护验收技术规范　港口》（HJ 436—2008）

（7）《储油库、加油站大气污染治理项目验收检测技术规范》（HJ/T 431－2008）

（8）《建设项目竣工环境保护验收技术规范　造纸工业》（HJ/T 408—2007）

（9）《建设项目竣工环境保护验收技术规范　汽车制造》（HJ/T 407—2007）

（10）《建设项目竣工环境保护验收技术规范　乙烯工程》（HJ/T 406—2007）

（11）《建设项目竣工环境保护验收技术规范　石油炼制》（HJ/T 405—2007）

（12）《建设项目竣工环境保护验收技术规范　黑色金属冶炼及压延加工》（HJ/T 404—2007）

（13）《建设项目竣工环境保护验收技术规范　城市轨道交通》（HJ/T 403—2007）

（14）《建设项目竣工环境保护验收技术规范　水泥制造》（HJ/T 256—2006）

（15）《建设项目竣工环境保护验收技术规范　火力发电厂》（HJ/T 255—2006）

（16）《建设项目竣工环境保护验收技术规范　电解铝》（HJ/T 254—2006）

第二章　环境影响评价技术导则　总纲

环境影响评价本身是一种科学方法和技术手段，并通过理论研究和实践检验不断改进、拓展和完善，同时环境影响评价又是必须履行的法律义务，是需要由环境保护行政主管部门审批的一项法律制度。因此，为了规范环境影响评价技术和指导开展环境影响评价工作，国家制定环境影响评价技术导则成为最为直接和有效的管理措施。从1993年起陆续发布《环境影响评价技术导则　大气环境》《环境影响评价技术导则　地面水环境》之后，随着环境技术的不断发展，多项环境影响评价的相关技术导则相继出台。规定这些技术导则的一般原则、技术方法、评价内容和相关评价要求，是《环境影响评价技术导则　总纲》制定的目的和任务。

第一节　环境影响评价的工作程序和原则

一、适用范围

《环境影响评价技术导则　总纲》（HJ/T 2.1—93）是由国家环境保护局1993年发布并于1994年4月1日起实施的。2011年由环境保护部修订并发布，并于2012年1月1日起实施。自修订后标准实施之日起，《环境影响评价技术导则　总纲》（HJ/T 2.1—93）废止。

《环境影响评价技术导则　总纲》（HJ 2.1—2011）规定了建设项目环境影响评价的一般性原则、内容、工作程序、方法及要求，适用于在中华人民共和国领域和中华人民共和国管辖的其他海域内建设的对环境有影响的建设项目。

二、环境影响评价工作程序

环境影响评价工作一般分为三个阶段，即前期准备、调研和工作方案阶段，分析论证和预测评价阶段，环境影响评价文件编制阶段。

1．前期准备、调研和工作方案阶段

环境影响评价第一阶段，主要完成以下工作内容。接受环境影响评价委托后，首先是研究国家和地方有关环境保护的法律法规、政策、标准及相关规划等文件，确定环境影响评价文件类型。在研究相关技术文件和其他有关文件的基础上，进行初步的工程分析，同时开展初步的环境状况调查及公众意见调查。结合初步工程分析结果和环境现状资料，可以识别建设项目的环境影响因素，筛选主要的环境影响评价因子，明确评价重点和环境保护目标，确定环境影响评价的范围、评价工作等级和评价标准，最后制订工作方案。

2．分析论证和预测评价阶段

环境影响评价第二阶段，主要工作是做进一步的工程分析，进行充分的环境现状调查、监测并开展环境质量现状评价，之后根据污染源强和环境现状资料进行建设项目的环境影响预测，评价建设项目的环境影响，并开展公众意见调查。若建设项目需要进行多个厂址的比选，则需要对各个厂址分别进行预测和评价，并从环境保护角度推荐最佳厂址方案；如果对原选厂址得出了否定的结论，则需要对新选厂址重新进行环境影响评价。

3．环境影响评价文件编制阶段

环境影响评价第三阶段，其主要工作是汇总、分析第二阶段工作所得的各种资料、数据，根据建设项目的环境影响、法律法规和标准等的要求以及公众的意愿，提出减少环境污染和生态影响的环境管理措施和工程措施。从环境保护的角度确定项目建设的可行性，给出评价结论和提出进一步减缓环境影响的建议，并最终完成环境影响报告书或报告表的编制。

环境影响评价的工作程序可用图 2-1 表示。

三、环境影响评价原则

按照以人为本、建设资源节约型、环境友好型社会和科学发展的要求，遵循以下原则开展环境影响评价工作：

（1）依法评价原则

环境影响评价过程中应贯彻执行我国环境保护相关的法律法规、标准、政策，分析建设项目与环境保护政策、资源能源利用政策、国家产业政策和技术政策等有关政策及相关规划的相符性，并关注国家或地方在法律法规、标准、政策、规划及相关主体功能区划等方面的新动向。

（2）早期介入原则

环境影响评价应尽早介入工程前期工作中，重点关注选址（或选线）、工艺路线（或施工方案）的环境可行性。

（3）完整性原则

根据建设项目的工程内容及其特征，对工程内容、影响时段、影响因子和作用因子进行分析、评价，突出环境影响评价重点。

（4）广泛参与原则

环境影响评价应广泛吸收相关学科和行业的专家、有关单位和个人及当地环境保护管理部门的意见。

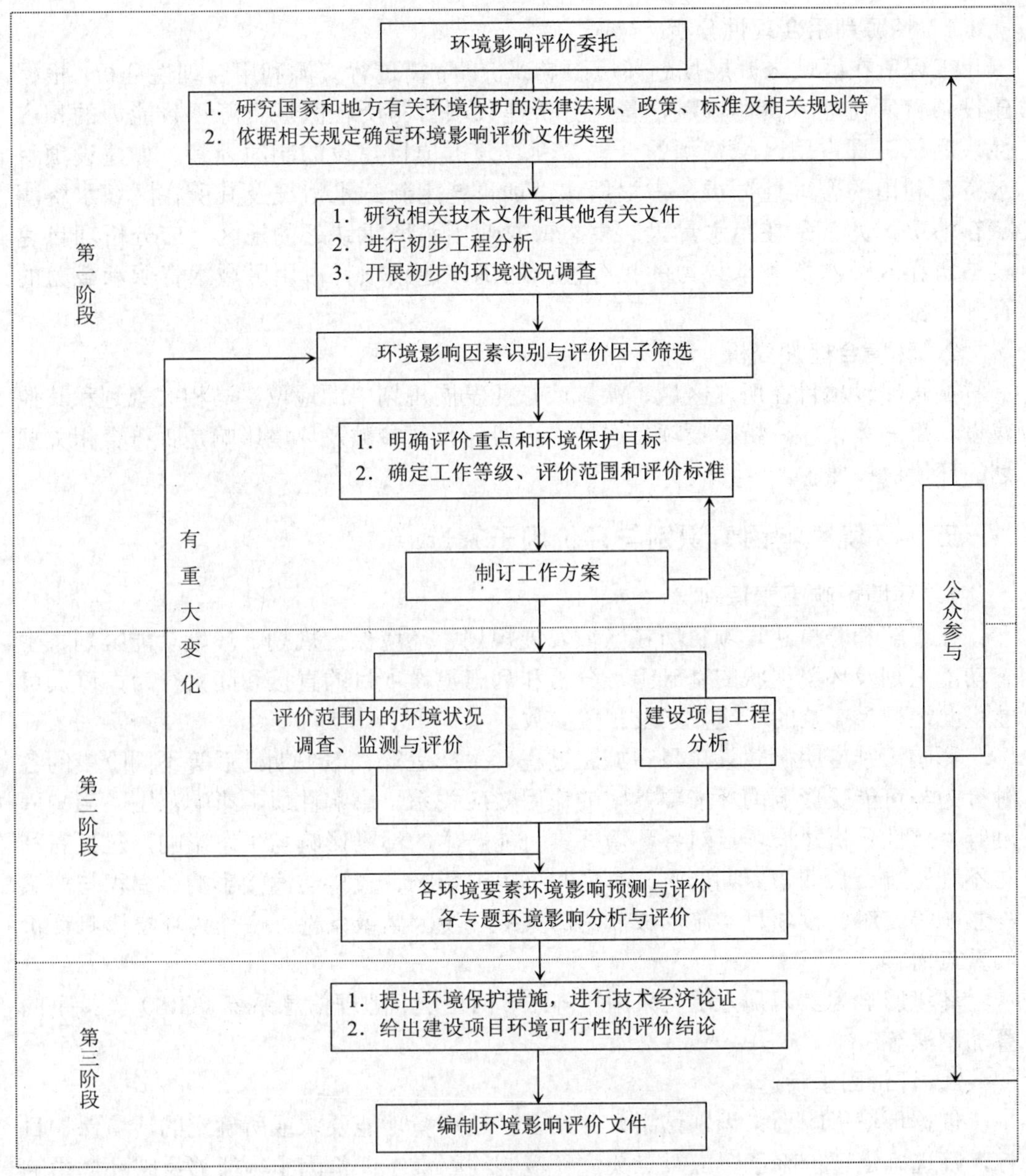

图 2-1 建设项目环境影响评价工作程序

四、资源利用及环境合理性分析

1. 资源利用合理性分析

工程所在区域未开展规划环境影响评价的，需进行资源利用合理性分析。根据建设项目所在区域资源禀赋，量化分析建设项目与所在区域资源承载能力的相容性，明确工程占用区域资源的合理份额，分析项目建设的制约因素。如建设项目水资源利用的合理性分析，需根据建设项目耗用新鲜水情况及其所在区域水资源赋存情况，尤其是在用水量大、生态或农业用水严重缺乏的地区，应分析项目建设与所在区域水资源承载力的相容性，明确该建设项目占用区域水资源承载力的合理份额。

2. 环境合理性分析

调查建设项目在所在区域、流域或行业发展规划中的地位，与相关规划和其他建设项目的关系，分析建设项目选址、选线、设计参数及环境影响是否符合相关规划的环境保护要求。

五、环境影响因素识别与评价因子筛选

1. 环境影响因素识别

在了解和分析建设项目所在区域发展规划、环境保护规划、环境功能区划、生态功能区划及环境现状的基础上，分析和列出建设项目的直接和间接行为，以及可能受上述行为影响的环境要素及相关参数。

影响识别应明确建设项目在施工过程、生产运行、服务期满后等不同阶段的各种行为与可能受影响的环境要素间的作用效应关系、影响性质、影响范围、影响程度等，定性分析建设项目对各环境要素可能产生的污染影响与生态影响，包括有利与不利影响、长期与短期影响、可逆与不可逆影响、直接与间接影响、累积与非累积影响等。对建设项目实施形成制约的关键环境因素或条件，应作为环境影响评价的重点内容。

环境影响因素识别方法可采用矩阵法、网络法、地理信息系统（GIS）支持下的叠加图法等。

2. 评价因子筛选

依据环境影响因素识别结果，并结合区域环境功能要求或所确定的环境保护目标，筛选确定评价因子，应重点关注环境制约因素。评价因子须能够反映环境影响的主要特征、区域环境的基本状况及建设项目的特点和排污特征。

六、环境影响评价工作等级

1. 评价工作等级的划分

建设项目的环境影响评价，根据其对环境影响的程度和范围，分别编制环境影响报告书、环境影响报告表或环境影响登记表，环境影响评价按环境要素分别划分评价等级。环境是由不同的环境要素组成的，即大气、水、声环境、土壤、生态、人群健康状况、文物与自然遗迹、人文遗迹、珍贵景观、地质环境以及日照、热、振动、放射性、电磁与光辐射波等。其中的一些环境要素还可以继续划分，如水可以分为地面水和地下水；生态可以分为自然生态、城市生态或陆域生态、水生生态等。

建设项目各环境要素专项评价原则上应划分工作等级，一般可划分为三级。一级评价对环境影响进行全面、详细、深入评价，二级评价对环境影响进行较为详细、深入评价，三级评价可只进行环境影响分析。

建设项目其他专题评价可根据评价工作需要划分评价等级。

具体的评价工作等级内容要求或工作深度参阅专项环境影响评价技术导则、行业建设项目环境影响评价技术导则的相关规定。

2. 评价工作等级划分的依据

各环境要素专项评价工作等级按建设项目特点、所在地区的环境特征、相关法律法规、标准及规划、环境功能区划等因素进行划分。其他专项评价工作等级可参照各环境要素评价工作等级划分依据。

（1）建设项目的工程特点主要包括：工程性质，工程规模，能源、水及其他资源的使用量及类型，污染物排放特点如污染物种类、性质、排放量、排放方式、排放去向、排放浓度等，工程建设的范围和时段，生态影响的性质和程度等。

（2）建设项目所在地区的环境特征主要包括：自然环境条件和特点、环境敏感程度、环境质量现状、生态系统功能与特点、自然资源及社会经济环境状况，以及建设项目实施后可能引起现有环境特征发生变化的范围和程度等。

（3）相关法律法规、标准及规划。国家和地方相关法律法规的有关要求，包括环境和资源保护法规及其法定的保护对象，环境质量标准和污染物排放标准，环境保护规划、生态保护规划、环境功能区划和保护区规划等。

3. 评价工作等级的调整

对于某一具体建设项目，其环境要素专项评价的工作等级可根据建设项目所处区域环境敏感程度、工程污染或生态影响特征及其他特殊要求等情况进行适当调整，但调整的幅度不超过一级，并应说明调整的具体理由。如在生态敏感区域建设可能影响生态环境的建设项目，其生态环境的环境影响评价等级应进行提级；废水排入下游污水处理厂的建设项目，其地面水环境影响评价等级可以降级。

七、环境影响评价范围的确定

按各专项环境影响评价技术导则的要求，确定各环境要素和专题的评价范围；未制定专项环境影响评价技术导则的，根据建设项目可能的影响范围确定环境影响评价范围，当评价范围外有环境敏感区的，应适当外延。

八、环境影响评价标准的确定

根据评价范围各环境要素的环境功能区划，确定各评价因子所采用的环境质量标准及相应的污染物排放标准。有地方污染物排放标准的，应优先选择地方污染物排放标准；国家污染物排放标准中没有限定的污染物，可采用国际通用标准；生产或服务过程的清洁生产分析采用国家发布的清洁生产规范性文件。

九、环境影响评价方法的选取

环境影响评价采用定量评价与定性评价相结合的方法，应以量化评价为主。评价方法应优先选用成熟的技术方法，鼓励使用先进的技术方法，慎用争议或处于研究阶段尚没有定论的方法。选用非导则推荐的评价或预测分析方法的，应根据建设项目特征、评价范围、影响性质等分析其适用性。

评价建设项目的环境影响，一般采用两种主要方法，即单项评价法和多项评价法。

（1）单项评价方法及其应用原则。单项评价方法是以国家、地方的有关法规、标准为依据，评定与估价各评价项目单个质量参数的环境影响。预测值未包括环境质量现状值（即背景值）时，评价时应注意叠加环境质量现状值。在评价某个环境质量参数时，应对各预测点在不同情况下该参数的预测值均进行评价。单项评价应有重点，对影响较重的环境质量参数，应尽量评定与估价影响的特性、范围、大小及重要程度。影响较轻的环境质量参数则可较为简略。

（2）多项评价方法及其应用原则。多项评价方法适用于各评价项目中多个质量参数的综合评价，所采用的方法分见有关各单项影响评价的技术导则。采用多项评价方法时，不一定包括该项目已预测环境影响的所有质量参数，可以有重点地选择适当的质量参数进行评价。建设项目如需进行多个厂址优选时，要应用各评价项目（如大气环境、地面水环境、地下水环境等）的综合评价进行分析、比较，其所用方法可参照各评价项目的多项评价方法。

第二节　建设项目工程分析

工程分析是为建设项目的环境影响预测和评价提供数据，为建设项目的环境管理和采取的相应环境措施提供基础，并为建设项目的环境决策提供服务。

一、工程分析的基本要求和方法

1. 基本要求

现行总纲规定，工程分析应符合以下要求：

（1）工程分析应突出重点。根据各类型建设项目的工程内容及其特征，对环境可能产生较大影响的主要因素要进行深入分析。

（2）应用的数据资料要真实、准确、可信。对建设项目的规划、可行性研究和初步设计等技术文件中提供的资料、数据、图件等，应进行分析后引用；引用现有资料进行环境影响评价时，应分析其时效性；类比分析数据、资料应分析其相同性或者相似性。

（3）结合建设项目工程组成、规模、工艺路线，对建设项目环境影响因素、方式、强度等进行详细分析与说明。

随着环境影响评价的不断发展，在实际的环境影响评价工作中，对工程分析的要求越来越高，除符合以上要求外，还要求贯彻执行我国环境保护的法律、法规和方针、政策，如产业政策、能源政策、土地利用政策、环境技术政策、节约用水要求以及清洁生产、污染物排放总量控制、污染物达标排放、“以新带老”原则等。工程分析应在对建设项目选址选线、设计建设方案、运行调度方式等进行充分调查的基础上进行。

2. 分析方法

根据建设项目的规划、可行性研究和设计等技术资料的详尽程度，其工程分析可以采用不同的方法，目前采用较多的工程分析方法有：类比分析法、实测法、实验法、物料平衡计算法和查阅参考资料分析法等。

（1）类比分析法要求时间长，需投入的工作量大，但所得结果较准确，可信度也较高。在评价工作等级较高、评价时间允许，且有可参考的相同或相似的现有工程时，应采用类比分析法。

（2）实测法。通过选择相同或类似工艺实测一些关键的污染参数。

（3）实验法。通过一定的实验手段来确定一些关键的污染参数。

（4）物料平衡计算法以理论计算为基础，比较简单，但是具有一定局限性，不适用于所有建设项目。在理论计算中的设备运行状况均按照理想状态考虑，计算结果大多数情况下数值偏低，不利于提出合适的环境保护措施。

（5）查阅参考资料分析法最为简便，当评价工作等级要求较低、评价时间短或是无法采取类比分析法和物料平衡计算法的情况下，可以采用此方法，但是采用此方法所获得的工程分析数据准确性较差，不适用于定量程度要求高的建设项目。

二、工程分析的内容

工程分析要对建设项目的全部组成和施工期、运营期、服务期满后所有时段的全部行为过程的环境影响因素及其影响特征、程度、方式等进行分析与说明，突出重点；并从保护周围环境、景观及环境保护目标要求出发，分析总图及规划布置方案的合理性。

1．工程基本数据

建设项目规模、主要生产设备和公用及储运装置、平面布置，主要原辅材料及其他物料的理化性质、毒理特征及其消耗量，能源消耗数量、来源及其储运方式，原料及燃料的类别、构成与成分，产品及中间体的性质、数量，物料平衡，燃料平衡，水平衡，特征污染物平衡；工程占地类型及数量，土石方量，取弃土量；建设周期、运行参数及总投资等。

根据“清污分流、一水多用、节约用水”的原则做好水平衡，给出总用水量、新鲜用水量、废水产生量、循环使用量、处理量、回用量和最终外排量等，明确具体的回用部位；根据回用部位的水质、温度等工艺要求，分析废水回用的可行性。按照国家节约用水的要求，提出进一步节水的有效措施。

改扩建及异地搬迁建设项目需说明现有工程的基本情况、污染排放及达标情况、存在的环境保护问题及拟采取的整改措施等内容。

2．污染影响因素分析

绘制包含产污环节的生产工艺流程图，分析各种污染物产生、排放情况，列表给出污染物的种类、性质、产生量、产生浓度、削减量、排放量、排放浓度、排放方式、排放去向及达标情况；分析建设项目存在的具有致癌、致畸、致突变的物质及具有持久性影响的污染物的来源、转移途径和流向；给出噪声、振动、热、光、放射性及电磁辐射等污染的来源、特性及强度等；各种治理、回收、利用、减缓措施状况等。

3．生态影响因素分析

明确生态影响作用因子，结合建设项目所在区域的具体环境特征和工程内容，识别、分析建设项目实施过程中的影响性质、作用方式和影响后果，分析生态影响范围、性质、特点和程度。应特别关注特殊工程点段分析，如环境敏感区、长大隧道与桥梁、淹没区等，并关注间接性影响、区域性影响、累积性影响以及长期影响等特有影响因素的分析。

4．原辅材料、产品、废物的储运

通过对建设项目原辅材料、产品、废物等的装卸、搬运、储藏、预处理等环节的分析，核定各环节的污染来源、种类、性质、排放方式、强度、去向及达标情况等。

5．交通运输

给出运输方式（公路、铁路、航运等），分析由于建设项目的施工和运行，使当地及附近地区交通运输量增加所带来环境影响的类型、因子、性质及强度。

6．公用工程

给出水、电、气、燃料等辅助材料的来源、种类、性质、用途、消耗量等，并对来源及可靠性进行论述。

7．非正常工况分析

对建设项目生产运行阶段的开车、停车、检修等非正常排放时的污染物进行分析，找出非正常排放的来源，给出非正常排放污染物的种类、成分、数量与强度，产生环节、原因、发生频率及控制措施等。

8．环境保护措施和设施

按环境影响要素分别说明工程方案已采取的环境保护措施和设施，给出环境保护设施的工艺流程、处理规模、处理效果。

9．污染物排放统计汇总

对建设项目有组织与无组织、正常工况与非正常工况排放的各种污染物浓度、排放量、排放方式、排放条件与去向等进行统计汇总。

对改扩建项目的污染物排放总量统计，应分别按现有、在建、改扩建项目实施后汇总污染物产生量、排放量及其变化量，给出改扩建项目建成后最终的污染物排放总量。

第三节 环境现状调查与评价

根据当地环境特征、建设项目特点和专项评价设置情况，从自然环境、社会环境、环境质量和区域污染源等方面选择相应内容进行现状调查与评价。

一、环境现状调查与评价的基本要求

（1）根据建设项目污染源及所在地区的环境特点，结合各专项评价的工作等级和调查范围，筛选出应调查的有关参数。

（2）充分搜集和利用现有的有效资料，当现有资料不能满足要求时，需进行现场调查和测试，并分析现状监测数据的可靠性和代表性。

（3）对与建设项目有密切关系的环境状况应全面、详细调查，给出定量的数据并做出分析或评价；对一般自然环境与社会环境的调查，应根据评价地区的实际情况，适当增减。

二、环境现状调查与评价的方法及特点

环境现状调查与评价的常见方法主要有三种，即收集资料法、现场调查法、遥感和地理信息系统分析方法。

（1）收集资料法应用范围广、收效大，比较节省人力、物力和时间。环境现状调查时，应首先通过此方法获得现有的各种有关资料，但此方法只能获得第二手资料，而且往往不全面，不能完全符合要求，需要其他方法补充。

（2）现场调查法可以针对使用者的需要，直接获得第一手的数据和资料，以弥补收集资料法的不足。这种方法工作量大，需占用较多的人力、物力和时间，有时还可能受季节、仪器设备条件的限制。

（3）遥感和地理信息系统分析方法可从整体上了解一个区域的环境特点，可以弄清人类无法到达地区的地表环境情况，如一些大面积的森林、草原、荒漠、海洋等。此方法调查精度较低，一般只用于辅助性调查。在环境现状调查中，使用此方法时，绝大多数情况不使用直接飞行拍摄的办法，只判读和分析已有的航空或卫星相片。

三、环境现状调查与评价的内容

1. 自然环境现状调查与评价

包括地理地质概况、地形地貌、气候与气象、水文、土壤、水土流失、生态、水环境、大气环境、声环境等调查内容。根据专项评价的设置情况选择相应内容进行详细调查。

（1）地理位置。建设项目所处的经度、纬度，行政区位置和交通位置，并附区域平面图。

（2）地质环境。一般情况，只需根据现有资料，概要说明当地的地质状况，如当地地层概况，地壳构造的基本形式（如岩层、断层及断裂等）以及与其相应的地貌表现，物理与化学风化情况，当地已探明或已开采的矿产资源情况。若建设项目规模较小且与地质条件无关时，地质环境现状可不叙述。

评价生态影响类建设项目（如矿山以及其他与地质条件密切相关的建设项目）的环境影响时，对与建设项目有直接关系的地质构造，如断层、断裂、坍塌、地面沉陷等不良地质构造，要进行较为详细的叙述，一些特别有危害的地质现象，如地震，也需加以说明，必要时，应附图辅助说明。若没有现成的地质资料，应根据评价要求做一定的现场调查。

（3）地形地貌。一般情况，只需根据现有资料，简要说明建设项目所在地区海拔高度，地形特征、相对高差的起伏状况，周围的地貌类型（如山地、平原、沟谷、丘陵、海岸等）以及岩溶地貌、冰川地貌、风成地貌等情况。崩塌、滑坡、泥石流、

冻土等有危害的地貌现象及分布情况，若不直接或间接威胁到建设项目时，可概要说明其发展情况。若无可查资料，需做一些简单的现场调查。

当地形地貌与建设项目密切相关时，除应比较详细地叙述上述全部或部分内容外，还应附建设项目周围地区的地形图，特别应详细说明可能直接对建设项目有危害或将被项目建设诱发的地貌现象的现状及发展趋势，必要时还应进行一定的现场调查。

（4）气候与气象。一般情况下，应根据现有资料概要说明大气环境状况，如建设项目所在地区的主要气候特征，年平均风速和主导风向，风玫瑰图，年平均气温，极端气温与最冷月和最热月的月平均气温，年平均相对湿度，平均降水量，降水天数，降水量极值，日照，主要的灾害性天气特征（如梅雨、寒潮、雹和台风、飓风）等。如需进行建设项目的大气环境影响评价，除应详细叙述上面全部或部分内容外，还应根据评价需要，对大气环境影响评价区的大气边界层和大气湍流等污染气象特征进行调查与必要的实际观测。

（5）土壤与水土流失。可根据现有资料简述建设项目周围地区的主要土壤类型及其分布，成土母质，土壤层厚度、肥力与使用情况，土壤污染的主要来源及其质量现状，建设项目周围地区的水土流失现状及原因等。当需要进行土壤环境影响评价时，除应详细叙述上面的部分或全部内容外，还应根据需要选择以下内容进一步调查：土壤的物理、化学性质，土壤成分与结构，颗粒度，土壤容重，含水率与持水能力，土壤一次、二次污染状况，水土流失的原因、特点、面积、侵蚀模数元素及流失量等，同时要附土壤和水土流失现状图。

大气环境、地面水环境、地下水环境、声环境和生态背景调查与评价的要求参照各环境要素环境影响评价技术导则。

2．社会环境现状调查与评价

包括人口（少数民族）、工业、农业、能源、土地利用、交通运输等现状及相关发展规划、环境保护规划的调查。当建设项目拟排放的污染物毒性较大时，应进行人群健康调查，并根据环境中现有污染物及建设项目将排放污染物的特性选定调查指标。

（1）社会经济。包括社会经济、人口、工业与能源、农业与土地利用、交通运输等。主要根据现有资料，结合必要的现场调查，简要叙述建设项目周围地区现有厂矿企业的分布状况，工业生产总产值及能源的供给与消耗方式等；公路、铁路或水路、航空方面的交通运输概况，以及与建设项目之间的关系；居民区的分布情况及分布特点，人口数量、人口密度、受教育水平、就业及人均收入等；可耕地面积，粮食作物与经济作物构成及产量，农业总产值以及土地利用现状，基本农田保护区分布，人均土地资源，农业基础设施等。若建设项目需进行土壤与生态环境影响评价，则应附土地利用图。

当建设项目规模较大，且拟排污染物毒性较大或项目建设期长、影响区域较广时，应进行一定的人群健康调查。调查时，应根据环境中现有污染物及建设项目将排放的污染物的特性选定相应评价指标。生态影响类建设项目如水电水利工程，需进行人群健康调查及影响评价。

（2）人文遗迹、自然遗迹与“珍贵”景观。人文遗迹指遗存在地面社会上或埋藏在地下的历史文化遗物，一般包括具有纪念意义和历史价值的建筑物、纪念物或具有历史、艺术、科学价值的古文化遗址、古长城、古墓葬、古建筑、石窟、寺庙、石刻等。自然遗迹指自然形成的具有地质学、地理学、生态学意义的遗存物，如温泉、洞穴、火山口、古化石、贝壳堤、特别地貌等。“珍贵”景观一般指具有生态学和美学及社会文化珍贵价值、必须保护的特定的地理区域或景物现象，如自然保护区、风景名胜游览区、疗养区、珍贵自然景观、奇特地貌景观、温泉以及重要的具有政治文化、纪念意义的建筑、设施和遗址等。需根据现有资料，概要说明建设项目周围有哪些重要遗迹与“珍贵”景观；重要遗迹或“珍贵”景观对于建设项目的相对位置和距离，其基本情况以及国家或当地政府的保护政策和规定等。

如建设项目需进行人文遗迹、自然遗迹或“珍贵”景观的影响评价，则除应较详细地叙述上述内容外，还应根据现有资料并结合必要的现场调查，进一步叙述人文遗迹、自然遗迹或“珍贵”景观对人类活动的敏感性。这些内容有：它们易于受哪些物理的、化学的或生物学的影响，目前有无已损害的迹象及其原因，主要的污染或其他影响的来源；景观外貌特点，自然保护区或风景名胜区中珍贵的动、植物种类，以及人文遗迹、自然遗迹或“珍贵”景观的价值，包括经济的、政治的、美学的、历史的、艺术的和科学的价值等；有无保护规划及保护级别，目前管理水平等。

（3）人群健康状况。当建设项目规模较大，且拟排污染物毒性较大时，应进行一定的人群健康调查。调查时，应根据环境中现有污染物及建设项目将排放的污染物的特性选定指标。

3．环境质量和区域污染源现状调查与评价

（1）根据建设项目特点、可能产生的环境影响和当地环境特征选择环境要素进行调查与评价。

（2）调查评价范围内的环境功能区划和主要的环境敏感区，收集评价范围内各例行监测点、断面或站位的近期环境监测资料或背景值调查资料，以环境功能区为主兼顾均布性和代表性布设现状监测点位。

（3）确定污染源调查的主要对象。选择建设项目等标排放量较大的污染因子、影响评价区环境质量的主要污染因子和特殊因子以及建设项目的特殊污染因子作为主要污染因子，注意点源与非点源的分类调查。

（4）采用单因子污染指数法或相关标准规定的评价方法对选定的评价因子及各

环境要素的质量现状进行评价，并说明环境质量的变化趋势。

（5）根据调查和评价结果，分析存在的环境问题，并提出解决问题的方法或途径。

4．其他环境现状调查与评价

根据当地环境状况及建设项目特点，决定是否进行放射性、光与电磁辐射、振动、地面下沉等环境状况的调查。

第四节　环境影响预测与评价

一、环境影响预测的基本要求

（1）对建设项目的环境影响进行预测，是指对能代表评价区环境质量的各种环境因子变化的预测，分析、预测和评价的范围、时段、内容及方法均应根据其评价工作等级、工程与环境特性、当地的环境保护要求而定。

（2）预测和评价的环境因子应包括反映评价区一般质量状况的常规因子和反映建设项目特征的特性因子两类。

（3）需考虑环境质量背景与已建的和在建的建设项目同类污染物环境影响的叠加。

（4）对于环境质量不符合环境功能要求的，应结合当地环境整治计划进行环境质量变化预测。

二、环境影响预测的方法及特点

预测环境影响时应尽量选用通用、成熟、简便并能满足准确度要求的方法。同时应分析所采用的环境影响预测方法的适用性。目前使用较多的预测方法有：数学模式法、物理模型法、类比分析法和专业判断法等。

（1）数学模式法。能给出定量的预测结果，但需一定的计算条件和输入必要的参数、数据。一般情况此方法比较简便，应首先考虑。选用数学模式时要注意模式的应用条件，如实际情况不能很好满足模式的应用条件而又拟采用时，要对模式进行修正并验证。

（2）物理模型法。定量化程度较高，再现性好，能反映比较复杂的环境特征，但需要有合适的试验条件和必要的基础数据，且制作复杂的环境模型需要较多的人力、物力和时间。在无法利用数学模式法预测而又要求预测结果定量精度较高时，应选用此方法。

（3）类比分析法。预测结果属于半定量性质。如由于评价工作时间较短等原因，无法取得足够的参数、数据，不能采用前述两种方法进行预测时，可选用此方法。

生态环境影响评价中常用此方法。

（4）专业判断法。定性地反映建设项目的环境影响。建设项目的某些环境影响很难定量估测，如对人文遗迹、自然遗迹与“珍贵”景观的环境影响等，或由于评价时间过短等无法采用以上三种方法时可选用此方法。生态影响预测采用的生态机理分析法、景观生态分析法等属此类方法。

三、环境影响预测与评价的内容

（1）建设项目的环境影响，按照建设项目实施过程的不同阶段，可以划分为建设阶段的环境影响、生产运行阶段的环境影响和服务期满后的环境影响。还应分析不同选址、选线方案的环境影响。

（2）当建设阶段的噪声、振动、地表水、地下水、大气、土壤等的影响程度较重、影响时间较长时，应进行建设阶段的环境影响预测。

（3）应预测建设项目生产运行阶段，正常排放和非正常排放、事故排放等情况的环境影响。

（4）应进行建设项目服务期满的环境影响评价，并提出环境保护措施。

（5）进行环境影响评价时，应考虑环境对建设项目影响的承载力。

（6）涉及有毒有害、易燃、易爆物质生产、使用、储存，存在重大危险源，存在潜在事故并可能对环境造成危害，包括健康、社会及生态风险（如外来生物入侵的生态风险）的建设项目，需进行环境风险评价。

（7）分析所采用的环境影响预测方法的适用性。

在进行环境影响预测时，应考虑环境对污染影响的承载能力。一般情况，应该考虑两个时段，即污染影响的承载能力最差的时段（对污染来说就是环境净化能力最低的时段）和污染影响的承载能力一般的时段。如果评价时间较短，评价工作等级又较低时，可只预测环境对污染影响承载能力最差的时段。

第五节　社会环境影响评价

社会环境影响评价是环境影响评价的新领域，是指评估和预测开发项目对社会环境可能产生的影响，体现了环境效益、经济效益和社会效益三方面的统一，其评价内容主要为建设项目开发对人口和社会设施等方面带来的影响及间接带来的影响。

随着社会的进步及近年来重金属环境污染事件对人群健康所产生的威胁，社会环境影响必将成为人类关注的主题。

一、社会环境影响评价的内容

社会环境影响评价应包括征地拆迁、移民安置、人文景观、人群健康、文物古迹、基础设施（如交通、水利、通信）等方面的影响评价。

二、社会环境影响评价因子的筛选

在收集反映社会环境影响的基础数据和资料的基础上，筛选出社会环境影响评价因子，定量预测或定性描述评价因子的变化。

三、社会环境影响分析的基本要求

要分析正面和负面的社会环境影响，并对负面影响提出相应的对策与措施。

第六节　公众参与

公众参与是建设项目在前期准备中的一项重要工作，通过公众参与可使建设项目选址选线更具合理性，工艺和技术路线选择更先进，环境保护措施更具实用性和可操作性；公众参与也有利于提高人民群众的环境保护意识。我国环境影响评价中的公众参与一直在不断地研究与探索中，2006年发布的《环境影响评价公众参与暂行办法》，使得公众参与实施有了具体的指导依据。

一、公众参与的要求、对象及形式

公众参与应遵循全过程参与的原则，即公众参与应贯穿于环境影响评价工作的全过程中。涉密的建设项目按国家相关规定执行。充分注意参与公众的广泛性和代表性，参与对象应包括可能受到建设项目直接影响和间接影响的有关企事业单位、社会团体、非政府组织、居民、专家和公众等。可根据实际需要和具体条件，采取包括问卷调查、座谈会、论证会、听证会及其他形式在内的一种或者多种形式，征求有关团体、专家和公众的意见。

二、建设项目信息公开的主要内容

在公众知情的情况下开展，应告知公众建设项目的有关信息，包括建设项目概况、主要的环境影响、影响范围和程度、预计的环境风险和后果，以及拟采取的主要对策措施和效果等。

三、公众反馈意见的处理要求

按“有关团体、专家、公众”对所有的反馈意见进行归类与统计分析，并在归类分析的基础上进行综合评述；对每一类意见，均应进行认真分析、回答采纳或不采纳并说明理由。

第七节　环境保护措施及其经济、技术论证

根据环境影响评价结果提出污染防治和环境保护对策与建议，是环境影响评价的基本任务之一。环境保护措施及其经济、技术论证应符合下列要求：

（1）明确拟采取的具体环境保护措施；分析论证拟采取措施的技术可行性、经济合理性、长期稳定运行和达标排放的可靠性，满足环境质量与污染物排放总量控制要求的可行性，如不能满足要求应提出必要的补充环境保护措施要求；生态保护措施须落实到具体时段和具体位置上，并特别注意施工期的环境保护措施。

（2）结合国家对不同区域的相关要求，从保护、恢复、补偿、建设等方面提出和论证实施生态保护措施的基本框架；按工程实施不同时段，分别列出相应的环境保护工程内容，并分析合理性。

（3）给出各项环境保护措施及投资估算一览表和环境保护设施分阶段验收一览表。

第八节　环境管理与监测

环境影响评价制度作为我国建设项目环境管理的一项重要法律制度和体现“预防为主”的战略防御手段，在建设项目选址、合理布局、污染防治和生态破坏的控制等方面发挥着积极的作用。因此，环境影响评价文件有必要提出建设项目施工期和运营期的环境管理措施与建议，为预防、降低、避免环境影响提供依据。

环境管理与监测的主要内容包括：

（1）应按建设项目建设和运营的不同阶段，有针对性地提出具有可操作性的环境管理措施、监测计划及建设项目不同阶段的竣工环境保护验收目标。

（2）结合建设项目影响特征，制订相应的环境质量、污染源、生态以及社会环境影响等方面的跟踪监测计划。

（3）对于非正常排放和事故排放，特别是事故排放时可能出现的环境风险问题，应提出预防与应急处理预案；施工周期长、影响范围广的建设项目还应提出施工期环境监理的具体要求。

第九节　清洁生产分析与循环经济

近几年，《中华人民共和国清洁生产促进法》、《关于加快推行清洁生产的意

见》、《国务院关于加快循环经济发展的意见》等法律法规相继出台，《中华人民共和国循环经济法》（草案）也已编制完成，对全面部署推行清洁生产、发展循环经济，建设资源节约型社会，促进国家可持续发展起到重要指导作用。

与之相适应，自2003年起，原国家环境保护总局对重污染行业颁布了一系列清洁生产标准，《国家环保总局关于推进循环经济发展的指导意见》也明确提出，要“严格建设项目环境影响评价，依法限制新建能耗物耗大、污染严重的项目”，因此，在环境影响评价中开展“清洁生产分析和循环经济”评价内容非常必要。

一、清洁生产分析的重点

国家已发布行业清洁生产规范性文件和相关技术指南的建设项目，应按所发布的规定内容和指标进行清洁生产水平分析，必要时提出进一步改进措施与建议。国家未发布行业清洁生产规范性文件和相关技术指南的建设项目，结合行业及工程特点，从资源能源利用、生产工艺与设备、生产过程、污染物产生、废物处理与综合利用、环境管理要求等方面确定清洁生产指标和开展评价。

二、循环经济分析的内容

从企业、区域或行业等不同层次，进行循环经济分析，提高资源利用率和优化废物处置途径。

第十节 污染物总量控制

目前，我国开展了环境容量的普查工作，其目的主要是将区域内现状污染物排放总量逐步削减到环境容量允许的范围之内，从而实现真正意义上环境质量改善的目标。“十一五”期间，总量控制的目标和计划已依据各地的环境容量给予了分配，并要求建设项目要做到“增产减污”，即“建设项目新增排放总量要小于区域内污染物的削减排放量”，以确保一定时期内达到环境质量改善的目的。因此，环境影响评价要根据国家和地方总量控制要求、区域总量控制的实际情况及建设项目主要污染物排放指标分析情况，提出污染物排放总量控制指标建议和满足指标要求的环境保护措施。

（1）在建设项目正常运行，满足环境质量要求、污染物达标排放及清洁生产的前提下，按照节能减排的原则给出主要污染物排放量。

（2）根据国家实施主要污染物排放总量控制的有关要求和地方环境保护行政主管部门对污染物排放总量控制的具体指标，分析建设项目污染物排放是否满足污染物排放总量控制指标要求，并提出建设项目污染物排放总量控制指标建议。主要污染物排放总量必须纳入所在地区的污染物排放总量控制计划。

必要时提出具体可行的区域平衡方案或削减措施，确保区域环境质量满足功能区和目标管理要求。

第十一节　环境影响经济损益分析

在《中华人民共和国环境影响评价法》和《建设项目环境保护管理条例》中都明确了环境影响的经济损益分析是建设项目环境影响报告书的重要内容，因此，修订后的总纲增加了对该部分内容的要求，规定环境影响评价中应计算建设项目环境影响的经济效益和损失，作为判断建设项目环境可行性的依据之一。

进行环境影响经济损益分析应从建设项目产生的正负两方面环境影响，以定性与定量相结合的方式，估算建设项目所引起环境影响的经济价值，并将其纳入建设项目的费用—效益分析中，作为判断建设项目环境可行性的依据之一。以建设项目实施后的影响预测与环境现状进行比较，从环境要素、资源类别、社会文化等方面筛选出需要或者可能进行经济评价的环境影响因子，对量化的环境影响进行货币化，并将货币化的环境影响价值纳入建设项目的经济分析。

第十二节　方案比选

方案比选在国外环境影响评价中起步较早、发展较快，许多国家和国际组织对多方案比选均有明确规定，而我国在多方案比选方面一直重视不够，且目前在我国环境影响评价中考虑较多的仍是污染防治措施的多方案比选，且主要偏重于经济效益的比较，缺少社会效益和环境效益的比较，这与我国环境影响评价在多方案比选中认识水平不够、投入的工作和资金少等原因是分不开的。因此，结合环境影响评价法以及国家"优化开发、重点开发、限制开发和禁止开发"等原则，建设项目应从环境保护角度在选址或选线、工艺、规模、环境影响、环境承载力和环境制约因素等方面进行多方案同等深度比选，以促进对多方案比选工作的不断完善与改进，使环境影响评价发挥更大的实用性。

建设项目的选址、选线和规模，应从是否与规划相协调、是否符合法规要求、是否满足环境功能区要求、是否影响环境敏感区或造成重大资源经济和社会文化损失等方面进行环境合理性论证。如要进行多个厂址或选线方案的优选时，应对各选址或选线方案的环境影响进行全面比较，从环境保护角度，提出选址、选线意见。方案比选应符合下列要求：

（1）对于同一建设项目多个建设方案从环境保护角度进行比选。

（2）重点进行选址或选线、工艺、规模、环境影响、环境承载能力和环境制约因素等方面比选。

（3）对于不同比选方案，必要时应根据建设项目进展阶段进行同等深度的评价。

（4）给出推荐方案，并结合比选结果提出优化调整建议。

第十三节　环境影响评价文件的编制

一、编制总体要求

环境影响评价文件应概括地反映环境影响评价的全部工作，环境现状调查应全面、深入，主要环境问题应阐述清楚，重点应突出，论点应明确，环境保护措施应可行、有效，评价结论应明确。文字应简洁、准确，文本应规范，计量单位应标准化，数据应可靠，资料应翔实，并尽量采用能反映需求信息的图表和照片。资料表述应清楚，利于阅读和审查，相关数据、应用模式须编入附录，并说明引用来源；所参考的主要文献应注意时效性，并列出目录。跨行业建设项目的环境影响评价，或评价内容较多时，其环境影响报告书中各专项评价根据需要可繁可简，必要时，其重点专项评价应另编专项评价分报告，特殊技术问题另编专题技术报告。

二、建设项目环境影响报告书的编制要求

1．专项设置内容

编制建设项目环境影响报告书时，应根据工程特点、环境特征、评价级别、国家和地方的环境保护要求，选择下列但不限于下列全部或部分专项评价。

污染影响为主的建设项目一般应包括工程分析，周围地区的环境现状调查与评价，环境影响预测与评价，清洁生产分析，环境风险评价，环境保护措施及其经济、技术论证，污染物排放总量控制，环境影响经济损益分析，环境管理与监测计划，公众参与，评价结论和建议等专题。生态影响为主的建设项目还应设置施工期、环境敏感区、珍稀动植物、社会等影响专题。

2．编制内容

（1）前言。简要说明建设项目的特点、环境影响评价的工作过程、关注的主要环境问题及环境影响报告书的主要结论。

（2）总则。

① 编制依据。须包括建设项目应执行的相关法律法规、相关政策及规划、相关导则及技术规范、有关技术文件和工作文件，以及环境影响报告书编制中引用的资料等。

② 评价因子与评价标准。分列现状评价因子和预测评价因子，给出各评价因子所执行的环境质量标准、排放标准、其他有关标准及具体限值。

③ 评价工作等级和评价重点。说明各专项评价工作等级，明确重点评价内容。

④ 评价范围及环境敏感区。以图、表形式说明评价范围和各环境要素的环境功能类别或级别，各环境要素环境敏感区和功能及其与建设项目的相对位置关系等。

⑤ 相关规划及环境功能区划。附图列表说明建设项目所在城镇、区域或流域发展总体规划、环境保护规划、生态保护规划、环境功能区划或保护区规划等。

（3）建设项目概况与工程分析。采用图表及文字结合方式，概要说明建设项目的基本情况、组成、主要工艺路线、工程布置及与原有、在建工程的关系。

对建设项目的全部组成和施工期、运营期、服务期满后所有时段的全部行为过程的环境影响因素及其影响特征、程度、方式等进行分析与说明，突出重点；并从保护周围环境、景观及环境保护目标要求出发，分析总图及规划布置方案的合理性。

（4）环境现状调查与评价。根据当地环境特征、建设项目特点和专项评价设置情况，从自然环境、社会环境、环境质量和区域污染源等方面选择相应内容进行现状调查与评价。

（5）环境影响预测与评价。给出预测时段、预测内容、预测范围、预测方法及预测结果，并根据环境质量标准或评价指标对建设项目的环境影响进行评价。

（6）社会环境影响评价。明确建设项目可能产生的社会环境影响，定量预测或定性描述社会环境影响评价因子的变化情况，提出降低影响的对策与措施。

（7）环境风险评价。根据建设项目环境风险识别、分析情况，给出环境风险评估后果、环境风险的可接受程度，从环境风险角度论证建设项目的可行性，提出具体可行的风险防范措施和应急预案。

（8）环境保护措施及其经济、技术论证。明确建设项目拟采取的具体环境保护措施。结合环境影响评价结果，论证建设项目拟采取环境保护措施的可行性，并按技术先进、适用、有效的原则，进行多方案比选，推荐最佳方案。

按工程实施不同时段，分别列出其环境保护投资额，并分析其合理性。给出各项措施及投资估算一览表。

（9）清洁生产分析和循环经济。量化分析建设项目清洁生产水平，提高资源利用率、优化废物处置途径，提出节能、降耗、提高清洁生产水平的改进措施与建议。

（10）污染物排放总量控制。根据国家和地方总量控制要求、区域总量控制的实际情况及建设项目主要污染物排放指标分析情况，提出污染物排放总量控制指标建议和满足指标要求的环境保护措施。

（11）环境影响经济损益分析。根据建设项目环境影响所造成的经济损失与效益分析结果，提出补偿措施与建议。

（12）环境管理与环境监测。根据建设项目环境影响情况，提出设计期、施工期、运营期的环境管理及监测计划要求，包括环境管理制度、机构、人员、监测点位、监测时间、监测频次、监测因子等。

（13）公众意见调查。给出采取的调查方式、调查对象、建设项目的环境影响信息、拟采取的环境保护措施、公众对环境保护的主要意见、公众意见的采纳情况等。

（14）方案比选。建设项目的选址、选线和规模，应从是否与规划相协调、是否符合法规要求、是否满足环境功能区要求、是否影响环境敏感区或造成重大资源经济和社会文化损失等方面进行环境合理性论证。如要进行多个厂址或选线方案的优选时，应对各选址或选线方案的环境影响进行全面比较，从环境保护角度，提出选址、选线意见。

（15）环境影响评价结论。环境影响评价结论是全部评价工作的结论，应在概括全部评价工作的基础上，简洁、准确、客观地总结建设项目实施过程各阶段的生产和生活活动与当地环境的关系，明确一般情况下和特定情况下的环境影响，规定采取的环境保护措施，从环境保护角度分析，得出建设项目是否可行的结论。

环境影响评价结论一般应包括建设项目的建设概况、环境现状与主要环境问题、环境影响预测与评价结论、建设项目建设的环境可行性、结论与建议等内容，可有针对性地选择其中的全部或部分内容进行编写。环境可行性结论应从与法规政策及相关规划一致性、清洁生产和污染物排放水平、环境保护措施可靠性和合理性、达标排放稳定性、公众参与接受性等方面分析得出。

（16）附录和附件。将建设项目依据文件、评价标准和污染物排放总量批复文件、引用文献资料、原燃料品质等必要的有关文件、资料附在环境影响报告书后。

第三章　大气环境影响评价技术导则与相关大气环境标准

第一节　环境影响评价技术导则　大气环境

一、概述

《环境影响评价技术导则　大气环境》（HJ 2.2—2008）规定了大气环境影响评价的内容、工作程序、方法和要求。适用于建设项目的新建或改、扩建工程的大气环境影响评价。区域和规划的大气环境影响评价亦可参照使用。该导则是对《环境影响评价技术导则　大气环境》（HJ/T 2.2—93）的第一次修订。主要修订内容有：评价工作分级和评价范围确定方法，环境空气质量现状调查内容与要求，气象观测资料调查内容与要求，大气环境影响预测与评价方法及要求，环境影响预测推荐模式等。

该导则于 2008 年 12 月 31 日发布，2009 年 4 月 1 日实施。自实施之日起，《环境影响评价技术导则　大气环境》（HJ/T 2.2—93）废止。

二、术语

1．环境空气敏感区

指评价范围内按《环境空气质量标准》（GB 3095）规定划分为一类功能区的自然保护区、风景名胜区和其他需要特殊保护的地区，二类功能区中的居住区、文化区等人群较集中的环境空气保护目标，以及对项目排放大气污染物敏感的区域。

2．常规污染物

常规污染物指 GB 3095 中所规定的二氧化硫（SO_2）、颗粒物（TSP、PM_{10}）、二氧化氮（NO_2）、一氧化碳（CO）等污染物。

3．特征污染物

特征污染物指项目排放的污染物中除常规污染物以外的特有污染物。主要指项目实施后可能导致潜在污染或对周边环境空气保护目标产生影响的特有污染物。

4．大气污染源分类

大气污染源按预测模式的模拟形式分为点源、面源、线源、体源四种类别。

点源：通过某种装置集中排放的固定点状源，如烟囱、集气筒等。

面源：在一定区域范围内，以低矮密集的方式自地面或近地面的高度排放污染物的源，如工艺过程中的无组织排放、储存堆、渣场等排放源。

线源：污染物呈线状排放或者由移动源构成线状排放的源，如城市道路的机动车排放源等。

体源：由源本身或附近建筑物的空气动力学作用使污染物呈一定体积向大气排放的源，如焦炉炉体、屋顶天窗等。

5．大气污染物分类

大气污染源排放的污染物按存在形态分为颗粒物污染物和气态污染物，其中粒径小于 15 μm 的污染物也可划为气态污染物。

6．排气筒

排气筒指通过有组织形式排放大气污染物的各种类型的装置，包括烟囱、集气筒等。

7．简单地形

距污染源中心点 5 km 内的地形高度（不含建筑物）低于排气筒高度时，定义为简单地形（图 3-1）。在此范围内地形高度不超过排气筒基底高度时，可认为地形高度为 0 m。

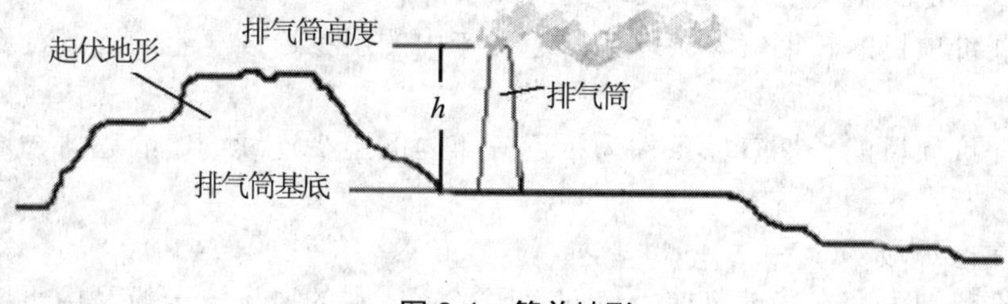

图 3-1 简单地形

8．复杂地形

距污染源中心点 5 km 内的地形高度（不含建筑物）等于或超过排气筒高度时，定义为复杂地形。复杂地形中各参数见图 3-2。

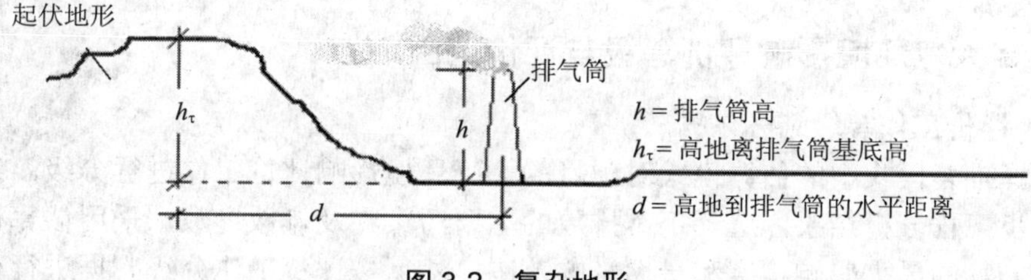

图 3-2 复杂地形

对于存在多源情况下的建设项目，简单地形与复杂地形的判断可用该项目几何高度最高的污染源高度作为判别标准。

9. 推荐模式

导则附录A所列的大气环境影响预测模式。推荐模式原则上采取互联网等形式发布，发布内容包括模式的使用说明、执行文件、用户手册、技术文档、应用案例等。推荐模式清单包括估算模式、进一步预测模式和大气环境防护距离计算模式。

估算模式是一种单源预测模式，适用于建设项目评价等级及评价范围的确定工作。估算模式利用预设的气象条件进行计算，通常其计算结果大于采用进一步预测模式的计算浓度值。

进一步预测模式是一些多源预测模式，适用于一、二级评价工作的进一步预测工作。可基于评价范围的气象特征及地形特征，模拟单个或多个污染源排放的污染物在不同平均时限内的浓度分布。不同的预测模式有其不同的数据要求及适用范围。

10. 非正常排放

指非正常工况下的污染物排放。如点火开炉、设备检修、污染物排放控制措施达不到应有效率、工艺设备运转异常等情况下的排放。

11. 长期气象条件

指达到一定时限及观测频次要求的气象条件。

一级评价项目的长期气象条件为：近五年内的至少连续三年的逐日、逐次气象条件。

二级评价项目的长期气象条件为：近三年内的至少连续一年的逐日、逐次气象条件。

12. 复杂风场

指评价范围内存在局地风速、风向等因子不一致的风场。一般是由于地表的地理特征或土地利用不一致，形成局地风场或局地环流，如海边、山谷、城市等地带会形成海陆风、山谷风、城市热岛环流等。

13. 大气环境防护距离

为保护人群健康，减少正常排放条件下大气污染物对居住区的环境影响，在项目厂界以外设置的环境防护距离。

三、大气环境影响评价等级与评价范围

1. 评价工作等级划分依据

选择推荐模式中的估算模式对项目的大气环境影响评价工作进行分级。结合项目的初步工程分析结果，选择正常排放的主要污染物及排放参数，采用估算模式计算各污染物的最大影响程度和最远影响范围，然后按评价工作分级判据进行分级。正常排放下主要污染物的选择标准，应结合污染物毒性、污染物排放量及环境质量

标准限值综合判定。对于常规污染物，可参考等标排放量的计算方法，即选择污染物排放量与环境空气质量浓度标准比值较大的污染物作为项目主要污染物。

根据项目的初步工程分析结果，选择1～3种主要污染物，分别计算每一种污染物的最大地面浓度占标率 P_i（第 i 个污染物），及第 i 个污染物的地面浓度达标准限值10%时所对应的最远距离 $D_{10\%}$。其中 P_i 定义为：

$$P_i = \frac{C_i}{C_{0i}} \times 100\% \tag{3-1}$$

式中：P_i —— 第 i 个污染物的最大地面浓度占标率，%；

C_i —— 采用估算模式计算出的第 i 个污染物的最大地面浓度，mg/m³；

C_{0i} —— 第 i 个污染物的环境空气质量标准，mg/m³。

C_{0i} 一般选用GB 3095中1小时平均取样时间的二级标准的浓度限值；对于没有小时浓度限值的污染物，可取日平均浓度限值的3倍值；对该标准中未包含的污染物，可参照TJ 36中的居住区大气中有害物质的最高容许浓度的一次浓度限值。如已有地方标准，应选用地方标准中的相应值。对某些上述标准中都未包含的污染物，可参照国外有关标准选用，但应作出说明，报环保主管部门批准后执行。

评价工作等级按表3-1的分级判据进行划分。最大地面浓度占标率按式（3-1）计算，如污染物数 i 大于1，取 P 值中最大者（P_{max}），和其对应的 $D_{10\%}$。

表3-1　评价工作等级

评价工作等级	评价工作分级判据
一级	P_{max}≥80%，且 $D_{10\%}$≥5 km
二级	其他
三级	P_{max}＜10%或 $D_{10\%}$＜污染源距厂界最近距离

评价工作等级的确定还应符合以下规定：

（1）同一项目有多个（两个以上，含两个）污染源排放同一种污染物时，则按各污染源分别确定其评价等级，并取评价级别最高者作为项目的评价等级。

（2）对于高耗能行业的多源（两个以上，含两个）项目，评价等级应不低于二级。

（3）对于建成后全厂的主要污染物排放总量都有明显减少的改、扩建项目，评价等级可低于一级。

（4）如果评价范围内包含一类环境空气质量功能区，或者评价范围内主要评价因子的环境质量已接近或超过环境质量标准，或者项目排放的污染物对人体健康或生态环境有严重危害的特殊项目，评价等级一般不低于二级。

（5）对于以城市快速路、主干路等城市道路为主的新建、扩建项目，应考虑交通线源对道路两侧的环境保护目标的影响，评价等级应不低于二级。

（6）对于公路、铁路等项目，应分别按项目沿线主要集中式排放源（如服务区、车站等大气污染源）排放的污染物计算其评价等级。

（7）确定评价工作等级的同时应说明估算模式计算参数和选项。

2．不同评价等级的预测要求

一、二级评价应选择导则推荐模式清单中的进一步预测模式进行大气环境影响预测工作。三级评价可不进行大气环境影响预测工作，直接以估算模式的计算结果作为预测与分析依据。

3．评价范围的确定

根据项目排放污染物的最远影响范围确定项目的大气环境影响评价范围。即以排放源为中心点，以 $D_{10\%}$为半径的圆或 $2\times D_{10\%}$为边长的矩形作为大气环境影响评价范围；当最远距离超过 25 km 时，确定评价范围为半径 25 km 的圆形区域或边长 50 km 矩形区域。

评价范围的直径或边长一般不应小于 5 km。

对于以线源为主的城市道路等项目，评价范围可设定为线源中心两侧各 200 m 的范围。

4．环境空气敏感区的确定

调查评价范围内所有环境空气敏感区，在图中标注，并列表给出环境空气敏感区内主要保护对象的名称、大气环境功能区划级别、与项目的相对距离、方位，以及受保护对象的范围和数量。

四、大气污染源调查与分析

1．污染源调查与分析对象

对于一、二级评价项目，应调查分析项目的所有污染源（对于改、扩建项目应包括新、老污染源）、评价范围内与项目排放污染物有关的其他在建项目、已批复环境影响评价文件的未建项目等污染源。如有区域替代方案，还应调查评价范围内所有的拟替代的污染源。

对于三级评价项目可只调查分析项目污染源。

2．污染源调查与分析方法

对于新建项目可通过类比调查、物料衡算或设计资料确定；对于评价范围内的在建和未建项目的污染源调查，可使用已批准的环境影响报告书中的资料；对于现有项目和改、扩建项目的现状污染源调查，可利用已有的有效数据或进行实测；对于分期实施的工程项目，可利用前期工程最近 5 年内的验收监测资料、年度例行监测资料或进行实测。

评价范围内拟替代的污染源调查方法参考项目的污染源调查方法。

3．污染源调查内容与调查清单

一级评价项目污染源调查内容：

（1）污染源排污概况调查。在满负荷排放下，按分厂或车间逐一统计各有组织排放源和无组织排放源的主要污染物排放量；对改、扩建项目应给出：现有工程排放量、扩建工程排放量，以及现有工程经改造后的污染物预测削减量，并按上述 3 个量计算最终排放量；对于毒性较大的污染物还应估计其非正常排放量；对于周期性排放的污染源，还应给出周期性排放系数。周期性排放系数取值为 0～1，一般可按季节、月份、星期、日、小时等给出周期性排放系数。

（2）点源调查内容。排气筒底部中心坐标，以及排气筒底部的海拔高度（m）；排气筒几何高度（m）及排气筒出口内径（m）；烟气出口速度（m/s）；排气筒出口处烟气温度（K）；各主要污染物正常排放量（g/s），排放工况，年排放小时数（h）；毒性较大物质的非正常排放量（g/s），排放工况，年排放小时数（h）等。点源（包括正常排放和非正常排放）参数调查清单见表 3-2。

表 3-2　点源参数调查清单

	点源编号	点源名称	X 坐标	Y 坐标	排气筒底部海拔	排气筒高度	排气筒内径	烟气出口速度	烟气出口温度	年排放小时数	排放工况	评价因子源强				
												烟尘	粉尘	SO_2	NO_x	其他
单位			m	m	m	m	m	m/s	K	h		g/s	g/s	g/s	g/s	
数据																

（3）面源调查内容。面源位置坐标，以及面源所在位置的海拔高度（m）；面源初始排放高度（m）；各主要污染物正常排放量[g/（s·m²）]，排放工况，年排放小时数（h）等。各类面源参数调查清单表见表 3-3～表 3-5。

表 3-3　矩形面源参数调查清单

	面源编号	面源名称	面源起始点		海拔高度	面源长度	面源宽度	与正北夹角	面源初始排放高度	年排放小时数	排放工况	评价因子源强				
			X 坐标	Y 坐标								烟尘	粉尘	SO_2	NO_x	其他
单位			m	m	m	m	m	°	m	h		g/（s·m²）				
数据																

表 3-4　多边形面源参数调查清单

	面源编号	面源名称	顶点 1 坐标		顶点 2 坐标		其他顶点坐标	海拔高度	面源初始排放高度	年排放小时数	排放工况	评价因子源强				
			X 坐标	Y 坐标	X 坐标	Y 坐标						烟尘	粉尘	SO_2	NO_x	其他
单位			m	m	m	m		m	m	h		g/（s·m²）				
数据																

表 3-5 近圆形面源调查清单

	面源编号	面源名称	中心坐标		海拔高度	近圆形半径	顶点数或边数	面源初始排放高度	年排放小时数	排放工况	评价因子源强				
			X坐标	Y坐标							烟尘	粉尘	SO_2	NO_x	其他
单位			m	m	m	m		m	h		g/（s·m²）				
数据															

（4）体源调查内容。体源中心点坐标，以及体源所在位置的海拔高度（m）；体源高度（m）；体源排放速率（g/s），排放工况，年排放小时数（h）；体源的边长（m）；初始横向扩散参数（m），初始垂直扩散参数（m），体源初始扩散参数的估算见表3-6和表3-7。体源参数调查清单见表3-8。

表 3-6 体源初始横向扩散参数的估算

源类型	初始横向扩散参数
单个源	σ_{y0}=边长/4.3
连续划分的体源	σ_{y0}=边长/2.15
间隔划分的体源	σ_{y0}=两个相邻间隔中心点的距离/2.15

表 3-7 体源初始垂直扩散参数的估算

源位置		初始垂直扩散参数
源基底处地形高度 H_0≈0		σ_{z0}=源的高度/2.15
源基底处地形高度 H_0>0	在建筑物上的，或邻近建筑物	σ_{z0}=建筑物高度/2.15
	不在建筑物上，或不邻近建筑物	σ_{z0}=源的高度/4.3

表 3-8 体源参数调查清单

	体源编号	体源名称	体源中心坐标		海拔高度	体源边长	体源高度	年排放小时数	排放工况	初始扩散参数		评价因子源强				
			X坐标	Y坐标						横向	垂直	烟尘	粉尘	SO_2	NO_x	其他
单位			m	m	m	m	m	h		m	m	g/s				
数据																

（5）线源调查内容。线源几何尺寸（分段坐标），线源距地面高度（m），道路宽度（m），街道街谷高度（m）；各种车型的污染物排放速率[g/（km·s）]；平均车速（km/h），各时段车流量（辆/h）、车型比例。线源参数调查清单见表3-9。

表 3-9　线源参数调查清单

	线源编号	线源名称	分段坐标 1		分段坐标 2		分段坐标 *n*	道路高度	道路宽度	街道窄谷高度	平均车速	车流量	车型/比例	各车型污染物排放速率				
			X 坐标	*Y* 坐标	*X* 坐标	*Y* 坐标								NO_x	粉尘	CO	VOC	其他
单位			m	m	m	m		m	m	m	km/h	Pcu/h		g/（km・s）				
数据																		

（6）其他需调查的内容。建筑物下洗参数；颗粒物的粒径分布。颗粒物粒径分布调查清单见表 3-10。

表 3-10　颗粒物粒径分布调查清单

	粒径分级	分级粒径	颗粒物质量密度	所占质量比
单位		μm	g/cm^3	
数据				

二级评价项目污染源调查内容参照一级评价项目执行，可适当从简。

三级评价项目可只调查污染源排污概况，并对估算模式中的污染源参数进行核实。

五、环境空气质量现状调查与评价

1. 现状调查原则

现状调查资料来源分三种途径，可视不同评价等级对数据的要求结合进行：① 收集评价范围内及邻近评价范围的各例行空气质量监测点的近三年与项目有关的监测资料。② 收集近三年与项目有关的历史监测资料。③ 进行现场监测。

凡涉及 GB 3095 中污染物的各类监测资料的统计内容与要求，均应满足该标准中各项污染物数据统计的有效性规定。涉及 GB 3095 中各项污染物的分析方法应符合 GB 3095 对分析方法的规定。

监测方法应首先选用国家环境主管部门发布的标准监测方法。对尚未制定环境标准的非常规大气污染物，应尽可能参考 ISO 等国际组织和国内外相应的监测方法，在环评文件中详细列出监测方法、适用性及其引用依据，并报请环保主管部门批准。监测方法的选择，应满足项目的监测目的，并注意其适用范围、检出限、有效检测范围等监测要求。

2. 现有监测资料分析

对照各污染物有关的环境质量标准，分析其长期浓度（年均浓度、季均浓度、月均浓度）、短期浓度（日平均浓度、小时平均浓度）的达标情况。若监测结果出现超标，应分析其超标率、最大超标倍数以及超标原因。此外，还应分析评价范围内的污染水平和变化趋势。

3．现状监测

（1）监测因子。凡项目排放的污染物属于常规污染物的应筛选为监测因子。项目排放的特征污染物中有国家或地方环境质量标准的，或者有 TJ 36 中的居住区大气中有害物质的最高允许浓度的，也应筛选为监测因子；对于没有相应环境质量标准的污染物，且属于毒性较大的，则应按照实际情况，选取有代表性的污染物作为监测因子，同时应给出参考标准值和出处。

（2）监测制度。一级评价项目应进行二期（冬季、夏季）监测；二级评价项目可取一期不利季节进行监测，必要时应作二期监测；三级评价项目必要时可作一期监测。每期监测时间，至少应取得有季节代表性的 7 天有效数据，采样时间应符合监测资料的统计要求。对于评价范围内没有排放同种特征污染物的项目，可减少监测天数。对于部分无法进行连续监测的特殊污染物，可监测其一次浓度值，监测时间须满足所用评价标准值的取值时间要求。

（3）监测布点要求。监测点设置应根据项目的规模和性质，结合地形复杂性、污染源及环境空气保护目标的布局，综合考虑监测点设置数量。

一级评价项目，监测点应包括评价范围内有代表性的环境空气保护目标，点位不少于 10 个；二级评价项目，监测点应包括评价范围内有代表性的环境空气保护目标，点位不少于 6 个。对于地形复杂、污染程度空间分布差异较大，环境空气保护目标较多的区域，可酌情增加监测点数目。三级评价项目，若评价范围内已有例行监测点位，或评价范围内有近 3 年的监测资料，且其监测数据有效性符合导则有关规定，并能满足项目评价要求的，可不再进行现状监测，否则，应设置 2～4 个监测点。若评价范围内没有其他污染源排放同种特征污染物的，可适当减少监测点位。

对于公路、铁路等项目，应分别在各主要集中式排放源（如服务区、车站等大气污染源）评价范围内，选择有代表性的环境空气保护目标设置监测点位。

城市道路项目，可不受上述监测点设置数目限制，根据道路布局和车流量状况，并结合环境空气保护目标的分布情况，选择有代表性的环境空气保护目标设置监测点位。

（4）监测布点原则。监测点的布设应尽量全面、客观、真实反映评价范围内的环境空气质量。依项目评价等级和污染源布局的不同，按照以下原则进行监测布点。

一级评价项目：以监测期间所处季节的主导风向为轴向，取上风向为 0°，至少在约 0°、45°、90°、135°、180°、225°、270°、315°方向上各设置 1 个监测点，在主导风向下风向距离中心点（或主要排放源）不同距离，加密布设 1～3 个监测点。具体监测点位可根据局地地形条件、风频分布特征以及环境功能区、环境空气保护目标所在方位做适当调整。各个监测点要有代表性，环境监测值应能反映各环境空气敏感区、各环境功能区的环境质量，以及预计受项目影响的高浓度区的环境质量。各监测期环境空气敏感区的监测点位置应重合。预计受项目影响的高浓度区的监测点位，应根据各监测期所处季节主导风向进行调整。

二级评价项目：以监测期间所处季节的主导风向为轴向，取上风向为 0°，至少在约 0°、90°、180°、270°方向上各设置 1 个监测点，主导风向下风向应加密布点。具体监测点位根据局地地形条件、风频分布特征以及环境功能区、环境空气保护目标所在方位做适当调整。各个监测点要有代表性，环境监测值应能反映各环境空气敏感区、各环境功能区的环境质量，以及预计受项目影响的高浓度区的环境质量。如需要进行二期监测，应与一级评价项目相同，根据各监测期所处季节主导风向调整监测点位。

三级评价项目：以监测期所处季节的主导风向为轴向，取上风向为 0°，至少在约 0°、180°方向上各设置 1 个监测点，主导风向下风向应加密布点，也可根据局地地形条件、风频分布特征以及环境功能区、环境空气保护目标所在方位做适当调整。各个监测点要有代表性，环境监测值应能反映各环境空气敏感区、各环境功能区的环境质量，以及预计受项目影响的高浓度区的环境质量。如果评价范围内已有例行监测点可不再安排监测。

城市道路评价项目：对于城市道路等线源项目，应在项目评价范围内，选取有代表性的环境空气保护目标设置监测点。监测点的布设还应结合敏感点的垂直空间分布进行设置。

各级评价项目现状监测布点原则汇总见表 3-11。

表 3-11　现状监测布点原则

	一级评价	二级评价	三级评价
监测点数	≥10	≥6	2～4
布点方法	极坐标布点法	极坐标布点法	极坐标布点法
布点方位	在约 0°、45°、90°、135°、180°、225°、270°、315°等方向布点，并且在下风向加密，也可根据局地地形条件、风频分布特征以及环境功能区、环境空气保护目标所在方位做适当调整	至少在约 0°、90°、180°、270°等方向布点，并且在下风向加密，也可根据局地地形条件、风频分布特征以及环境功能区、环境空气保护目标所在方位做适当调整	至少在约 0°、180°等方向布点，并且在下风向加密，也可根据局地地形条件、风频分布特征以及环境功能区、环境空气保护目标所在方位做适当调整
布点要求	各个监测点要有代表性，环境监测值应能反映各环境敏感区域、各环境功能区的环境质量，以及预计受项目影响的高浓度区的环境质量		

环境空气质量监测点位置的周边环境应符合相关环境监测技术规范的规定。监

测点周围空间应开阔，采样口水平线与周围建筑物的高度夹角小于30°；监测点周围应有270°采样捕集空间，空气流动不受任何影响；避开局地污染源的影响，原则上20 m 应没有局地排放源；避开树木和吸附力较强的建筑物，一般在15～20 m 范围内没有绿色乔木、灌木等。同时注意监测点的可到达性和电力保证。

（5）监测采样。环境空气监测中的采样点、采样环境、采样高度及采样频率的要求，按相关环境监测技术规范执行。

（6）同步气象资料要求。应同步收集项目位置附近有代表性，且与各环境空气质量现状监测时间相对应的常规地面气象观测资料。

（7）监测结果统计分析。以列表的方式给出各监测点大气污染物的不同取值时间的浓度变化范围，计算并列表给出各取值时间最大浓度值占相应标准浓度限值的百分比和超标率，并评价达标情况；分析大气污染物浓度的日变化规律以及大气污染物浓度与地面风向、风速等气象因素及污染源排放的关系；分析重污染时间分布情况及其影响因素。

六、气象观测资料调查与分析

1．调查基本原则

气象观测资料的调查要求与项目的评价等级有关，还与评价范围内地形复杂程度、水平流场是否均匀一致、污染物排放是否连续稳定有关。常规气象观测资料包括常规地面气象观测资料和常规高空气象探测资料。

对于各级评价项目，均应调查评价范围20年以上的主要气候统计资料。包括年平均风速和风向玫瑰图，最大风速与月平均风速，年平均气温，极端气温与月平均气温，年平均相对湿度，年均降水量，降水量极值，日照等。对于一、二级评价项目，还应调查逐日、逐次的常规气象观测资料及其他气象观测资料。

2．调查要求

（1）对于一级评价项目，气象观测资料调查基本要求分两种情况：① 评价范围小于50 km 条件下，需调查地面气象观测资料，并按选取的模式要求，调查必需的常规高空气象探测资料。② 评价范围大于50 km 条件下，需调查地面气象观测资料和常规高空气象探测资料。

地面气象观测资料调查要求：调查距离项目最近的地面气象观测站，近5年内的至少连续三年的常规地面气象观测资料。如果地面气象观测站与项目的距离超过50 km，并且地面站与评价范围的地理特征不一致，还需进行补充地面气象观测。

常规高空气象探测资料调查要求：调查距离项目最近的高空气象探测站，近5年内的至少连续三年的常规高空气象探测资料。如果高空气象探测站与项目的距离超过50 km，高空气象资料可采用中尺度气象模式模拟的50 km 内的格点气象资料。

（2）对于二级评价项目，气象观测资料调查基本要求同一级评价项目。对应的气象观测资料年限要求为近 3 年内的至少连续一年的常规地面气象观测资料和高空气象探测资料。

3．调查内容

（1）地面气象观测资料。根据所调查地面气象观测站的类别，并遵循先基准站，次基本站，后一般站的原则，收集每日实际逐次观测资料。观测资料的常规调查项目包括：时间（年、月、日、时）、风向（以角度或按 16 个方位表示）、风速、干球温度、低云量、总云量。

根据不同评价等级预测精度要求及预测因子特征，可选择调查的观测资料的内容：湿球温度、露点温度、相对湿度、降水量、降水类型、海平面气压、观测站地面气压、云底高度、水平能见度等（表 3-12）。

表 3-12　地面气象观测资料内容

名称	单位	名称	单位
年		湿球温度	℃
月		露点温度	℃
日		相对湿度	%
时		降水量	mm/h
风向	度（方位）	降水类型	
风速	m/s	海平面气压	hPa（百帕）
总云量	十分量	观测站地面气压	hPa（百帕）
低云量	十分量	云底高度	km
干球温度	℃	水平能见度	km

（2）常规高空气象探测资料。观测资料的时次根据所调查常规高空气象探测站的实际探测时次确定，一般应至少调查每日 1 次（北京时间 08 点）的距地面 1 500 m 高度以下的高空气象探测资料。观测资料的常规调查项目包括：时间（年、月、日、时）、探空数据层数、每层的气压、高度、气温、风速、风向（以角度或按 16 个方位表示）（表 3-13）。

表 3-13　常规高空气象探测资料内容

名称	单位	名称	单位
年		高度	m
月		干球温度	℃
日		露点温度	℃
时		风速	m/s
探空数据层数		风向	度（方位）
气压	hPa（百帕）		

对于修订版大气导则所推荐的进一步预测模式，输入的地面气象观测资料需要逐日每天24次的连续观测资料，对于每日实际观测次数不足24次的，应在应用气象资料前对原始资料进行插值处理。插值方法可采用连续均匀插值法（实际观测次数为一日4次或一日8次）或者均值插值法（实际观测次数为一日8次以上）。

4. 补充地面气象观测

如果地面气象观测站与项目的距离超过50 km，并且地面站与评价范围的地理特征不一致，还需要进行补充地面气象观测。在评价范围内设立补充地面气象观测站，站点设置应符合相关地面气象观测规范的要求。

一级评价的补充观测应进行为期一年的连续观测；二级评价的补充观测可选择有代表性的季节进行连续观测，观测期限应在2个月以上。观测内容应符合地面气象观测资料的要求。观测方法应符合相关地面气象观测规范的要求。

补充地面气象观测数据可作为当地长期气象条件参与大气环境影响预测。

5. 常规气象资料分析内容

（1）温度。统计长期地面气象资料中每月平均温度的变化情况，并绘制年平均温度月变化曲线图。对于一级评价项目，需酌情对污染较严重时的高空气象探测资料作温廓线的分析，分析逆温层出现的频率、平均高度范围和强度。

（2）风速。统计月平均风速随月份的变化和季小时平均风速的日变化。即根据长期气象资料统计每月平均风速、各季每小时的平均风速变化情况，并绘制平均风速的月变化曲线图和季小时平均风速的日变化曲线图。对于一级评价项目，需酌情对污染较严重时的高空气象探测资料作风廓线的分析，分析不同时间段大气边界层内的风速变化规律。

（3）风向、风频。统计所收集的长期地面气象资料中，每月、各季及长期平均各风向风频变化情况。统计所收集的长期地面气象资料中，各风向出现的频率，静风频率单独统计。在极坐标中按各风向标出其频率的大小，绘制各季及年平均风向玫瑰图。风向玫瑰图应同时附当地气象台站多年（20年以上）气候统计资料的统计结果。

在模式计算中，若给静风风速赋一固定值，应同时分配静风一个风向，可利用静风前后的观测资料的风向进行插值或在气象资料比较完整，即日观测次数比较多的情况下，利用静风前一次的观测资料中的风向作为当前静风风向。

（4）主导风向。主导风向指风频最大的风向角的范围。风向角范围一般在连续45°左右，对于以十六方位角表示的风向，主导风向范围一般是指连续两到三个风向角的范围。某区域的主导风向应有明显的优势，其主导风向角风频之和应≥30%，否则可称该区域没有主导风向或主导风向不明显。在没有主导风向的地区，应考虑项目对全方位的环境空气敏感区的影响。

七、大气环境影响预测与评价

大气环境影响预测用于判断项目建成后对评价范围大气环境影响的程度和范围。常用的大气环境影响预测方法是通过建立数学模型来模拟各种气象条件、地形条件下的污染物在大气中输送、扩散、转化和清除等物理、化学机制。

大气环境影响预测的步骤一般为：

（1）确定预测因子。

（2）确定预测范围。

（3）确定计算点。

（4）确定污染源计算清单。

（5）确定气象条件。

（6）确定地形数据。

（7）确定预测内容和设定预测情景。

（8）选择预测模式。

（9）确定模式中的相关参数。

（10）进行大气环境影响预测与评价。

1．预测因子

预测因子应根据评价因子而定，选取有环境空气质量标准的评价因子作为预测因子。

2．预测范围

预测范围应覆盖评价范围，同时还应考虑污染源的排放高度、评价范围的主导风向、地形和周围环境敏感区的位置等进行适当调整。计算污染源对评价范围的影响时，一般取东西向为 X 坐标轴、南北向为 Y 坐标轴，项目位于预测范围的中心区域。

3．计算点

计算点可分三类：环境空气敏感区、预测范围内的网格点以及区域最大地面浓度点。应选择所有的环境空气敏感区中的环境空气保护目标作为计算点。

预测网格点的分布应具有足够的分辨率以尽可能精确预测污染源对评价范围的最大影响，预测网格可以根据具体情况采用直角坐标网格或极坐标网格，并应覆盖整个评价范围。预测网格点设置方法见表 3-14。

表 3-14　预测网格点设置方法

预测网格方法		直角坐标网格	极坐标网格
布点原则		网格等间距或近密远疏法	径向等间距或距源中心近密远疏法
预测网格点网格距	距离源中心≤1 000 m	50～100 m	50～100 m
	距离源中心＞1 000 m	100～500 m	100～500 m

区域最大地面浓度点的预测网格设置，应依据计算出的网格点浓度分布而定，在高浓度分布区，计算点间距应不大于 50 m。对于临近污染源的高层住宅楼，应适当考虑不同代表高度上的预测受体。

4. 污染源计算清单

点源、面源、体源和线源源强计算清单内容参见大气污染源调查内容与调查清单。

5. 气象条件

计算小时平均浓度需采用长期气象条件，进行逐时或逐次计算。选择污染最严重的（针对所有计算点）小时气象条件和对各环境空气保护目标影响最大的若干个小时气象条件（可视对各环境空气敏感区的影响程度而定）作为典型小时气象条件。

计算日平均浓度需采用长期气象条件，进行逐日平均计算。选择污染最严重的（针对所有计算点）日气象条件和对各环境空气保护目标影响最大的若干个日气象条件（可视对各环境空气敏感区的影响程度而定）作为典型日气象条件。

6. 地形数据

在非平坦的评价范围内，地形的起伏对污染物的传输、扩散会有一定的影响。对于复杂地形下的污染物扩散模拟需要输入地形数据。

地形数据的来源应予以说明，地形数据的精度应结合评价范围及预测网格点的设置进行合理选择。

7. 确定预测内容和设定预测情景

大气环境影响预测内容依据评价工作等级和项目的特点而定。

（1）一级评价项目预测内容

① 全年逐时或逐次小时气象条件下，环境空气保护目标、网格点处的地面浓度和评价范围内的最大地面小时浓度。

② 全年逐日气象条件下，环境空气保护目标、网格点处的地面浓度和评价范围内的最大地面日平均浓度。

③ 长期气象条件下，环境空气保护目标、网格点处的地面浓度和评价范围内的最大地面年平均浓度。

④ 非正常排放情况，全年逐时或逐次小时气象条件下，环境空气保护目标的最大地面小时浓度和评价范围内的最大地面小时浓度。

⑤ 对于施工期超过一年的项目，并且施工期排放的污染物影响较大，还应预测施工期间的大气环境质量。

二级评价项目预测内容为一级评价项目预测内容中的①、②、③、④项内容。三级评价项目可不进行上述预测。

（2）预测情景根据预测内容设定，一般考虑五个方面的内容：污染源类别、排放方案、预测因子、气象条件、计算点。

污染源类别分新增加污染源、削减污染源和被取代污染源及其他在建、拟建项目相关污染源。新增污染源分正常排放和非正常排放两种情况。排放方案分工程设计或可行性研究报告中现有排放方案和环评报告所提出的推荐排放方案，排放方案内容根据项目选址、污染源的排放方式以及污染控制措施等进行选择。常规预测情景组合见表 3-15。

表 3-15　常规预测情景组合

序号	污染源类别	排放方案	预测因子	计算点	常规预测内容
1	新增污染源（正常排放）	现有方案/推荐方案	所有预测因子	环境空气保护目标 网格点 区域最大地面浓度点	小时浓度 日平均浓度 年均浓度
2	新增污染源（非正常排放）	现有方案/推荐方案	主要预测因子	环境空气保护目标 区域最大地面浓度点	小时浓度
3	削减污染源（若有）	现有方案/推荐方案	主要预测因子	环境空气保护目标	日平均浓度 年均浓度
4	被取代污染源（若有）	现有方案/推荐方案	主要预测因子	环境空气保护目标	日平均浓度 年均浓度
5	其他在建、拟建项目相关污染源（若有）		主要预测因子	环境空气保护目标	日平均浓度 年均浓度

8. 预测模式

采用导则推荐模式清单中的模式进行预测，并说明选择模式的理由。选择模式时，应结合模式的适用范围和对参数的要求进行合理选择。推荐模式原则上采取互联网等形式发布，发布内容包括模式的使用说明、执行文件、用户手册、技术文档、应用案例等。推荐模式清单包括估算模式、进一步预测模式和大气环境防护距离计算模式。各预测模式适用范围及选择要求见表 3-16。

表 3-16　推荐模式一般适用范围

分类	AERMOD	ADMS	CALPUFF
适用评价等级	一级、二级评价	一级、二级评价	一级、二级评价
污染源类型	点源、面源、体源	点源、面源、线源、体源	点源、面源、线源、体源
适用评价范围	≤50 km	≤50 km	＞50 km
对气象数据最低要求	地面气象数据及对应高空气象数据	地面气象观测数据	地面气象数据及对应高空气象数据
适用污染源类型	点源、面源和体源	点源、面源、线源和体源	点源、面源、线源和体源
适用地形及风场条件	简单地形、复杂地形	简单地形、复杂地形	简单地形、复杂地形、复杂风场
模拟污染物	气态污染物 颗粒物	气态污染物 颗粒物	气态污染物、颗粒物 恶臭、能见度
其他	街谷模式		长时间静风、岸边熏烟

9. 模式中的相关参数

在进行大气环境影响预测时，应对预测模式中的有关模型选项及化学转化等参数进行说明。不同预测模式所需主要参数见表3-17。

在计算1 h平均浓度时，可不考虑SO_2的转化；在计算日平均或更长时间平均浓度时，尤其是城市区域，应考虑化学转化。SO_2转化可取半衰期为4 h。对于一般的燃烧设备，在计算NO_2小时或日平均浓度时，可以假定$NO_2/NO_x=0.9$；在计算年平均浓度时，可以假定$NO_2/NO_x=0.75$。在计算机动车排放NO_2和NO_x比例时，应根据不同车型的实际情况而定。

在计算颗粒物浓度时，应考虑重力沉降的影响。

表3-17 不同预测模式所需主要参数要求

参数类型	ADMS	AERMOD	CALPUFF
地表参数	地表粗糙度，最小M-O长度	地表反照率、BOWEN率、地表粗糙度	地表粗糙度、土地使用类型、植被代码
干沉降参数	沉降率	干沉降参数	干沉降参数
湿沉降参数	清洗率	湿沉降参数	湿沉降参数
化学反应参数	化学反应选项	半衰期、NO_x转化系数、臭氧浓度等	化学反应计算选项
其他参数	模拟建筑物/山区	时区、城市/农村	时区、地形影响半径、气象台站影响半径、风速幂指数、静风域值、混合层域值

10. 大气环境影响预测分析与评价

大气环境影响预测分析与评价的主要内容包括：

（1）对环境空气敏感区的环境影响分析，应考虑其预测值和同点位处的现状背景值的最大值的叠加影响；对最大地面浓度点的环境影响分析可考虑预测值和所有现状背景值的平均值的叠加影响。

（2）叠加现状背景值，分析项目建成后最终的区域环境质量状况，即新增污染源预测值＋现状监测值－削减污染源计算值（如果有）－被取代污染源计算值（如果有）＝项目建成后最终的环境影响。若评价范围内还有其他在建项目、已批复环境影响评价文件的拟建项目，也应考虑其建成后对评价范围的共同影响。

（3）分析典型小时气象条件下，项目对环境空气敏感区和评价范围的最大环境影响，分析是否超标、超标程度、超标位置，分析小时浓度超标概率和最大持续发生时间，并绘制评价范围内出现区域小时平均浓度最大值时所对应的浓度等值线分布图。

（4）分析典型日气象条件下，项目对环境空气敏感区和评价范围的最大环境影响，分析是否超标、超标程度、超标位置，分析日平均浓度超标概率和最大持续发生时间，并绘制评价范围内出现区域日平均浓度最大值时所对应的浓度等值线分布图。

（5）分析长期气象条件下，项目对环境空气敏感区和评价范围的环境影响，分析是否超标、超标程度、超标范围及位置，并绘制预测范围内的浓度等值线分布图。

（6）分析评价不同排放方案对环境的影响，即从项目的选址、污染源的排放强度与排放方式、污染控制措施等方面评价排放方案的优劣，并针对存在的问题（如果有）提出解决方案。

（7）对解决方案进行进一步预测和评价，并给出最终的推荐方案。

八、大气环境防护距离

1. 确定方法

采用推荐模式中的大气环境防护距离模式计算各无组织源的大气环境防护距离。计算出的距离是以污染源中心点为起点的控制距离，并结合厂区平面布置图，确定控制距离范围，超出厂界以外的范围，即为项目大气环境防护区域。在大气环境防护距离内不应有长期居住的人群。

当无组织源排放多种污染物时，应分别计算，并按计算结果的最大值确定其大气环境防护距离。

对于属于同一生产单元（生产区、车间或工段）的无组织排放源，应合并作为单一面源计算并确定其大气环境防护距离。

2. 大气环境防护距离参数选择

采用的评价标准应遵循评价等级计算要求中的相关规定。有场界无组织排放监控浓度限值的，大气环境影响预测结果应首先满足无组织排放监控浓度限值要求。如预测结果在场界监控点处（以标准规定为准）出现超标，应要求削减排放源强。计算大气环境防护距离的污染物排放源强应采用削减达标后的源强。

九、大气环境影响评价结论与建议

大气环境影响评价结论主要从以下几方面提出结论与建议。

（1）项目选址及总图布置的合理性和可行性。根据大气环境影响预测结果及大气环境防护距离计算结果，评价项目选址及总图布置的合理性和可行性，并给出优化调整的建议及方案。

（2）污染源的排放强度与排放方式。根据大气环境影响预测结果，比较污染源的不同排放强度和排放方式（包括排气筒高度）对区域环境的影响，并给出优化调整的建议。

（3）大气污染控制措施。大气污染控制措施必须保证污染源的排放符合排放标准的有关规定，同时最终环境影响也应符合环境功能区划要求。根据大气环境影响预测结果评价大气污染防治措施的可行性，并提出对项目实施环境监测的建议，给出大气污染控制措施优化调整的建议及方案。

（4）大气环境防护距离设置。根据大气环境防护距离计算结果，结合厂区平面布置图，确定项目大气环境防护区域。若大气环境防护区域内存在长期居住的人群，应给出相应的搬迁建议或优化调整项目布局的建议。

（5）污染物排放总量控制指标的落实情况。评价项目完成后污染物排放总量控制指标能否满足环境管理要求，并明确总量控制指标的来源。

（6）大气环境影响评价结论。结合项目选址、污染源的排放强度与排放方式、大气污染控制措施以及总量控制等方面综合进行评价，明确给出大气环境影响可行性结论。

十、导则推荐模式清单

1. 估算模式

估算模式是一种单源预测模式，可计算点源、面源和体源等污染源的最大地面浓度，以及建筑物下洗和熏烟等特殊条件下的最大地面浓度，估算模式中嵌入了多种预设的气象组合条件，包括一些最不利的气象条件，此类气象条件在某个地区有可能发生，也有可能不发生。经估算模式计算出的最大地面浓度大于进一步预测模式的计算结果。对于小于 1 小时的短期非正常排放，可采用估算模式进行预测。

估算模式适用于评价等级及评价范围的确定。

2. 进一步预测模式

进一步预测模式包括 AERMOD、ADMS 和 CALPUFF。

（1）AERMOD 模式系统。AERMOD 是一个稳态烟羽扩散模式，可基于大气边界层数据特征模拟点源、面源、体源等排放出的污染物在短期（小时平均、日平均）、长期（年平均）的浓度分布，适用于农村或城市地区、简单或复杂地形。AERMOD 考虑了建筑物尾流的影响，即烟羽下洗。模式使用每小时连续预处理气象数据模拟≥1 h 平均时间的浓度分布。AERMOD 包括两个预处理模式，即 AERMET 气象预处理和 AERMAP 地形预处理模式。

AERMOD 适用于评价范围≤50 km 的一级、二级评价项目。

（2）ADMS 模式系统。ADMS 可模拟点源、面源、线源和体源等排放出的污染物在短期（小时平均、日平均）、长期（年平均）的浓度分布，还包括一个街道窄谷模型，适用于农村或城市地区、简单或复杂地形。模式考虑了建筑物下洗、湿沉降、重力沉降和干沉降以及化学反应等功能。化学反应模块包括计算一氧化氮，二氧化氮和臭氧等之间的反应。ADMS 有气象预处理程序，可以用地面的常规观测资料、地表状况，以及太阳辐射等参数模拟基本气象参数的廓线值。在简单地形条件下，使用该模型模拟计算时，可以不调查探空观测资料。

ADMS-EIA 版适用于评价范围≤50 km 的一级、二级评价项目。

（3）CALPUFF 模式系统。CALPUFF 是一个烟团扩散模型系统，可模拟三维流场随时间和空间发生变化时污染物的输送、转化和清除过程。CALPUFF 适用于从

50 km 到几百千米范围内的模拟尺度，包括了近距离模拟的计算功能，如建筑物下洗、烟羽抬升、排气筒雨帽效应、部分烟羽穿透、次层网格尺度的地形和海陆的相互影响、地形的影响；还包括长距离模拟的计算功能，如干、湿沉降的污染物清除、化学转化、垂直风切变效应、跨越水面的传输、熏烟效应，以及颗粒物浓度对能见度的影响。适合于特殊情况，如稳定状态下的持续静风、风向逆转、在传输和扩散过程中气象场时空发生变化下的模拟。

CALPUFF 适用于评价范围≥50 km 的一级评价项目，以及复杂风场下的一级、二级评价项目。

3. 大气环境防护距离计算模式

大气环境防护距离计算模式是基于估算模式开发的计算模式，此模式主要用于确定无组织排放源的大气环境防护距离。

十一、报告书附图、附表及附件要求

1. 基本附图要求

报告书中常见的附图包括：①污染源点位及环境空气敏感区分布图。包括评价范围底图、评价范围、项目污染源、评价范围内其他污染源、主要环境空气敏感区（环境空气保护目标）、地面气象台站、探空气象台站、环境监测点等。②基本气象分析图。包括年、季风向玫瑰图等。③常规气象资料分析图。包括年平均温度月变化曲线图、温廓线、平均风速的月变化曲线图和季小时平均风速的日变化曲线图、风廓线图等。④复杂地形的地形示意图。⑤污染物浓度等值线分布图。包括评价范围内出现区域浓度最大值（小时平均浓度及日平均浓度）时所对应的浓度等值线分布图，以及长期气象条件下的浓度等值线分布图。

不同评价等级基本附图要求见表 3-18。

表 3-18　基本附图要求

序号	名称	一级评价	二级评价	三级评价
1	污染源点位及环境空气敏感区分布图	√	√	√
2	基本气象分析图	√	√	√
3	常规气象资料分析图	√	√	
4	复杂地形的地形示意图	√	√	
5	污染物浓度等值线分布图	√	√	

2. 基本附表要求

报告书中常见的附表包括：① 采用估算模式计算结果表。② 污染源调查清单表，包括：污染源周期性排放系数统计表、点源参数调查清单、面源参数调查清单、体源参数调查清单、颗粒物粒径分布调查清单等。③ 常规气象资料分析表，包括：年平均温度的月变化、年平均风速的月变化、季小时平均风速的日变化、年均风频的月变化、年均风频的季变化及年均风频等。④ 环境质量现状监测分析结果。⑤ 预测点环境影响预测结果与达标分析。

不同评价等级基本附表要求见表 3-19。

表 3-19　基本附表要求

序号	名称	一级评价	二级评价	三级评价
1	采用估算模式计算结果表	√	√	√
2	污染源调查清单	√	√	√
3	环境质量现状监测分析结果	√	√	√
4	常规气象资料分析表	√	√	
5	环境影响预测结果达标分析表	√	√	

3．基本附件要求

报告书中常见的附件包括：① 环境质量现状监测原始数据文件（电子版或文本复印件)。② 气象观测资料文件（电子版），并注明气象观测数据来源及气象观测站类别。③ 预测模型所有输入文件及输出文件（电子版)。包括气象输入文件、地形输入文件、程序主控文件、预测浓度输出文件等。

不同评价等级基本附件要求见表 3-20。

表 3-20　基本附件要求

序号	名称	一级评价	二级评价	三级评价
1	环境质量现状监测原始数据文件	√	√	√
2	气象观测资料文件	√	√	
3	预测模所有输入文件及输出文件	√	√	

第二节　相关的大气环境标准

一、《环境空气质量标准》

环境空气质量标准首次发布于 1982 年，1996 年第一次修订，2000 年发布了《环境空气质量标准》(GB 3095—1996）修改单（第二次修订)，2012 年第三次修订。GB 3095—2012 标准自 2016 年 1 月 1 日起在全国实施，但在此之前一些地区根据环境保护要求已先期实施，因此目前 GB 3095—1996 和 GB 3095—2012 均为现行有效标准。

1．环境空气功能区分类

GB 3095—1996 标准中环境空气质量功能区分为三类。一类区为自然保护区、风景名胜区和其他需要特殊保护的地区；二类区为城镇规划中确定的居住区、商业交通居民混合区、文化区、一般工业区和农村地区；三类区为特定工业区。

功能区的划分是根据不同功能对环境质量的不同要求，实现对不同保护对象进行分区保护而制定的。一类区以保护自然生态及公众福利为主要对象，二类及三类区以保护人体健康为主要对象。GB 3095—1996 标准中制定的三类区是从当时国民经济技术能力考虑，有些污染严重的工业区，大气自净能力又较低的地区，短期内进行污染治理有一定的困难，允许这部分地区采用三类区的空气质量标准，但其标准限值也是接近或在环境基准阈值之内。随着国家经济技术能力和环境保护要求的提高，GB 3095—2012 调整了环境空气功能区分类，一类区维持不变，将三类区并入二类区。调整后的功能区分类如下：

一类区为自然保护区、风景名胜区和其他需要特殊保护的区域；

二类区为居住区、商业交通居民混合区、文化区、工业区和农村地区。

2．环境空气功能区质量要求

不同环境空气功能区适用不同级别的环境空气污染物浓度限值，它们是为不同保护对象而建立的评价和管理环境空气质量的定量目标。GB 3095—1996 中环境空气质量分为三级，一类区执行一级标准，二类区执行二级标准，三类区执行三级标准。GB 3095—2012 中环境空气质量分为二级，一类区适用一级浓度限值，二类区适用二级浓度限值。

GB 3095—1996 标准规定了 10 种污染物在不同取值时间情况下的各级别的浓度限值，其中包括二氧化硫（SO_2）、总悬浮颗粒物（TSP）、可吸入颗粒物（PM_{10}）、氮氧化物（NO_x）、二氧化氮（NO_2）、一氧化碳（CO）、臭氧（O_3）、铅（Pb）、苯并[*a*]芘（B[*a*]P）、氟化物（F）。TSP 是指环境空气中，空气动力学当量直径≤100 μm 的颗粒物；PM_{10} 是指环境空气中，空气动力学当量直径≤10 μm 的颗粒物；Pb 是指存在于总悬浮颗粒物（TSP）中的铅及其化合物；B[*a*]P 是指存在于可吸入颗粒物（PM_{10}）中的苯并[*a*]芘；氟化物是以气态和颗粒态形式存在的无机氟化物。

2000 年原国家环保总局又颁布了“关于发布《环境空气质量标准》（GB 3095—1996）修改单的通知”（环发[2000]1 号），考虑到与国外大部分国家制定的环境空气质量标准一致性，修改单中取消了氮氧化物（NO_x）指标；调整了二氧化氮（NO_2）和臭氧（O_3）的有关浓度限值。自此我国环境空气质量标准中的污染物项目计有 9 项。

GB 3095—1996 中各项污染物的浓度限值见表 3-21。

2012 年环境空气质量标准（GB 3095—2012）对标准结构进行了重大调整，分“基本项目”和“其他项目”分别规定了环境空气污染物浓度限值。“基本项目”包括二氧化硫（SO_2）、二氧化氮（NO_2）、一氧化碳（CO）、臭氧（O_3）、颗粒物（PM_{10}）、颗粒物（$PM_{2.5}$），计 6 项，要求在全国范围内实施。“其他项目”包括总悬浮颗粒物（TSP）、氮氧化物（NO_x）、铅（Pb）、苯并[*a*]芘（B[*a*]P），计 4 项，由国务院环境保护行政主管部门或者省级人民政府根据实际情况，确定具体实施方式。GB 3095—1996 中的氟化物（F）指标则授权给地方环境空气质量标准制定，国家环境空气质量标准中不再规定，因此 GB 3095—2012 中规定的环境空气污染物项目为 10 项。

表 3-21 常规污染物浓度限值

污染物名称	取值时间	浓度限值			浓度单位
		一级标准	二级标准	三级标准	
二氧化硫 SO_2	年平均	0.02	0.06	0.10	
	日平均	0.05	0.15	0.25	
	一小时平均	0.15	0.50	0.70	mg/m^3（标准状态）
总悬浮颗粒物 TSP	年平均	0.08	0.20	0.30	
	日平均	0.12	0.30	0.50	
可吸入颗粒物 PM_{10}	年平均	0.04	0.10	0.15	
	日平均	0.05	0.15	0.25	
氮氧化物 NO_x	年平均	0.05	0.05	0.10	
	日平均	0.10	0.10	0.15	
	一小时平均	0.15	0.15	0.30	
二氧化氮 NO_2	年平均	0.04	0.04	0.08	
	日平均	0.08	0.08	0.12	mg/m^3（标准状态）
	一小时平均	0.12	0.12	0.24	
一氧化碳 CO	日平均	4.00	4.00	6.00	
	一小时平均	10.00	10.00	20.00	
臭氧 O_3	一小时平均	0.12	0.16	0.20	
铅 Pb	季平均	1.50			
	年平均	1.00			
苯并[a]芘 B[a]P	日平均	0.01			$\mu g/m^3$（标准状态）
氟化物 F	日平均	7①			
	一小时平均	20①			
	月平均	1.8②		3.0③	$\mu g/(dm^2 \cdot d)$
	植物生长季平均	1.2②		2.0③	

注：①适用于城市地区；②适用于牧业区和以牧业为主的半农半牧区，蚕桑区；③适用于农业和林业区。

GB 3095—2012 新增了颗粒物（$PM_{2.5}$）项目，颗粒物（$PM_{2.5}$）是指环境空气中，空气动力学当量直径≤2.5 μm 的颗粒物，也称细颗粒物，它与大气灰霾现象密切相关。同时增设了臭氧（O_3）8 小时平均浓度限值，调整了颗粒物（PM_{10}）、二氧化氮

（NO_2）、铅（Pb）和苯并[*a*]芘（B[*a*]P）等的浓度限值。

GB 3095—2012 中环境空气污染物基本项目的浓度限值见表 3-22。

表 3-22　环境空气污染物基本项目浓度限值

序号	污染物项目	平均时间	浓度限值		单位
			一级	二级	
1	二氧化硫（SO_2）	年平均	20	60	μg/m³
		24 小时平均	50	150	
		1 小时平均	150	500	
2	二氧化氮（NO_2）	年平均	40	40	
		24 小时平均	80	80	
		1 小时平均	200	200	
3	一氧化碳（CO）	24 小时平均	4	4	mg/m³
		1 小时平均	10	10	
4	臭氧（O_3）	日最大 8 小时平均	100	160	μg/m³
		1 小时平均	160	200	
5	颗粒物（PM_{10}）	年平均	40	70	
		24 小时平均	50	150	
6	颗粒物（$PM_{2.5}$）	年平均	15	35	
		24 小时平均	35	75	

GB 3095—2012 中环境空气污染物其他项目的浓度限值见表 3-23。

表 3-23　环境空气污染物其他项目浓度限值

序号	污染物项目	平均时间	浓度限值		单位
			一级	二级	
1	总悬浮颗粒物（TSP）	年平均	80	200	μg/m³
		24 小时平均	120	300	
2	氮氧化物（NO_x）（以 NO_2 计）	年平均	50	50	
		24 小时平均	100	100	
		1 小时平均	250	250	
3	铅（Pb）	年平均	0.5	0.5	
		季平均	1.0	1.0	
4	苯并[*a*]芘（B[*a*]P）	年平均	0.001	0.001	
		24 小时平均	0.002 5	0.002 5	

3．标准分期实施的要求

GB 3095—2012 规定：本标准自 2016 年 1 月 1 日起在全国实施。在全国实施本标准之前，国务院环境保护行政主管部门可根据《关于推进大气污染联防联控工作改善区域空气质量的指导意见》（国办发[2010]33 号）等文件要求指定部分地区提前实施本标准，具体实施方案（包括地域范围、时间等）另行公告，各省级人民政府也可根据实际情况和当地环境保护的需要提前实施本标准。

环保部“关于实施《环境空气质量标准》（GB 3095—2012）的通知”（环发[2012]11 号）明确了标准分期实施的要求：

2012 年，京津冀、长三角、珠三角等重点区域以及直辖市和省会城市；

2013 年，113 个环境保护重点城市和国家环保模范城市；

2015 年，所有地级以上城市；

2016 年 1 月 1 日，全国实施新标准。

4．污染物监测分析方法

GB 3095—1996 中各项污染物的监测分析方法见表 3-24。

表 3-24 各项污染物监测分析方法

污染物名称	分析方法	来 源
二氧化硫	（1）甲醛吸收副玫瑰苯胺分光光度法 （2）四氯汞盐副玫瑰苯胺分光光度法 （3）紫外荧光法①	GB/T 15262—94 GB 8970—88
总悬浮颗粒物	重量法	GB/T 15432—95
可吸入颗粒物	重量法	GB 6921—86
氮氧化物（以 NO_2 计）	（1）Saltzman 法 （2）化学发光法②	GB/T 15436—95
二氧化氮	（1）Saltzman 法 （2）化学发光法②	GB/T 15435—95
臭氧	（1）靛蓝二磺酸钠分光光度法 （2）紫外光度法 （3）化学发光法③	GB/T 15437—95 GB/T 15438—95
一氧化碳	非分散红外法	GB 9801—88
苯并[*a*]芘	（1）乙酰化滤纸层析—荧光分光光度法 （2）高效液相色谱法	GB 8971—88 GB/T 15439—95
铅	火焰原子吸收分光光度法	GB/T 15264—94
氟化物（以 F 计）	（1）滤膜氟离子选择电极法④ （2）石灰滤纸氟离子选择电极法⑤	GB/T 15434—95 GB/T 15433—95

注：①②③分别暂用国际标准 ISO/CD 10498、ISO 7996，ISO 10313，待国家标准发布后，执行国家标准；④用于日平均和一小时平均标准；⑤用于月平均和植物生长季平均标准。

GB 3095—2012 中各项污染物的监测分析方法见表 3-25。

表 3-25 各项污染物分析方法

序号	污染物项目	手工分析方法		自动分析方法
		分析方法	标准编号	
1	二氧化硫（SO_2）	环境空气 二氧化硫的测定 甲醛吸收-副玫瑰苯胺分光光度法	HJ 482	紫外荧光法、差分吸收光谱分析法
		环境空气 二氧化硫的测定 四氯汞盐吸收-副玫瑰苯胺分光光度法	HJ 483	
2	二氧化氮（NO_2）	环境空气 氮氧化物（一氧化氮和二氧化氮）的测定 盐酸萘乙二胺分光光度法	HJ 479	化学发光法、差分吸收光谱分析法
3	一氧化碳（CO）	空气质量 一氧化碳的测定 非分散红外法	GB 9801	气体滤波相关红外吸收法、非分散红外吸收法
4	臭氧（O_3）	环境空气 臭氧的测定 靛蓝二磺酸钠分光光度法	HJ 504	紫外荧光法、差分吸收光谱分析法
		环境空气 臭氧的测定 紫外光度法	HJ 590	
5	颗粒物（粒径≤10 μm）	环境空气 PM_{10}和$PM_{2.5}$的测定 重量法	HJ 618	微量振荡天平法、β射线法
6	细颗粒物（粒径≤2.5 μm）	环境空气 PM_{10}和$PM_{2.5}$的测定 重量法	HJ 618	微量振荡天平法、β射线法
7	总悬浮颗粒物（TSP）	环境空气 总悬浮颗粒物的测定 重量法	GB/T 15432	—
8	氮氧化物（NO_x）	环境空气 氮氧化物（一氧化氮和二氧化氮）的测定 盐酸萘乙二胺分光光度法	HJ 479	化学发光法、差分吸收光谱分析法
9	铅（Pb）	环境空气 铅的测定 石墨炉原子吸收分光光度法（暂行）	HJ 539	—
		环境空气 铅的测定 火焰原子吸收分光光度法	GB/T 15264	—
10	苯并[*a*]芘（B[*a*]P）	空气质量 飘尘中苯并[*a*]芘的测定 乙酰化滤纸层析荧光分光光度法	GB 8971	—
		环境空气 苯并[*a*]芘的测定 高效液相色谱法	GB/T 15439	—

5．数据统计的有效性规定

应采取措施保证监测数据的准确性、连续性和完整性，确保全面、客观地反映监测结果。所有有效数据均应参加统计和评价，不得选择性地舍弃不利数据以及人为干预监测和评价结果。采用自动监测设备监测时，监测仪器应全年 365 天（闰年 366 天）连续运行。在监测仪器校准、停电和设备故障，以及其他不可抗拒的因素导致不能获得连续监测数据时，应采取有效措施及时恢复。异常值的判断和处理应符合《环境监测质量管理技术导则》（HJ 630）的规定。对于监测过程中缺失和删除的数据均应说明原因，并保留详细的原始数据记录，以备数据审核。任何情况下，有效的污染物浓度数据均应符合表中的最低要求，否则应视为无效数据。

GB 3095—1996 中常规污染数据统计的有效性规定见表 3-26。

表 3-26 各项污染物数据统计的有效性规定

污染物	取值时间	数据有效性规定
SO_2，NO_x，NO_2	年平均	每年至少有分布均匀的 144 个日均值 每月至少有分布均匀的 12 个日均值
TSP，PM_{10}，Pb	年平均	每年至少有分布均匀的 60 个日均值 每月至少有分布均匀的 5 个日均值
SO_2，NO_x，NO_2，CO	日平均	每日至少有 18 h 的采样时间
TSP，PM_{10}，B[*a*]P，Pb	日平均	每日至少有 12 h 的采样时间
SO_2，NO_x，NO_2，CO，O_3	一小时平均	每小时至少有 45 min 的采样时间

GB 3095—2012 中对基本项目的数据有效性的最低要求见表 3-27。

表 3-27 污染物浓度数据有效性的最低要求

污染物项目	平均时间	数据有效性规定
二氧化硫（SO_2）、二氧化氮（NO_2）、颗粒物（粒径≤10 μm）、细颗粒物（粒径≤2.5 μm）、氮氧化物（NO_x）	年平均	每年至少有 324 个日平均浓度值； 每月至少有 27 个日平均浓度值（二月至少有 25 个日平均浓度值）
二氧化硫（SO_2）、二氧化氮（NO_2）、一氧化碳（CO）、颗粒物（粒径≤10 μm）、细颗粒物（粒径≤2.5 μm）、氮氧化物（NO_x）	24 小时平均	每日至少有 20 个小时平均浓度值或采样时间
臭氧（O_3）	8 小时平均	每 8 小时至少有 6 个小时平均浓度值
二氧化硫（SO_2）、二氧化氮（NO_2）、一氧化碳（CO）、臭氧（O_3）、氮氧化物（NO_x）	1 小时平均	每小时至少有 45 分钟的采样时间
总悬浮颗粒物（TSP）、苯并[*a*]芘（B[*a*]P）、铅（Pb）	年平均	每年至少有分布均匀的 60 个日平均浓度值； 每月至少有分布均匀的 5 个日平均浓度值
铅（Pb）	季平均	每季至少有分布均匀的 15 个日平均浓度值； 每月至少有分布均匀的 5 个日平均浓度值
总悬浮颗粒物（TSP）、苯并[*a*]芘（B[*a*]P）、铅（Pb）	24 小时平均	每日应有 24 小时的采样时间

二、《大气污染物综合排放标准》

1. 术语

最高允许排放浓度：指设施处理后排气筒中污染物任何 1 h 浓度平均值不得超过的限值；或指无处理设施排气筒中污染物任何 1 h 浓度平均值不得超过的限值。

最高允许排放速率：指一定高度的排气筒任何 1 h 排放污染物的质量不得超过的限值。

无组织排放：指大气污染物不经过排气筒的无规则排放。低矮排气筒的排放属有组织排放，但在一定条件下也可造成与无组织排放相同的后果。因此，在执行“无组织排放监控浓度限值”指标时，由低矮排气筒造成的监控点污染物浓度增加不予扣除。

无组织排放监控点：依照该标准附录 C 的规定，为判别无组织排放是否超过标准而设立的监测点。

无组织排放监控浓度限值：指监控点的污染物浓度在任何 1 h 的平均值不得超过的限值。

污染源：指排放大气污染物的设施或指排放大气污染物的建筑构造（如车间等）。

单位周界：指单位与外界环境接界的边界。通常应依据法定手续确定边界；若无法定手续，则按目前的实际边界确定。

无组织排放源：指设置于露天环境中具有无组织排放的设施，或指具有无组织排放的建筑构造（如车间、工棚等）。露天煤场和干灰场也属于无组织排放源，在预测露天煤场和干灰场的扬尘时，应采用无组织排放监控浓度限值进行评价。

排气筒高度：指自排气筒（或其主体建筑构造）所在的地平面至排气筒出口处的高度。

2. 适用范围

在我国现有的国家大气污染物排放标准体系中，按照综合性排放标准与行业性排放标准不交叉执行的原则，有专项排放标准的执行相应的专项排放标准，其他大气污染物排放执行本标准。例如：除有专项锅炉标准的锅炉执行《锅炉大气污染物排放标准》（GB 13271—2014），火电厂执行《火电厂大气污染物排放标准》（GB 13223 —2011），工业炉窑执行《工业炉窑大气污染物排放标准》（GB 9078—1996），炼焦炉执行《炼焦化学工业污染物排放标准》（GB 16171—2012），水泥厂执行《水泥工业大气污染物排放标准》（GB 4915—2013），恶臭物质排放执行《恶臭污染物排放标准》（GB 14554—93），各类机动车排放执行相应的标准。

再颁布的行业性国家大气污染物排放标准，按其适用范围规定的污染源不再执行《大气污染物综合排放标准》（GB 16297—1996）。

本标准适用于现有污染源大气污染物排放管理以及建设项目的环境影响评价、

设计、环境保护设施竣工验收及其投产后的大气污染物排放管理。

3．指标体系

本标准规定了 33 种大气污染物的排放限值，设置了三项指标：通过排气筒排放废气的最高允许排放浓度；通过排气筒排放的废气，按排气筒高度规定的最高允许排放速率，任何一个排气筒必须同时遵守上述两项指标，超过其中任何一项均为超标排放；以无组织方式排放的废气，规定无组织排放的监控点及相应的监控浓度限值。

4．排放速率标准分级

我国污染物排放标准制定原则之一是根据环境功能区域的不同，分别制定不同级别的污染物排放限值。该标准对排放浓度未划分级别，仅对排放速率进行分级。主要考虑处于不同功能区域的污染源的污染治理要求基本相同，并避免使标准过于复杂化。该标准规定的最高允许排放速率，现有污染源分一、二、三级，新污染源分为二、三级。按污染源所在的环境空气质量功能区类别，执行相应级别的排放速率标准，即位于一类区的污染源执行一级标准（一类区禁止新、扩建污染源，一类区现有污染源改建时执行现有污染源的一级标准），位于二类区的污染源执行二级标准，位于三类区的污染源执行三级标准。

5．排气筒高度及排放速率的规定

排气筒高度除须遵守表 3-28 中列出的排放速率标准值外，还应高出周围 200 m 半径范围的建筑 5 m 以上，不能达到该要求的排气筒，应按其高度对应的表列排放速率标准值严格 50%执行。

表 3-28　现有污染源大气污染物排放限值

<table>
<tr><th rowspan="2">序号</th><th rowspan="2">污染物</th><th rowspan="2">最高允许排放浓度/（mg/m³）</th><th colspan="4">最高允许排放速率/（kg/h）</th><th colspan="2">无组织排放监控浓度限值</th></tr>
<tr><th>排气筒/m</th><th>一级</th><th>二级</th><th>三级</th><th>监控点</th><th>浓度/（mg/m³）</th></tr>
<tr><td rowspan="10">1</td><td rowspan="10">二氧化硫</td><td rowspan="4">1 200
（硫、二氧化硫、硫酸和其他含硫化合物生产）</td><td>15</td><td>1.6</td><td>3.0</td><td>4.1</td><td rowspan="10">* 无组织排放源上风向设参照点，下风向设监控点</td><td rowspan="10">0.50
（监控点与参照点浓度差值）</td></tr>
<tr><td>20</td><td>2.6</td><td>5.1</td><td>7.7</td></tr>
<tr><td>30</td><td>8.8</td><td>17</td><td>26</td></tr>
<tr><td>40</td><td>15</td><td>30</td><td>45</td></tr>
<tr><td rowspan="6">700
（硫、二氧化硫、硫酸和其他含硫化合物使用）</td><td>50</td><td>23</td><td>45</td><td>69</td></tr>
<tr><td>60</td><td>33</td><td>64</td><td>98</td></tr>
<tr><td>70</td><td>47</td><td>91</td><td>140</td></tr>
<tr><td>80</td><td>63</td><td>120</td><td>190</td></tr>
<tr><td>90</td><td>82</td><td>160</td><td>240</td></tr>
<tr><td>100</td><td>100</td><td>200</td><td>310</td></tr>
</table>

序号	污染物	最高允许排放浓度/（mg/m³）	最高允许排放速率/（kg/h）				无组织排放监控浓度限值	
			排气筒/m	一级	二级	三级	监控点	浓度/（mg/m³）
2	氮氧化物	1 700（硝酸、氮肥和火炸药生产）	15	0.47	0.91	1.4	无组织排放源上风向设参照点，下风向设监控点	0.15（监控点与参照点浓度差值）
			20	0.77	1.5	2.3		
			30	2.6	5.1	7.7		
		420（硝酸使用和其他）	40	4.6	8.9	14		
			50	7.0	14	21		
			60	9.9	19	29		
			70	14	27	41		
			80	19	37	56		
			90	24	47	72		
			100	31	61	92		
3	颗粒物	22（碳黑尘、染料尘）	15	禁排	0.60	0.87	**周界外浓度最高点	肉眼不可见
			20		1.0	1.5		
			30		4.0	5.9		
			40		6.8	10		
		80***（玻璃棉尘、石英粉尘、矿渣棉尘）	15	禁排	2.2	3.1	无组织排放源上风向设参照点，下风向设监控点	2.0（监控点与参照点浓度差值）
			20		3.7	5.3		
			30		14	21		
			40		25	37		
		150（其他）	15	2.1	4.1	5.9	无组织排放源上风向设参照点，下风向设监控点	5.0（监控点与参照点浓度差值）
			20	3.5	6.9	10		
			30	14	27	40		
			40	24	46	69		
			50	36	70	110		
			60	51	100	150		

注：* 一般应于无组织排放源上风向 2～50 m 范围内设参照点，排放源下风向 2～50 m 范围内设监控点。

** 周界外浓度最高点一般应设于排放源下风向的单位周界外 10 m 范围内。如预计无组织排放的最大落地浓度点越出 10 m 范围，可将监控点移至该预计浓度最高点。

*** 均指含游离二氧化硅 10%以上的各种尘。

两个排放相同污染物（不论其是否由同一生产工艺过程产生）的排气筒，若其距离小于其几何高度之和，应合并视为一根等效排气筒。若有三根以上的近距排气筒，且排放同一种污染物时，应以前两根的等效排气筒，依次与第三、四根排气筒取等效值。等效排气筒的有关参数计算方法见该标准的附录 A。

若某排气筒的高度处于本标准列出的两个值之间，其执行的最高允许排放速率以内插法计算，内插法的计算式见该标准的附录 B；当某排气筒的高度大于或小于本标准列出的最大或最小值时，以外推法计算其最高允许排放速率，外推法计算式见该标准的附录 B。

新污染源的排气筒一般不应低于 15 m。若新污染源的排气筒必须低于 15 m 时，其排放速率标准值按外推计算结果再严格 50%执行。

新污染源的无组织排放应从严控制，一般情况下不应有无组织排放存在，无法避免的无组织排放应达到表 3-29 规定的标准值。

表 3-29　新污染源大气污染物排放限值

序号	污染物	最高允许排放浓度/（mg/m^3）	最高允许排放速率/（kg/h）			无组织排放监控浓度限值	
			排气筒/m	二级	三级	监控点	浓度/（mg/m^3）
1	二氧化硫	960（硫、二氧化硫、硫酸和其他含硫化合物生产）	15	2.6	3.5	*周界外浓度最高点	0.40
			20	4.3	6.6		
			30	15	22		
		550（硫、二氧化硫、硫酸和其他含硫化合物使用）	40	25	38		
			50	39	58		
			60	55	83		
			70	77	120		
			80	110	160		
			90	130	200		
			100	170	270		
2	氮氧化物	1 400（硝酸、氮肥和火炸药生产）	15	0.77	1.2	周界外浓度最高点	0.12
			20	1.3	2.0		
		240（硝酸使用和其他）	30	4.4	6.6		
			40	7.5	11		
			50	12	18		
			60	16	25		
			70	23	35		
			80	31	47		
			90	40	61		
			100	52	78		
3	颗粒物	18（碳黑尘、染料尘）	15	0.51	0.74	周界外浓度最高点	肉眼不可见
			20	0.85	1.3		
			30	3.4	5.0		
			40	5.8	8.5		
		60**（玻璃棉尘、石英粉尘、矿渣棉尘）	15	1.9	2.6	周界外浓度最高点	1.0
			20	3.1	4.5		
			30	12	18		
			40	21	31		

序号	污染物	最高允许排放浓度/（mg/m^3）	最高允许排放速率/（kg/h）			无组织排放监控浓度限值	
			排气筒/m	二级	三级	监控点	浓度/（mg/m^3）
3	颗粒物	120 （其他）	15 20 30 40 50 60	3.5 5.9 23 39 60 85	5.0 8.5 34 59 94 130	周界外浓度最高点	1.0

注：* 周界外浓度最高点一般应设置于无组织排放源下风向的单位周界外 10 m 范围内，若预计无组织排放的最大落地浓度点越出 10 m 范围，可将监控点移至该预计浓度最高点。

** 均指游离二氧化硅超过 10%以上的各种尘。

工业生产尾气确需燃烧排放的，其烟气黑度不得超过林格曼 1 级。

6．监测采样的时间和频次

该标准规定的三项指标均指任何 1 h 平均值不得超过的限值，故在采样时应做到：排气筒中废气的采样，以连续 1 h 的采样获取平均值；或在 1 h 内，以等时间间隔采集 4 个样品，并计平均值。

无组织排放监控点和参照点监测的采样，一般采用连续 1 h 采样计平均值；若浓度偏低，需要时可适当延长采样时间；若分析方法灵敏度高，仅需用短时间采集样品时，应实行等时间间隔采样，采集 4 个样品计平均值。

特殊情况下的采样时间和频次，若某排气筒的排放为间断性排放，排放时间小于 1 h，应在排放时段内实行连续采样，或在排放时段内以等时间间隔采集 2～4 个样品，并计平均值。

若某排气筒的排放为间断性排放，排放时间大于 1 h，则应在排放时段内按排气筒中废气的采样，以连续 1 h 的采样获取平均值；或在 1 h 内，以等时间间隔采集 4 个样品，并计平均值。

当进行污染事故排放监测时，应按需要设置采样时间和采样频次，不受上述要求的限制；建设项目环境保护设施竣工验收监测的采样时间和频次，按国家环境保护总局制定的建设项目环境保护设施竣工验收监测办法执行。

7．常规污染物排放标准限值

该标准分为两个时间段，1997 年 1 月 1 日前设立的现有污染源（包括现有企业）执行现有污染源大气污染物排放限值（表 3-28），1997 年 1 月 1 日起设立（包括新建、扩建、改建）的污染源执行新污染源大气污染物排放限值（表 3-29）。

一般情况下应以建设项目环境影响报告书（表）批准日期作为其设立日期。未经环境保护行政主管部门审批设立的污染源，应按补做的环境影响报告书（表）批准日期作为其设立日期。

三、《恶臭污染物排放标准》

《恶臭污染物排放标准》（GB 14554—93）规定了本标准的适用范围、各功能区应执行的标准的级别、恶臭污染物厂界标准限值、恶臭污染物排放标准值以及有关恶臭污染物监测技术与方法等。标准中规定了氨（NH_3）、三甲胺[$(CH_3)_3N$]、硫化氢（H_2S）、甲硫醇（CH_3SH）、甲硫醚[$(CH_3)_2S$]、二甲二硫醚、二硫化碳、苯乙烯、臭气浓度等恶臭污染物的一次最大排放限值、复合恶臭物质的臭气浓度限值及无组织排放源的厂界浓度限值。

人为活动产生的恶臭污染物的主要来源于石油及天然气的精炼工厂、石油化工厂、焦化厂、牛皮纸纸浆厂、缫丝厂、金属冶炼厂、水泥厂、胶合剂厂、化肥厂、食品厂、油脂厂、皮革厂、养猪场、养鸡场、污水处理厂、粪便无害化处理厂及柴油汽车等。

1．术语

恶臭污染物：指一切刺激嗅觉器官引起人们不愉快及损坏生活环境的气体物质。

臭气浓度：指恶臭气体（包括异味）用无臭空气进行稀释，稀释到刚好无臭时，所需的稀释倍数。

2．适用范围

适用于所有向大气排放恶臭气体单位及垃圾堆放场的排放管理，以及建设项目的环境影响评价、设计、环境保护设施竣工验收及其投产后的大气污染物排放管理。

3．标准值分级

恶臭污染物厂界标准值分三级。排入《环境空气质量标准》（GB 3095—1996）中一类区的执行一级标准，一类区中不得建新的排污单位；排入 GB 3095—1996 中二类区的执行二级标准；排入 GB 3095—1996 中三类区的执行三级标准。

1994 年 6 月 1 日起立项的新、扩、改建项目及其建成后投产的企业执行二级、三级标准中相应的标准值。

4．标准实施

排污单位排放（包括泄漏和无组织排放）的恶臭污染物，在排污单位边界上规定监测点（无其他干扰因素）的一次最大监测值（包括臭气浓度）都必须低于或等于恶臭污染物厂界标准值。

排污单位经烟气排气筒（高度在 15 m 以上）排放的恶臭污染物的排放量和臭气浓度都必须低于或等于恶臭污染物排放标准。

排污单位经排水排出并散发的恶臭污染物和臭气浓度必须低于或等于恶臭污染物厂界标准值。

四、《工业炉窑大气污染物排放标准》

《工业炉窑大气污染物排放标准》（GB 9078—1996）规定了本标准的适用范围、适用区域划分、分时段的 10 类 19 种工业炉窑烟（粉）尘浓度、烟气黑度、6 种有害污染物的最高允许排放浓度（或排放限值）和无组织排放烟（粉）尘的最高允许浓度、各种工业炉窑的二氧化硫、氟及其化合物、铅、汞、铍及其化合物、沥青油烟等有害污染物最高允许排放浓度以及有关烟囱高度和监测的规定等。

1. 适用范围

适用于除炼焦炉、焚烧炉、水泥工业以外使用固体、液体、气体燃料和电加热的工业炉窑的管理，以及工业炉窑建设项目的环境影响评价、设计、竣工验收及其建成后的排放管理。

2. 工业炉窑分类

工业炉窑是指在工业生产中用燃料燃烧或电能转换产生的热量，将物料或工件进行冶炼、焙烧、烧结、熔化、加热等工序的热工设备。

工业炉窑分类及所包括的炉型见表 3-30。

表 3-30　工业炉窑分类及所包括的炉型

工业炉窑分类	炉型
熔炼炉	高炉及高炉出铁场 炼钢炉、混铁炉（车） 铁合金熔炼炉 有色金属冶炼炉
熔化炉	冲天炉、化铁炉 金属熔化炉 非金属熔化、冶炼炉
铁矿烧结炉	烧结机（机头、机尾） 球团竖炉和带式球团
加热炉	金属压延、锻造加热炉 非金属加热炉
热处理炉	金属热处理炉 非金属热处理炉
干燥炉、窑	金属、非金属加工用干燥炉、窑
非金属焙（煅）烧炉窑、耐火材料窑	非金属焙烧、煅烧，耐火材料的回转窑、竖窑
石灰窑	生产石灰的竖窑及土窑
陶瓷、搪瓷、砖瓦窑	隧道窑 其他窑：倒烟窑、轮窑等
其他炉窑	

3．适用区域

本标准分为一级、二级、三级标准，分别与《环境空气质量标准》（GB 3095—1996）中的环境空气质量功能区相对应：一类区执行一级标准；二类区执行二级标准；三类区执行三级标准。

在一类区内，除市政、建筑施工临时用沥青加热炉外，禁止新建各种工业炉窑，原有的工业炉窑改建时不得增加污染负荷。

4．时间段划分

该标准按照不同年限分别规定了工业炉窑烟尘、生产性粉尘、烟气黑度和有害污染物的最高允许排放浓度等指标。具体划分为两个时段：第一时间段为 1997 年 1 月 1 日前在用的工业炉窑，还包括该标准实施日前已经通过环境影响报告书（表）批准，尚未建成或尚未投产的各种工业炉窑。第二时间段为 1997 年 1 月 1 日起新建的工业炉窑，包括 1997 年 1 月 1 日起通过环境影响报告书（表）批准的新建、改建、扩建的工业炉窑。

5．烟囱高度的规定

各种工业炉窑烟囱（或排气筒）最低允许高度为 15 m。

当烟囱（或排气筒）周围半径 200 m 距离内有建筑物时，除应执行以上规定外，烟囱（或排气筒）还应高出建筑物 3 m 以上。

1997 年 1 月 1 日起新建、改建、扩建的排放烟（粉）尘和有害污染物的工业炉窑，其烟囱（或排气筒）最低允许高度为 15 m，当烟囱（或排气筒）周围半径 200 m 距离内有建筑物时，烟囱（或排气筒）还应高出建筑物 3 m 以上，并需符合批准的环境影响报告书的要求。

各种工业炉窑烟囱（或排气筒）高度如果达不到以上的任何一项规定时，其烟（粉）尘或有害污染物最高允许排放浓度，应按相应区域排放标准值的 50%执行。

1997 年 1 月 1 日起新建、改建、扩建的工业炉窑烟囱（或排气筒）应设置永久采样、监测孔和采样监测用平台。

五、《锅炉大气污染物排放标准》

《锅炉大气污染物排放标准》（GB 13271—2014）规定了锅炉大气污染物浓度排放限值、监测和监控要求。锅炉排放的水污染物、环境噪声适用相应的国家污染物排放标准，产生固体废物的鉴别、处理和处置适用国家固体废物污染控制标准。

本标准 1983 年首次发布，1991 年第一次修订，1999 年和 2001 年第二次修订，本次为第三次修订。本标准将根据国家社会经济发展状况和环境保护要求适时修订。本标准环境保护部 2014 年 4 月 28 日批准。

此次修订的主要内容：

——增加了燃煤锅炉氮氧化物和汞及其化合物的排放限值；

——规定了大气污染物特别排放限值；

——取消了按功能区和锅炉容量执行不同排放限值的规定；

——取消了燃煤锅炉烟尘初始排放浓度限值；

——提高了各项污染物排放控制要求。本标准是锅炉大气污染物排放控制的基本要求。地方省级人民政府对本标准未作规定的大气污染物项目，可以制定地方污染物排放标准；对本标准已作规定的大气污染物项目，可以制定严于本标准的地方污染物排放标准。环境影响评价文件要求严于本标准或地方标准时，按照批复的环境影响评价文件执行。

新建锅炉自 2014 年 7 月 1 日起、10 t/h 以上在用蒸汽锅炉和 7 MW 以上在用热水锅炉自 2015 年 10 月 1 日、10 t/h 及以下在用蒸汽锅炉和 7 MW 及以下在用热水锅炉自 2016 年 7 月 1 日起执行本标准，《锅炉大气污染物排放标准》（GB 13271—2001）自 2016 年 7 月 1 日废止。各地也可根据当地环境保护的需要和经济与技术条件，由省级人民政府批准提前实施本标准。

1．术语

锅炉：指利用燃料燃烧释放的热能或其他热能加热热水或其他工质，以生产规定参数（温度、压力）和品质的蒸汽、热水或其他工质的设备。

在用锅炉：指本标准实施之日前，已建成投产或环境影响评价文件已通过审批的锅炉。

新建锅炉：本标准实施之日起，环境影响评价文件通过审批的新建、改建和扩建的锅炉建设项目。

有机热载体锅炉：以有机质液体作为热载体工质的锅炉。

标准状态：锅炉烟气在温度为 273 K，压力为 101 325Pa 时的状态，简称“标态”。本标准规定的排放浓度均指标准状态下干烟气中的数值。

烟囱高度：指从烟囱（或锅炉房）所在的地平面至烟囱出口的高度。

氧含量：燃料燃烧后，烟气中含有的多余的自由氧，通常以干基容积百分数来表示。

重点地区：根据环境保护工作的要求，在国土开发密度较高，环境承载能力开始减弱，或大气环境容量较小、生态环境脆弱，容易发生严重大气环境污染问题而需要严格控制大气污染物排放的地区。

大气污染物特别排放限值：为防治区域性大气污染、改善环境质量、进一步降低大气污染源的排放强度、更加严格地控制排污行为而制定并实施的大气污染物排放限值，该限值的控制水平达到国际先进或领先程度，适用于重点地区。

2．适用范围

《锅炉大气污染物排放标准》（GB 13271—2014）标准规定了锅炉烟气中颗粒物、二氧化硫、氮氧化物、汞及其化合物的最高允许排放浓度限值和烟气黑度限值。

本标准适用于以燃煤、燃油和燃气为燃料的单台出力 65 t/h 及以下蒸汽锅炉、各种容量的热水锅炉及有机热载体锅炉；各种容量的层燃炉、抛煤机炉。

使用型煤、水煤浆、煤矸石、石油焦、油页岩、生物质成型燃料等的锅炉，参照本标准中燃煤锅炉排放控制要求执行。

本标准不适用于以生活垃圾、危险废物为燃料的锅炉。本标准适用于在用锅炉的大气污染物排放管理，以及锅炉建设项目环境影响评价、环境保护设施设计、竣工环境保护验收及其投产后的大气污染物排放管理。本标准适用于法律允许的污染物排放行为；新设立污染源的选址和特殊保护区域内现有污染源的管理，按照《中华人民共和国大气污染防治法》、《中华人民共和国水污染防治法》、《中华人民共和国海洋环境保护法》、《中华人民共和国固体废物污染环境防治法》、《中华人民共和国放射性污染防治法》、《中华人民共和国环境影响评价法》等法律、法规、规章的相关规定执行。

3．大气污染物排放控制要求

10 t/h 以上在用蒸汽锅炉和 7 MW 以上在用热水锅炉 2015 年 9 月 30 日前执行 GB 13271—2001 中规定的排放限值，10 t/h 及以下在用蒸汽锅炉和 7 MW 及以下在用热水锅炉 2016 年 6 月 30 日前执行 GB 13271—2001 中规定的排放限值。

10 t/h 以上在用蒸汽锅炉和 7 MW 以上在用热水锅炉自 2015 年 10 月 1 日起执行表 3-31 规定的大气污染物排放限值，10 t/h 及以下在用蒸汽锅炉和 7 MW 及以下在用热水锅炉自 2016 年 7 月 1 日起执行表 3-31 规定的大气污染物排放限值。

表 3-31　在用锅炉大气污染物排放浓度限值　单位：mg/m^3

污染物项目	限值			污染物排放监控位置
	燃煤锅炉	燃油锅炉	燃气锅炉	
颗粒物	80	60	30	烟囱或烟道
二氧化硫	400 550 (1)	300	100	
氮氧化物	400	400	400	
汞及其化合物	0.05	—	—	
烟气黑度（林格曼黑度，级）	≤1			烟囱排放口

注：(1) 位于广西壮族自治区、重庆市、四川省和贵州省的燃煤锅炉执行该限值。

自 2014 年 7 月 1 日起，新建锅炉执行表 3-32 规定的大气污染物排放限值。

表 3-32　新建锅炉大气污染物排放浓度限值　单位：mg/m^3

污染物项目	限值			污染物排放监控位置
	燃煤锅炉	燃油锅炉	燃气锅炉	
颗粒物	50	30	20	烟囱或烟道
二氧化硫	300	200	50	
氮氧化物	300	250	200	
汞及其化合物	0.05	—	—	
烟气黑度（林格曼黑度，级）	≤1			烟囱排放口

重点地区锅炉执行表 3-33 规定的大气污染物特别排放限值。执行大气污染物特别排放限值的地域范围、时间，由国务院环境保护主管部门或省级人民政府规定。

表 3-33　大气污染物特别排放限值　单位：mg/m^3

污染物项目	限值			污染物排放监控位置
	燃煤锅炉	燃油锅炉	燃气锅炉	
颗粒物	30	30	20	烟囱或烟道
二氧化硫	200	100	50	
氮氧化物	200	200	150	
汞及其化合物	0.05	—	—	
烟气黑度（林格曼黑度，级）	≤1			烟囱排放口

每个新建燃煤锅炉房只能设一根烟囱，烟囱高度应根据锅炉房装机总容量，按表 3-34 规定执行，燃油、燃气锅炉烟囱不低于 8 m，锅炉烟囱的具体高度按批复的环境影响评价文件确定。新建锅炉房的烟囱周围半径 200 m 距离内有建筑物时，其烟囱应高出最高建筑物 3 m 以上。

表 3-34　燃煤锅炉房烟囱最低允许高度

锅炉房装机总容量	MW	<0.7	0.7～<1.4	1.4～<2.8	2.8～<7	7～<14	≥14
	t/h	<1	1～<2	2～<4	4～<10	10～<20	≥20
烟囱最低允许高度	m	20	25	30	35	40	45

不同时段建设的锅炉，若采用混合方式排放烟气，且选择的监控位置只能监测混合烟气中的大气污染物浓度，应执行各个时段限值中最严格的排放限值。

4．大气污染物监测要求

污染物采样与监测要求：

锅炉使用企业应按照有关法律和《环境监测管理办法》等规定，建立企业监测制度，制定监测方案，对污染物排放状况及其对周边环境质量的影响开展自行监测，保存原始监测记录，并公布监测结果。

锅炉使用企业应按照环境监测管理规定和技术规范的要求，设计、建设、维护永久性采样口、采样测试平台和排污口标志。

对锅炉排放废气的采样，应根据监测污染物的种类，在规定的污染物排放监控位置进行，有废气处理设施的，应在该设施后监测。排气筒中大气污染物的监测采样按 GB 5468、GB/T 16157 或 HJ/T 397 规定执行；

20 t/h 及以上蒸汽锅炉和 14 MW 及以上热水锅炉应安装污染物排放自动监控设备，与环保部门的监控中心联网，并保证设备正常运行，按有关法律和《污染源自动监控管理办法》的规定执行。

对大气污染物的监测，应按照 HJ/T 373 的要求进行监测质量保证和质量控制。

对大气污染物排放浓度的测定采用表 3-35 所列的方法标准。

表 3-35 大气污染物浓度测定方法标准

序号	污染物项目	方法标准名称	标准编号
1	颗粒物	锅炉烟尘测试方法	GB 5468
		固定污染源排气中颗粒物测定与气态污染物采样方法	GB/T 16157
2	烟气黑度	固定污染源排放烟气黑度的测定　林格曼烟气黑度图法	HJ/T 398
3	二氧化硫	固定污染源排气中二氧化硫的测定　碘量法	HJ/T 56
		固定污染源排气中二氧化硫的测定　定电位电解法	HJ/T 57
		固定污染源废气二氧化硫的测定　非分散红外吸收法	HJ 629
4	氮氧化物	固定污染源排气中氮氧化物的测定　紫外分光光度法	HJ/T 42
		固定污染源排气中氮氧化物的测定　盐酸萘乙二胺分光光度法	HJ/T 43
		固定污染源废气氮氧化物的测定　非分散红外吸收法	HJ 692
		固定污染源排气中氮氧化物的测定　定电位电解法	HJ 693
5	汞及其化合物	固定污染源废气汞的测定　冷原子吸收分光光度法（暂行）	HJ 543

大气污染物基准含氧量排放浓度折算方法：

实测的锅炉颗粒物、二氧化硫、氮氧化物、汞及其化合物的排放浓度，应执行GB 5468或GB/T 16157规定，按式3-2折算为基准氧含量排放浓度。各类燃烧设备的基准氧含量按表3-36的规定执行。

表3-36　基准含氧量

锅炉类型	基准氧含量（O_2）/%
燃煤锅炉	9
燃油、燃气锅炉	3.5

$$\rho = \rho' \times \frac{21-\varphi(O_2)}{21-\varphi'(O_2)} \quad (3\text{-}2)$$

式中：ρ—— 大气污染物基准氧含量排放浓度，mg/m^3；

ρ'—— 实测的大气污染物排放浓度，mg/m^3；

$\varphi'(O_2)$—— 实测的氧含量；

$\varphi(O_2)$—— 基准氧含量。

第四章　地面水环境影响评价技术导则与相关水环境标准

第一节　环境影响评价技术导则　地面水环境

一、概述

《环境影响评价技术导则　地面水环境》规定了建设项目环境影响评价的一般性原则、方法、内容及要求。适用于厂矿企业、事业单位建设项目的环境影响评价工作，其他建设项目的环境影响评价工作也可参照本导则所规定的原则和方法进行。

地面水指存在于陆地表面的各种河流（包括河口）、湖泊、水库。考虑到地面水与海洋之间的联系，在本导则中还包括了有关海湾（包括海岸带）的部分内容。

地面水环境影响评价工作分为三级。对于不同级别的地面水环境影响评价，环境现状调查、环境影响预测和评价等相应的技术要求有所不同。

低于第三级地面水环境影响评价条件的建设项目，不必进行地面水环境影响评价，只要求进行简单的水环境影响分析。

二、地面水环境影响评价等级与评价范围

（一）评价工作等级划分依据

根据建设项目的污水排放量、污水水质的复杂程度、受纳水域的规模以及水质要求进行地面水环境影响评价工作级别的划分。

评价工作等级分为三级，一级评价最详细，二级次之，三级较简略。

内陆水体的分级判据见表 4-1。海湾环境影响评价分级判据见表 4-2。

表 4-1　地面水环境影响评价分级判据（内陆水体）

建设项目污水排放量/（m³/d）	建设项目污水水质的复杂程度	一级		二级		三级	
		地面水域规模（大小规模）	地面水水质要求（水质类别）	地面水域规模（大小规模）	地面水水质要求（水质类别）	地面水域规模（大小规模）	地面水水质要求（水质类别）
≥20 000	复杂	大	Ⅰ～Ⅲ	大	Ⅳ、Ⅴ		
		中、小	Ⅰ～Ⅳ	中、小	Ⅴ		
	中等	大	Ⅰ～Ⅲ	大	Ⅳ、Ⅴ		
		中、小	Ⅰ～Ⅳ	中、小	Ⅴ		
	简单	大	Ⅰ、Ⅱ	大	Ⅲ～Ⅴ		
		中、小	Ⅰ～Ⅲ	中、小	Ⅳ、Ⅴ		
<20 000 ≥10 000	复杂	大	Ⅰ～Ⅲ	大	Ⅳ、Ⅴ		
		中、小	Ⅰ～Ⅳ	中、小	Ⅴ		
	中等	大	Ⅰ、Ⅱ	大	Ⅲ、Ⅳ	大	Ⅴ
		中、小	Ⅰ、Ⅱ	中、小	Ⅲ～Ⅴ		
	简单			大	Ⅰ～Ⅲ	大	Ⅳ、Ⅴ
		中、小	Ⅰ	中、小	Ⅱ～Ⅳ	中、小	Ⅴ
<10 000 ≥5 000	复杂	大、中	Ⅰ、Ⅱ	大、中	Ⅲ、Ⅳ	大、中	Ⅴ
		小	Ⅰ、Ⅱ	小	Ⅲ、Ⅳ	小	Ⅴ
	中等			大、中	Ⅰ～Ⅲ	大、中	Ⅳ、Ⅴ
		小	Ⅰ	小	Ⅱ～Ⅳ	小	Ⅴ
	简单			大、中	Ⅰ、Ⅱ	大、中	Ⅲ～Ⅴ
				小	Ⅰ～Ⅲ	小	Ⅳ、Ⅴ
<5 000 ≥1 000	复杂			大、中	Ⅰ～Ⅲ	大、中	Ⅳ、Ⅴ
		小	Ⅰ	小	Ⅱ～Ⅳ	小	Ⅴ
	中等			大、中	Ⅰ、Ⅱ	大、中	Ⅲ～Ⅴ
				小	Ⅰ～Ⅲ	小	Ⅳ、Ⅴ
	简单					大、中	Ⅰ～Ⅳ
				小	Ⅰ	小	Ⅱ～Ⅴ
<1 000 ≥200	复杂					大、中	Ⅰ～Ⅳ
						小	Ⅰ～Ⅴ
	中等					大、中	Ⅰ～Ⅳ
						小	Ⅰ～Ⅴ
	简单					中、小	Ⅰ～Ⅳ

表 4-2 海湾环境影响评价分级判据

污水排放量/（m³/d）	污水水质的复杂程度	一级	二级	三级
≥20 000	复杂	各类海湾		
	中等	各类海湾		
	简单	小型封闭海湾	其他各类海湾	
＜20 000 ≥5 000	复杂	小型封闭海湾	其他各类海湾	
	中等		小型封闭海湾	其他各类海湾
	简单		小型封闭海湾	其他各类海湾
＜5 000 ≥1 000	复杂		小型封闭海湾	其他各类海湾
	中等或简单			各类海湾
＜1 000 ≥500	复杂			各类海湾

（二）分级判据的基本内容

1．污水量

污水排放量 Q（m³/d）划分为 5 个等级：

- Q≥20 000；
- 20 000＞Q≥10 000；
- 10 000＞Q≥5 000；
- 5 000＞Q≥1 000；
- 1 000＞Q≥200。

污水排放量中不包括间接冷却水、循环水以及其他含污染物极少的清净下水的排放量，但包括含热量大的冷却水的排放量。

2．污染物分类

根据污染物在水环境中输移、衰减特点以及它们的预测模式，将污染物分为四类：

- 持久性污染物（其中还包括在水环境中难降解、毒性大、易长期积累的有毒物质）；
- 非持久性污染物；
- 酸和碱（以 pH 表征）；
- 热污染（以温度表征）。

3．污水水质的复杂程度

污水水质的复杂程度按污水中拟预测的污染物类型以及某类污染物中水质参数的多少划分为复杂、中等和简单三类。

- 复杂：污染物类型数≥3，或者只含有两类污染物，但需预测其浓度的水质参数数目≥10；
- 中等：污染物类型数＝2，且需预测其浓度的水质参数数目＜10；或者只含有

1 类污染物，但需预测其浓度的水质参数数目≥7；

◆ 简单：污染物类型数＝1，需预测浓度的水质参数数目＜7。

4．地面水域的规模

河流与河口，按建设项目排污口附近河段的多年平均流量或平水期平均流量划分为：

◆ 大河：≥150 m^3/s；

◆ 中河：15～150 m^3/s；

◆ 小河：＜15 m^3/s。

湖泊和水库，按枯水期湖泊、水库的平均水深与水面面积划分为：

当平均水深≥10 m 时	当平均水深＜10 m 时
大湖（库）：≥25 km^2	大湖（库）：≥50 km^2
中湖（库）：2.5～25 km^2	中湖（库）：5～50 km^2
小湖（库）：＜2.5 km^2	小湖（库）：＜5 km^2

具体应用上述划分原则时，可根据我国南、北方以及干旱、湿润地区的特点进行适当调整。

5．水质类别

地面水质按 GB 3838—2002 划分为五类：Ⅰ、Ⅱ、Ⅲ、Ⅳ、Ⅴ。如受纳水域的实际功能与该标准的水质分类不一致时，由当地环保部门对其水质提出具体要求。

在应用表 4-1 和表 4-2 时，可根据建设项目及受纳水域的具体情况适当调整评价级别。

三、地面水环境现状调查

（一）现状调查范围

建设项目环境现状调查范围的确定，需要遵循以下原则：

（1）应能包括建设项目对周围地面水环境影响较显著的区域。在此区域内进行的调查，能全面说明与地面水环境相联系的环境基本状况，并能充分满足环境影响预测的要求。

（2）在确定某项具体工程的地面水环境调查范围时，应尽量按照将来污染物排放进入天然水体后可能的达到水域功能质量标准要求的范围、污水排放量的大小、受纳水域的特点以及评价等级的高低来决定。

（3）河流水环境现状调查的范围，需要考虑污水排放量大小、河流规模来确定排放口下游应调查的河段长度。

（4）湖泊、水库以及海湾水环境现状调查范围，需要考虑污水排放量的大小来确定调查半径或调查面积（以排污口为圆心，以调查半径为半径）。

（二）现状调查时期

水环境现状调查的时期与水期（潮期）的划分相对应。河流、河口、湖泊与水库一般按丰水期、平水期、枯水期划分；海湾按大潮期和小潮期划分。

对于北方地区，也可以划分为冰封期和非冰封期。

评价等级不同，各类水域调查时期的要求也不同。表 4-3 列出了不同评价等级时各类水域的水质调查时期。

当调查区域面源污染严重、丰水期水质劣于枯水期时，一、二级评价的各类水域应调查丰水期，若时间允许，三级评价也应调查丰水期。

冰封期较长的水域，且作为生活饮用水、食品加工用水的水源或渔业用水时，应调查冰封期的水质、水文情况。

表 4-3　各类水域在不同评价等级时水质的调查时期

	一级	二级	三级
河流	一般情况，为一个水文年的丰水期、平水期和枯水期；若评价时间不够，至少应调查平水期和枯水期	条件许可，可调查一个水文年的丰水期、平水期和枯水期；一般情况，可只调查枯水期和平水期；若评价时间不够，可只调查枯水期	一般情况，可只在枯水期调查
河口	一般情况，为一个潮汐年的丰水期、平水期和枯水期；若评价时间不够，至少应调查平水期和枯水期	一般情况，应调查平水期和枯水期；若评价时间不够，可只调查枯水期	一般情况，可只在枯水期调查
湖泊/水库	一般情况，为一个水文年的丰水期、平水期和枯水期；若评价时间不够，至少应调查平水期和枯水期	一般情况，应调查平水期和枯水期；若评价时间不够，可只调查枯水期	一般情况，可只在枯水期调查
海湾	一般情况，应调查评价工作期间的大潮期和小潮期	一般情况，应调查评价工作期间的大潮期和小潮期	一般情况，应调查评价工作期间的大潮期和小潮期

（三）水文调查与水文测量的原则与内容

应尽量向有关的水文测量和水质监测等部门收集现有资料，当资料不足时，应进行一定的水文调查（测量）与水质调查（监测），特别需要进行与水质调查同步的水文测量。一般情况，水文调查与水文测量在枯水期进行，必要时，其他时期（丰水期、平水期、冰封期等）可进行补充调查。

水文测量的主要内容（对象）与拟采用的环境影响预测方法密切相关。在采用数学模式时应根据所选用的预测模式及应输入的水文特征值和环境水力学参数的需要决定其内容。

与水质调查同步进行的水文测量，原则上只在一个时期内进行。它与水质调查的次数和天数不要求完全相同，在能准确求得所需水文要素及环境水力学参数的前提下，尽量精简水文测量的次数和天数。

一般应调查的河流水文特征值为：河宽、水深、流速、流量、坡度、糙率及弯曲系数；环境水力学参数主要为：迁移、扩散及混合系数等水质模式参数。

1．河流

河流水文调查与水文测量的内容应根据评价等级、河流的规模决定，其中主要有：丰水期、平水期、枯水期的划分；河流平直及弯曲情况（如平直段长度及弯曲段的弯曲半径等）、横断面、坡度（比降）、水位；水深、河宽、流量、流速及其分布、水温、糙率及泥沙含量等，丰水期有无分流漫滩，枯水期有无浅滩、沙洲和断流，北方河流还应了解结冰、封冰、解冻等现象。

在采用河流水质数学模式预测时，其具体调查内容应根据评价等级及河流规模按照河流常用水质数学模式涉及的环境水文特征值与环境水力学参数的需要决定。

河网地区应调查各河段流向、流速、流量关系，了解流向、流速、流量的变化特点。

2．感潮河口

感潮河口的水文调查与水文测量的内容应根据评价等级和河流的规模决定，其中除应包括与河流相同的内容外，还应有：感潮河段的范围，涨潮、落潮及平潮时的水位、水深、流向、流速及其分布，横断面形状、水面坡度以及潮间隙、潮差和历时等。

在采用水质数学模式预测时，其具体调查内容应根据评价等级、河流规模，按照河口常用水质数学模式涉及的环境水文特征值与环境水力学参数的需要决定。

3．湖泊与水库

应根据评价等级、湖泊和水库的规模决定水文调查与水文测量的内容，其中主要有：湖泊水库的面积和形状，丰水期、平水期、枯水期的划分，流入、流出的水量，水力停留时间，水量的调度和贮量，湖泊、水库的水深，水温分层情况及水流状况（湖流的流向和流速，环流的流向、流速及稳定时间）等。

在采用数学模式预测时，其具体调查内容应根据评价的等级及湖泊、水库的规模，按照湖泊、水库水质数学模式涉及的环境水文特征值与环境水力学参数的需要决定。

4．海湾

海湾水文调查与水文测量的内容应根据评价等级及海湾的特点选择下列全部或部分内容：海岸形状，海底地形，潮位及水深变化，潮流状况（小潮和大潮循环期间的水流变化、平行于海岸线流动的落潮和涨潮），流入的河水流量、盐度和温度造成的分层情况，水温、波浪的情况以及内海水与外海水的交换周期等。

在采用数学模式预测时，其具体调查内容应根据评价等级、海湾特点、污染物特性等，按照海湾水质数学模式涉及的环境水文特征值与环境水力学参数的需要决定。

（四）点污染源调查

1. 原则

点污染源调查以搜集现有资料为主，只有在十分必要时才补充现场调查或测试。

点污染源调查的繁简程度可根据评价级别及其与建设项目的关系而略有不同。如评价级别较高且现有污染源与建设项目距离较近时应详细调查。

在通过收集或实测以取得污染源资料时，应注意其与受纳水域的水文、水质特点之间的关系，以便了解这些污染物在水体中的自净情况。

2. 基本内容

根据评价工作的需要选择下述全部或部分内容进行调查：

（1）点源的排放：调查确定排放口的平面位置、排放方向、排放口在断面上的位置、排放形式（分散排放或集中排放）。

（2）排污数据：根据现有的实测数据、统计报表以及各厂矿的工艺路线等选定的主要水质参数，并调查现有的排放量、排放速度、排放浓度及其变化等数据。

（3）用排水状况：主要调查取水量、用水量、循环水量及排水总量等。

（4）废（污）水的处理状况：主要调查废（污）水的处理设备、处理效率、处理水量及进、出水的水质状况等。

（五）非点污染源调查

1. 原则

非点污染源调查基本上采用收集资料的方法，一般不进行实测。

2. 基本内容

根据评价工作的需要选择下述全部或部分内容进行调查：

（1）非点污染源概况：原料、燃料、废弃物的堆放位置、堆放面积、堆放形式、堆放点的地面铺装及其保洁程度、堆放物的遮盖方式等。

（2）非点污染源的排放方式、排放去向与处理情况：应说明非点源污染物是有组织的汇集还是无组织的漫流；是集中后直接排放还是处理后排放；是单独排放还是与生产废水或生活污水共同排放等。

（3）非点污染源的排污数据：根据现有实测数据、统计报表以及根据引起非点源污染的原料、燃料、废料、废弃物的物理、化学、生物化学性质选定调查的主要水质参数，调查有关排放季节、排放时期、排放量、排放浓度及其他变化等数据。

（六）水质调查与水质参数选择原则

1. 水质调查原则

水质调查时应尽量使用现有数据资料，如资料不足时应实测。

2. 水质参数选择原则

所选择的水质参数应包括两类：一类是常规水质参数，它能反映水域水质一般状况；另一类是特征水质参数，它能代表建设项目将来排放的水质。

常规水质参数以 GB 3838—2002 中提出的 pH、溶解氧、高锰酸盐指数、五日生化需氧量、凯氏氮或非离子氨、酚、氰化物、砷、汞、铬（六价）、总磷以及水温为基础，根据水域类别、评价等级、污染源状况适当删减。

特征水质参数根据建设项目特点、水域类别及评价等级选定。

（七）河流水质取样断面与取样点设置的原则

1. 水质取样断面设置原则

一般情况下应布设对照、控制、消减三种类型的断面，取样断面的布设主要遵循以下原则：

（1）在调查范围的两端应布设取样断面。

（2）调查范围内重点保护对象附近水域应布设取样断面。

（3）水文特征突然化处（如支流汇入处等）、水质急剧变化处（如污水排入处等）、重点水工构筑物（如取水口、桥梁涵洞等）附近应布设取样断面。

（4）水文站附近等应布设采样断面，并适当考虑水质预测关心点。

（5）在拟建成排污口上游 500 m 处应设置一个取样断面。

2. 取样断面上水质取样垂线设置原则

每个断面处按照河宽布设水质取样垂线。

当河流断面形状为矩形或相近于矩形时，可按下列原则布设：

小河：在取样断面的主流线上设一条取样垂线。

大、中河：河宽小于 50 m 者，共设两条取样垂线，在取样断面上各距岸边 1/3 水面宽处各设一条取样垂线；河宽大于 50 m 者，共设三条取样垂线，在主流线上及距两岸不少于 0.5 m，并有明显水流的地方各设一条取样垂线。

特大河（如长江、黄河、珠江、黑龙江、淮河、松花江、海河等）：由于河流过宽，应适当增加取样垂线数，而且主流线两侧的垂线数目不必相等，拟设置排污口一侧可以多一些。

如断面形状十分不规则时，应结合主流线的位置，适当调整取样垂线的位置和数目。

3．垂线上水质取样点设置原则

每根垂线上按照水深布设水质取样点。

在一条垂线上，水深大于 5 m 时，在水面下 0.5 m 水深处及在距河底 0.5 m 处，各取样一个；水深为 1～5 m 时，只在水面下 0.5 m 处取一个样；在水深不足 1 m 时，取样点距水面不应小于 0.3 m，距河底也不应小于 0.3 m。

对于三级评价的小河，不论河水深浅，只在一条垂线上取一个样，一般情况下取样点应在水面下 0.5 m 处，距河底不应小于 0.3 m。

4．水样的对待

二、三级评价：需要预测混合过程段水质的场合，每次应将该段内各取样断面中每条垂线上的水样混合成一个水样。其他情况每个取样断面每次只取一个混合水样。

一级评价：每个取样点的水样均应分析，不取混合样。

（八）河口水质取样断面与取样点设置的原则

当排污口拟建于河口感潮段内时，其上游需设置取样断面的数目与位置，应根据感潮段的实际情况决定，其下游同河流。

取样点的布设和水样的对待与河流部分要求相同。

（九）湖泊、水库水质取样位置与取样点设置的原则

1．水质取样位置设置原则

湖泊、水库中取样位置的设置主要考虑污水排放量、评价工作等级，一般按照一定的水域面积布设水质取样垂线。

在湖泊、水库中取样位置的布设原则上应尽量覆盖整个调查范围，并且能切实反映湖泊、水库的水质和水文特点（如进水区、出水区、深水区、浅水区、岸边区等）；取样位置可以采用以建设项目的排放口为中心，沿放射线布设的方法。

每个取样位置的间隔可参考下列数字：

（1）大、中型湖泊与水库

	污水排放量＜50 000 m^3/d	污水排放量＞50 000 m^3/d
一级评价	每 1～2.5 km^2 布设一个取样位置	每 3～6 km^2 布设一个取样位置
二级评价	每 1.5～3.5 km^2 布设一个取样位置	每 4～7 km^2 布设一个取样位置
三级评价	每 2～4 km^2 布设一个取样位置	

（2）小型湖泊、水库

	污水排放量＜50 000 m^3/d	污水排放量＞50 000 m^3/d
一级评价	每 0.5～1.5 km^2 布设一个取样位置	各级评价均为每 0.5～1.5 km^2 布设一个取样位置
二、三级评价	每 1～2 km^2 布设一个取样位置	

2．取样位置上水质取样点设置原则

每个位置上按照水深布设水质取样点。

（1）大、中型湖泊与水库

◆ 平均水深＜10 m 时，取样点设在水面下 0.5 m 处，但距湖库底不应＜0.5 m；

◆ 平均水深≥10 m 时，首先应找到斜温层。在水面下 0.5 m 和斜温层以下，距湖库底 0.5 m 以上处各取一个水样。

（2）小型湖泊与水库

◆ 平均水深＜10 m 时，水面下 0.5 m，并距湖库底≮0.5 m 处设一取样点；

◆ 平均水深≥10 m 时，水面下 0.5 m 处和水深 10 m，并距底≮0.5 m 处各设一取样点。

3．水样的对待

小型湖泊与水库：如水深＜10 m 时，每个取样位置取一个水样；如水深≥10 m 时则一般只取一个混合样，在上下层水质差距较大时，可不进行混合。

大、中型湖泊与水库：各取样位置上不同深度的水样均不混合。

（十）海湾水质取样位置与取样点设置的原则

1．水质取样位置设置原则

海湾水质取样位置的设置主要考虑污水排放量、评价工作等级，一般按照一定的水域面积布设水质取样位置。

在海湾中取样位置的布设原则上应尽量覆盖相应评价等级的调查范围，并且切实反映海湾的水质和水文特点。取样位置可以采用以建设项目的排放口为中心，沿放射线布设的方法或方格网布点的方法。

每个取样位置的间隔可参考下列数字：

	污水排放量＜50 000 m^3/d	污水排放量＞50 000 m^3/d
一级评价	每 1.5～3.5 km^2 布设一个取样位置	每 4～7 km^2 布设一个取样位置
二级评价	每 2～4.5 km^2 布设一个取样位置	每 5～8 km^2 布设一个取样位置
三级评价	每 3～5.5 km^2 布设一个取样位置	

2．取样位置上水质取样点设置原则

每个位置上按照水深布设水质取样点。

◆ 在水深≤10 m 时，只在水面下 0.5 m 处取一个水样，此点与海底的距离≮0.5 m；

◆ 在水深＞10 m 时，在水面下 0.5 m 处和水深 10 m，并距海底≮0.5 m 处分别设取样点。

3．水样的对待

每个取样位置一般只有一个水样，即在水深＞10 m 时，将两个水深所取的水样混合成一个水样，但在上下层水质差距较大时，可以不进行混合。

（十一）特殊情况的要求

对设有闸坝并受人工控制的河流，其流动状况，在排洪时期为河流流动；用水时期，如用水量大则类似河流，用水量小时则类似狭长形水库。这种河流的取样断面、取样位置、取样点的布设等可参考河流、水库部分的有关规定酌情处理。

我国的一些河网地区，河水流向、流量经常变化，水流状态复杂，特别是受潮汐影响的河网，情况更为复杂。遇到这类河网，应按照各河段的长度比例布设水质采样、水文测量断面。水质断面上取样垂线的布设等可参照河流、河口的有关规定。调查时应注意水质、流向、流量随时间的变化。

四、地面水环境影响预测

（一）预测原则

可能产生对地面水环境影响的建设项目，应预测其产生的影响；预测的范围、时段、内容和方法应根据评价工作等级、工程与环境的特性、当地的环境保护要求来确定；同时应尽量考虑预测范围内规划的建设项目可能产生的环境影响。

预测环境影响时尽量选用通用、成熟、简便并能满足准确度要求的方法。预测方法包括数学模式法、物理模型法、类比分析法和专业判断法。

对于季节性河流，应依据当地环保部门所定的水体功能，结合建设项目的特性确定其预测的原则、范围、时段、内容及方法。

当水生生物保护对地面水环境要求较高时（如水生生物及鱼类保护区、经济鱼类养殖区等），应分析建设项目对水生生物的影响。分析时一般可采用类比分析法或专业判断法。

（二）预测时期划分与预测时段确定原则

建设项目地面水环境影响预测时期原则上一般划分为建设期、运行期和服务期满后三个阶段。

所有建设项目均应预测生产运行阶段对地面水环境的影响。该阶段的地面水环境影响应按正常排放和非正常排放两种情况进行预测。特殊情况还应进行建设项目风险事故状态下的地面水环境影响预测。

根据大型建设项目建设过程阶段的特点和评价等级、受纳水体特点以及当地环保要求决定是否预测建设期的地面水环境影响。

根据建设项目的特点、评价等级、地面水环境特点和当地环保要求，个别建设项目应预测服务期满后对地面水环境的影响。

地面水环境预测应考虑水体自净能力不同的各个时段（水期）。通常可将其划分为自净能力最小、一般、最大三个时段（如枯水期、平水期和丰水期）。海湾的自净能力与时期（水期）的关系不明显，可以不分时段。

一、二级评价，应分别预测水体自净能力最小和一般两个时段的环境影响。冰封期较长的水域，当其水体功能为生活饮用水、食品工业用水水源或渔业用水时，还应预测冰封期的环境影响。

三级评价或二级评价当评价时间较短时，可以只预测自净能力最小时段的环境影响。

（三）预测水质参数筛选原则

根据以下原则，在环境现状调查水质参数中选择拟预测的水质参数：

按照工程分析和环境现状、评价等级、当地环保要求筛选和确定建设项目建设期、运行期和服务期满后拟预测的水质参数。

拟预测水质参数的数目应既说明问题又不过多。一般应少于环境现状调查涉及的水质因子数目。

不同预测时期（水期）的水质预测参数彼此不一定相同。

对河流，可以按下式将水质参数排序后从中选取预测水质因子：

$$\mathrm{ISE}=\frac{c_{\mathrm{p}}Q_{\mathrm{p}}}{(c_{\mathrm{s}}-c_{\mathrm{h}})Q_{\mathrm{h}}} \tag{4-1}$$

式中：ISE —— 水质参数的排序指标；

c_{p} —— 建设项目水污染物的排放浓度，mg/L；

c_{s} —— 水污染物的评价标准限值，mg/L；

c_{h} —— 评价河段的水质浓度，mg/L；

Q_{p} —— 建设项目的废水排放量，m^3/s；

Q_{h} —— 评价河段的流量，m^3/s。

ISE 值是负值或者越大，说明拟建项目排污对该项水质参数的污染影响越大。

（四）水体简化的要求

1．河流的简化要求

河流可以简化为矩形平直河流、矩形弯曲河流和非矩形河流。具体简化要求如下：

- 河流的断面宽深比≥20 时，可视为矩形河流。
- 大中河流中，预测河段弯曲较大（如其最大弯曲系数＞1.3）时，可视为弯曲河流，否则可以简化为平直河流。

- ◆ 大中河流断面上水深变化很大且评价等级较高（如一级评价）时，可以视为非矩形河流并应调查其流场，其他情况均可简化为矩形河流。
- ◆ 小河可以简化为矩形平直河流。
- ◆ 河流水文特征或水质有急剧变化的河段，可在急剧变化之处分段，各段分别进行简化。

对于江心洲等按以下原则要求进行简化：

- ◆ 评价等级为三级时，江心洲、浅滩等均可按无江心洲、浅滩的情况对待。
- ◆ 评价等级为二级时，江心洲位于充分混合段，可以按无江心洲对待。
- ◆ 评价等级为一级且江心洲较大时，可分段进行简化，江心洲较小时可不考虑；江心洲位于混合过程段，可分段进行简化。

人工控制河流根据水流情况可以视其为水库，也可视其为河流，分段进行简化。

2．河口的简化要求

河口包括河流交汇处、河流感潮段、河口外滨海段、河流与湖泊、水库的汇合部等水域。

河流感潮段是指受潮汐作用影响较明显的河段。可以将落潮时最大断面平均流速与涨潮时最小断面平均流速之差等于 0.05 m/s 的断面作为其与河流的界限。

除个别要求很高（如评价等级为一级）的情况外，河流感潮段一般可按潮周平均、高潮平均和低潮平均三种情况，简化为稳态进行预测。

河流汇合部可以分为支流、汇合前主流、汇合后主流三段分别进行环境影响预测。小河汇入大河时可以把小河看成点源。

河流与湖泊、水库汇合部可以按照河流与湖泊、水库两部分分别预测其环境影响。

河口断面沿程变化较大时，可以分段进行环境影响预测。河口外滨海段可视为海湾。

3．湖泊与水库的简化要求

可以将湖泊、水库简化为大湖（库）、小湖（库）、分层湖（库）三种情况：

- ◆ 评价等级为一级时，中湖（库）可以按大湖（库）对待，停留时间较短时也可以按小湖（库）对待；
- ◆ 评价等级为三级时，中湖（库）可以按小湖（库）对待，停留时间很长时也可以按大湖（库）对待；
- ◆ 评价等级为二级时，如何简化可视具体情况而定。

水深大于 10 m 且分层期较长（如大于 30 d）的湖泊、水库可视为分层湖（库）。

串联型湖泊可以分为若干区，各区分别按上述情况简化。

不存在大面积回流区和死水区且流速较快，水力停留时间较短的狭长湖泊可简化为河流。其岸边形状和水文特征值变化较大时还可以进一步分段。

不规则形状的湖泊、水库可根据流场的分布情况和几何形状分区。

自顶端入口附近排入废水的狭长湖泊或循环利用湖水的小湖，可以分别按各自的特点考虑。

4．海湾的简化要求

进行海湾水质影响预测时，一般只考虑潮汐作用，不考虑波浪作用。

评价等级为一级且海流（主要指风海流）作用较强时，可以考虑海流对水质的影响。潮流可以简化为平面二维非恒定流场。

三级评价时可以只考虑潮周期的平均情况。

较大的海湾交换周期很长，可视为封闭海湾。

在注入海湾的河流中，大河及评价等级为一、二级的中河应考虑其对海湾流场和水质的影响；小河及评价等级为三级的中河可视为点源，忽略其对海湾流场的影响。

（五）污染源简化的要求

污染源简化包括排放方式的简化和排放规律的简化。

排放方式可简化为点源和面源，排放规律可简化为连续恒定排放和非连续恒定排放。在地面水环境影响预测中，通常可以把排放规律简化为连续恒定排放。

对于点源排放口位置的处理，有如下情况：

- ◆ 排入河流的两个排放口的间距较小时，可以简化为一个排放口，其位置假设在两排放口之间，其排放量为两者之和；
- ◆ 排入小湖（库）的所有排放口可以简化为一个排放口，其排放量为所有排放量之和；
- ◆ 排入大湖（库）的两个排放口间距较小时，可以简化成一个排放口，其位置假设在两排放口之间，其排放量为两者之和。

一、二级评价且排入海湾的两个排放口间距小于沿岸方向差分网格的步长时，可以简化为一个排放口，其排放量为两者之和。

三级评价时，海湾污染源的简化与大湖（库）相同。

无组织排放可以简化成面源；从多个间距很近的排放口分别排放污水时，也可以简化为面源。

（六）水质数学模式的类型与选用原则

水质数学模式按来水和排污随时间的变化情况划分为动态、稳态和准稳态（或准动态）模式；按水质分布状况划分为零维、一维、二维和三维模式；按模拟预测的水质组分划分为单一组分和多组分耦合模式；按水质数学模式的求解方法及方程形式划分为解析解和数值解模式。水质影响预测模式的选用主要考虑水体类型和排污状况、环境水文条件及水力学特征、污染物的性质及水质分布状态、评价等级要求等方面。水质数学模式选用的原则如下：

（1）在水质混合区进行水质影响预测时，应选用二维或三维模式；在水质分布均匀的水域进行水质影响预测时，选用零维或一维模式。

（2）对上游来水或污水排放的水质、水量随时间变化显著情况下的水质影响预测，应选用动态或准稳态模式：其他情况选用稳态模式（对上游来水或污水排放的水质、水量随时间有一定变化的情况，可先分段统计平均水质、水量状况，然后选用稳态模式进行水质影响预测）。

（3）矩形河流、水深变化不大的湖（库）及海湾，对于连续恒定点源排污的水质影响预测，二维以下一般采用解析解模式；三维或非连续恒定点源排污（瞬时排放、有限时段排放）的水质影响预测，一般采用数值解模式。

（4）稳态数值解水质模式适用于非矩形河流、水深变化较大的湖（库）和海湾水域连续恒定点源排污的水质影响预测。

（5）动态数值解水质模式适用于各类恒定水域中的非连续恒定排放或非恒定水域中的各类污染源排放。

（6）单一组分的水质模式可模拟的污染物类型包括：持久性污染物、非持久性污染物和废热（水温变化预测）；多组分耦合模式模拟的水质因子彼此间均存在一定的关联，如 S-P 模式模拟的 DO 和 BOD。

（七）常用河流水质数学模式与适用条件

1. 河流完全混合模式与适用条件

$$c=(c_pQ_p+c_hQ_h)/(Q_p+Q_h) \tag{4-2}$$

式中：c —— 污染物浓度（垂向平均浓度，断面平均浓度），mg/L；

c_p —— 污染物排放浓度，mg/L；

c_h —— 河流来水污染物浓度，mg/L；

Q_p —— 废水排放量，m^3/s；

Q_h —— 河流来水流量，m^3/s。

河流完全混合模式的适用条件：

（1）河流充分混合段；

（2）持久性污染物；

（3）河流为恒定流动；

（4）废水连续稳定排放。

2．河流一维稳态模式与适用条件

$$c = c_0 \exp\left[-(K_1 + K_3)\frac{x}{86\ 400u}\right] \qquad (4\text{-}3)$$

式中：c —— 计算断面的污染物浓度，mg/L；

c_0 —— 计算初始点污染物浓度，mg/L；

K_1 —— 耗氧系数，1/d；

K_3 —— 污染物的沉降系数，1/d；

u —— 河流流速，m/s；

x —— 从计算初始点到下游计算断面的距离，m。

适用条件：

（1）河流充分混合段；

（2）非持久性污染物；

（3）河流为恒定流动；

（4）废水连续稳定排放。

对于持久性污染物，在沉降作用明显的河流中，可以采用综合消减系数 K 替代上式中的（K_1+K_3）来预测污染物浓度沿程变化。

3．河流二维稳态混合模式与适用条件

岸边排放：

$$c(x,y) = c_h + \frac{c_p Q_p}{H\sqrt{\pi M_y x u}}\left\{\exp\left(-\frac{uy^2}{4M_y x}\right) + \exp\left[-\frac{u(2B-y)^2}{4M_y x}\right]\right\} \qquad (4\text{-}4)$$

非岸边排放：

$$c(x,y) = c_h + \frac{c_p Q_p}{2H\sqrt{\pi M_y x u}}\left\{\exp\left(-\frac{uy^2}{4M_y x}\right) + \exp\left[-\frac{u(2a+y)^2}{4M_y x}\right] + \exp\left[-\frac{u(2B-2a-y)^2}{4M_y x}\right]\right\} \qquad (4\text{-}5)$$

式中：$c(x，y)$ ——（x，y）点污染物垂向平均浓度，mg/L；

H —— 平均水深，m；

B —— 河流宽度，m；

a —— 排放口与岸边的距离，m；

M_y —— 横向混合系数，m^2/s；

x，y —— 笛卡尔坐标系的坐标，m。

适用条件：

（1）平直、断面形状规则河流混合过程段；

（2）持久性污染物；

（3）河流为恒定流动；

（4）连续稳定排放；

（5）对于非持久性污染物，需采用相应的衰减模式。

4．河流二维稳态混合累积流量模式与适用条件

岸边排放：

$$c(x,q)=c_{\mathrm{h}}+\frac{c_{\mathrm{p}}Q_{\mathrm{p}}}{\sqrt{\pi M_{\mathrm{q}}x}}\left\{\exp\left(-\frac{q^2}{4M_{\mathrm{q}}x}\right)+\exp\left[-\frac{(2Q_{\mathrm{h}}-q)^2}{4M_{\mathrm{q}}x}\right]\right\} \tag{4-6}$$

$$q=Huy \tag{4-7}$$

$$M_{\mathrm{q}}=H^2uM_y \tag{4-8}$$

式中：$c(x,q)$ —— （x，q）处污染物垂向平均浓度，mg/L；

M_{q} —— 累积流量坐标系下的横向混合系数，$\mathrm{m^2/s}$；

x，q —— 累积流量坐标系的坐标，m；

其他符号含义同前。

适用条件：

（1）弯曲河流、断面形状不规则河流混合过程段；

（2）持久性污染物；

（3）河流为恒定流动；

（4）连续稳定排放；

（5）对于非持久性污染物，需要采用相应的衰减模式。

5．Streeter-Phelps（S-P）模式

$$c=c_0\exp\left(-K_1\frac{x}{86\,400u}\right) \tag{4-9}$$

$$D=\frac{K_1c_0}{K_2-K_1}\left[\exp\left(-K_1\frac{x}{86\,400u}\right)-\exp\left(-K_2\frac{x}{86\,400u}\right)\right]+D_0\exp\left(-K_2\frac{x}{86\,400u}\right) \tag{4-10}$$

$$x_{\mathrm{c}}=\frac{86\,400u}{K_2-K_1}\ln\left[\frac{K_2}{K_1}\left(1-\frac{D_0}{c_0}\cdot\frac{K_2-K_1}{K_1}\right)\right] \tag{4-11}$$

$$c_0=(c_{\mathrm{p}}Q_{\mathrm{p}}+c_{\mathrm{h}}Q_{\mathrm{h}})/(Q_{\mathrm{p}}+Q_{\mathrm{h}}) \tag{4-12}$$

$$D_0=(D_{\mathrm{p}}Q_{\mathrm{p}}+D_{\mathrm{h}}Q_{\mathrm{h}})/(Q_{\mathrm{p}}+Q_{\mathrm{h}}) \tag{4-13}$$

式中：D —— 亏氧量，即饱和溶解氧浓度与溶解氧浓度的差值，mg/L；

D_0 —— 计算初始断面亏氧量，mg/L；

K_2 —— 大气复氧系数，1/d；

x_c —— 最大氧亏点到计算初始点的距离，m；

其他符号含义同前。

适用条件：

（1）河流充分混合段；

（2）污染物为耗氧性有机污染物；

（3）需要预测河流溶解氧状态；

（4）河流为恒定流动；

（5）污染物连续稳定排放。

6．河流混合过程段与水质模式选择

预测范围内的河段可以分为充分混合段、混合过程段和排污口上游河段。

充分混合段：是指污染物浓度在断面上均匀分布的河段。当断面上任意一点的浓度与断面平均浓度之差小于平均浓度的 5%时，可以认为达到均匀分布。

混合过程段：是指排放口下游达到充分混合断面以前的河段。

混合过程段的长度可由下式估算：

$$L=\frac{(0.4B-0.6a)Bu}{(0.058H+0.0065B)(gHi)^{1/2}} \tag{4-14}$$

式中：L—— 达到充分混合断面的长度，m；

B —— 河流宽度，m；

a —— 排放口到近岸水边的距离，m；

H —— 平均水深，m；

u —— 河流平均流速，m/s；

g —— 重力加速度，9.8 m/s^2；

i —— 河流底坡坡度，‰。

在利用数学模式预测河流水质时，充分混合段可以采用一维模式或零维模式预测断面平均水质；在混合过程段需采用二维或三维模式进行预测。

大、中河流一、二级评价，且排放口下游 3～5 km 以内有集中取水点或其他特别重要的用水目标时，均应采用二维及三维模式预测混合过程段水质。其他情况可根据工程特性、水环境特征、评价工作等级及当地环保要求，决定是否采用二维及三维模式。

（八）常用河口水质模式与适用条件

1．一维动态混合模式与适用条件

常见的一维动态混合衰减模式（微分方程）为：

$$\frac{\partial c}{\partial t}+u\frac{\partial c}{\partial x}=\frac{1}{F}\frac{\partial}{\partial x}\left(FM_1\frac{\partial c}{\partial x}\right)-K_1c+S_p \tag{4-15}$$

式中：c —— 污染物浓度，mg/L；

u —— 河流流速，m/s；

F —— 过水断面面积，m^2；

M_1 —— 断面纵向混合系数，m^2/s；

K_1 —— 衰减系数，1/d；

S_p —— 污染源强，mg/L；

t —— 时间，s；

x —— 笛卡尔坐标系的坐标，m。

采用数值方法求解上述微分方程时，需要确定初值、边界条件和源强。流速和过流断面面积随时间变化，需要通过求解一维非恒定流方程来获取。

适用条件：

（1）潮汐河口充分混合段；

（2）非持久性污染物；

（3）污染物排放为连续稳定排放或非稳定排放；

（4）需要预测任何时刻的水质。

2．O'connor 河口模式（均匀河口）与适用条件

上溯（$x<0$，自 $x=0$ 处排入）：

$$c=\frac{c_pQ_p}{(Q_h+Q_p)M}\exp\left[\frac{ux}{2M_1}(1+M)\right]+c_h \tag{4-16}$$

下泄（$x>0$）：

$$c=\frac{c_pQ_p}{(Q_h+Q_p)M}\exp\left[\frac{ux}{2M_1}(1-M)\right]+c_h \tag{4-17}$$

$$M=(1+4K_1M_1/u^2)^{1/2} \tag{4-18}$$

适用条件：

（1）均匀的潮汐河口充分混合段；

（2）非持久性污染物；

（3）污染物连续稳定排放；

（4）只要求预测潮周平均、高潮平均和低潮平均水质。

（九）常用湖泊（水库）水质模式与适用条件

1．湖泊完全混合衰减模式与适用条件

动态模式：

$$c=\frac{W_0+c_pQ_p}{VK_h}+\left(c_h-\frac{W_0+c_pQ_p}{VK_h}\right)\exp\left(-K_ht\right) \tag{4-19}$$

平衡模式：

$$c=\frac{W_0+c_pQ_p}{VK_h} \tag{4-20}$$

$$K_h=\frac{Q_h}{V}+\frac{K_1}{86\,400} \tag{4-21}$$

适用条件：

（1）小湖（库）；

（2）非持久性污染物；

（3）污染物连续稳定排放；

（4）预测需反映随时间的变化时采用动态模式，只需反映长期平均浓度时采用平衡模式。

2．湖泊推流衰减模式与适用条件

湖泊推流衰减模式：

$$c_r=c_p\exp\left(-\frac{K_1\Phi Hr^2}{172\,800Q_p}\right)+c_h \tag{4-22}$$

式中：Φ——混合角度，可根据湖（库）岸边形状和水流状况确定，中心排放取 2π 弧度，平直岸边取 π 弧度；K_1 的确定同小湖（库）模式。

适用条件：

（1）大湖、无风条件；

（2）非持久性污染物；

（3）污染物连续稳定排放。

（十）常用海湾水质模式与适用条件

1．持久性污染物

一、二级　建议采用 ADI 潮流模式计算流场，采用 ADI 水质模式预测水质；也可以采用特征理论模式计算流场，采用特征理论水质模式预测水质，其中 M_x、M_y 的确定可以采用爱—兰法。

三级　建议采用约瑟夫—新德那（Joseph-Sendner，简称约—新）模式。其中Φ可以根据海岸形状和水流情况确定：远海排放取 2π 弧度，平直海岸岸边排放取 π 弧度。d 可以参考表 4-4 确定。混合速度 M_v 一般可取 0.01±0.005 m/s，近岸可取 0.005 m/s。

表 4-4　混合深度 *d* 的参考数据

海域	近岸	大河口、港口	离岸 2～25 km	大陆架
d/m	2	2～6	2～10	≥10

2．非持久性污染物

由于海湾中非持久性污染物的衰减作用远小于混合作用，所以不同评价等级时，均可近似采用持久性污染物的相应模式预测。

3．废热（水温预测）

一级　可以采用特征理论潮流模式计算流场，采用特征理论温度模式预测水温。其中 M_x、M_y 的确定可以采用爱—兰法；K_{TS} 的确定可参考河流水质模式参数测定的方法。

二级　废水量较大且温度较高时，可以采用与一级相同的方法预测水温；废水量较小、温度较低时，可以采用与三级相同的方法。

三级　可以采用类比调查法分析废热对海湾水温的影响。

4．海湾数学模式与适用条件

（1）特征理论潮流模式及 ADI 潮流模式

微分方程：

$$\frac{\partial z}{\partial t}+\frac{\partial}{\partial x}[(h+z)u]+\frac{\partial}{\partial y}[(h+z)v]=0 \tag{4-23}$$

$$\frac{\partial u}{\partial t}+u\frac{\partial u}{\partial x}+v\frac{\partial u}{\partial y}-fv+g\frac{\partial z}{\partial x}+g\frac{u(u^2+v^2)^{1/2}}{C_z^2(h+z)}=0 \tag{4-24}$$

$$\frac{\partial v}{\partial t}+u\frac{\partial v}{\partial x}+v\frac{\partial v}{\partial y}-fv+g\frac{\partial z}{\partial y}+g\frac{v(u^2+v^2)^{1/2}}{C_z^2(h+z)}=0 \tag{4-25}$$

差分方程见导则附录 A。

初值：可以自零开始，也可以利用过去的计算结果或实测值直接输入计算。

边界条件：

陆边界：边界的法线方向流速为零。

水边界：可以输入据开边界上已知潮汐调和常数的水位表达式或边界点上的实测水位过程。

有水量流入的水边界：当流量较大时，边界点的连续方程应增加 $\Delta tQ_{hi}/(2\Delta x\cdot\Delta y)$ 项；当流量较小时可以忽略。

（2）特征理论混合模式

① ADI 潮混合模式

微分方程：

$$\frac{\partial[(h+z)c]}{\partial t}+\frac{\partial[(h+z)uc]}{\partial x}+\frac{\partial[(h+z)uc]}{\partial y}=\frac{\partial}{\partial x}[(h+z)M_x\frac{\partial c}{\partial x}]+\frac{\partial}{\partial y}[(h+z)M_y\frac{\partial c}{\partial y}]+S_{\mathrm{p}} \tag{4-26}$$

差分方程见导则附录 A。

初值和源强：

$$c_{i,j}^{(0)}=c_{\mathrm{h}}\qquad S_{i,j}^{(l)}=\begin{cases}\dfrac{c_{\mathrm{p}}^{(l)}Q_{\mathrm{p}}^{(l)}}{\Delta x\Delta y} & \text{排放点}\\ 0 & \text{非排放点}\end{cases} \tag{4-27}$$

边界条件：

陆边界：法线方向的一阶偏导数为零。

水边界：可以取边界内测点的值。

初值、源强和边界条件同 ADI 潮混合模式。

② 约—新模式

$$c_{\mathrm{r}}=c_{\mathrm{h}}+(c_{\mathrm{p}}-c_{\mathrm{h}})[1-\exp(-\frac{Q_{\mathrm{p}}}{\Phi dM_{\mathrm{v}}r})] \tag{4-28}$$

（3）特征理论温度模式

微分方程：

$$\frac{\partial[(h+z)T]}{\partial t}+\frac{\partial[(h+z)uT]}{\partial x}+\frac{\partial[(h+z)vT]}{\partial y}=\frac{\partial}{\partial x}[(h+z)M_x\frac{\partial T}{\partial x}]+\frac{\partial}{\partial y}[(h+z)M_y\frac{\partial T}{\partial y}]+S_{\mathrm{p}}(h+z)-\frac{K_{\mathrm{TS}}T}{c_{\mathrm{p}}'\rho} \tag{4-29}$$

差分方程见导则附录 A。

初值和源强：

$$S_{\mathrm{p}i,j}^{(1)} = \begin{cases} \dfrac{(T_{\mathrm{p}}^{(1)} - T_{\mathrm{h}})Q_{\mathrm{p}}^{(1)}}{\Delta x \Delta y (h+z)_{i,j}^{(1)}} & \text{排放点} \\ 0 & \text{非排放点} \end{cases} \tag{4-30}$$

$$T_{i,j}^{(1)} = 0$$

边界条件与特征理论混合模式相同。

注：本模式中的 T 为垂向平均温度与 T_{h} 的温差。

五、地面水环境影响评价

（一）评价原则

评价建设项目的地面水环境影响是评定与估价建设项目各生产阶段对地面水的环境影响，它是环境影响预测的继续。原则上可以采用单项水质参数评价方法或多项水质参数综合评价方法。

单项水质参数评价是以国家、地方的有关法规、标准为依据，评定与评价各评价项目的单个质量参数的环境影响。预测值未包括环境质量现状值（背景值）时，评价时注意应叠加环境质量现状值。

地面水环境影响的评价范围与其影响预测范围相同。确定其评价范围的原则与环境调查相同。

所有预测点和所有预测的水质参数均应进行各生产阶段不同情况的环境影响评价，但应有重点。空间方面，水文要素和水质急剧变化处、水域功能改变处、取水口附近等应作为重点；水质方面，影响较重的水质参数应作为重点。

多项水质参数综合评价的评价方法和评价的水质参数应与环境现状综合评价相同。

（二）评价所需基本资料

评价水环境影响所需的基本资料包括以下几个方面：

（1）水域功能是评价建设项目环境影响的基本资料，通过水域功能调查来确定。调查的内容包括各类用水情况、供需关系、水质要求以及渔业、水产养殖等所需的水域面积等，并应注意地面水与地下水之间的水力联系。

（2）评价建设项目的地面水环境影响所采用的水质标准应与环境现状评价相同。河道断流时应由环保部门规定功能，并据此选择标准，进行评价。

（3）规划中几个建设项目在一定时期（如 5 年）内兴建并向同一地面水域排污时，应由政府有关部门规定各建设项目的排污总量或允许利用水体自净能力的比例

（政府有关部门未做规定的可以自行拟定并报环保部门认可）。向已超标的水体排污时，应结合环境规划酌情处理或由环保部门事先规定排污要求。

（三）单项水质因子评价方法

一般常采用标准指数法进行单项水质因子的评价。

单项水质因子 i 在第 j 点的标准指数：

$$S_{i,j}=c_{i,j}/c_{s,i} \tag{4-31}$$

式中：$S_{i,j}$—— 标准指数；

$c_{i,j}$—— 评价因子 i 在 j 点的实测浓度值，mg/L；

$c_{s,i}$—— 评价因子 i 的评价标准限值，mg/L。

溶解氧（DO）的标准指数为：

$$S_{DO,j}=\frac{|DO_f-DO_j|}{DO_f-DO_s} \qquad DO_j \geqslant DO_s \tag{4-32}$$

$$S_{DO,j}=10-9\frac{DO_j}{DO_s} \qquad DO_j < DO_s \tag{4-33}$$

式中：$S_{DO,j}$ —— DO 的标准指数；

DO_f —— 某水温、气压条件下的饱和溶解氧浓度（mg/L），计算公式常采用：$DO_f=468/(31.6+T)$，T 为水温，℃；

DO_j —— 溶解氧实测值，mg/L；

DO_s —— 溶解氧的评价标准限值，mg/L。

pH 值的标准指数：

$$S_{pH,j}=\frac{7.0-pH_j}{7.0-pH_{sd}} \qquad pH_j \leqslant 7.0 \tag{4-34}$$

$$S_{pH,j}=\frac{pH_j-7.0}{pH_{su}-7.0} \qquad pH_j > 7.0 \tag{4-35}$$

式中：$S_{pH,j}$ —— pH 值的标准指数；

pH_j —— pH 的实测值；

pH_{sd} —— 评价标准中 pH 的下限值；

pH_{su} —— 评价标准中 pH 的上限值。

水质参数的标准指数>1，表明该水质参数超过了规定的水质标准，已经不能满足使用要求。

第二节　相关的水环境标准

一、《地表水环境质量标准》

（一）主要内容与适用范围

1．主要内容

本标准将标准项目分为：地表水环境质量标准基本项目、集中式生活饮用水地表水源地补充项目和集中式生活饮用水地表水源地特定项目。按照地表水环境功能分类和保护目标，规定了水环境质量应控制的项目、限值以及水质评价、水质项目的分析方法和标准的实施与监督。

本标准项目共计 109 项，其中地表水环境质量标准基本项目 24 项，集中式生活饮用水地表水源地补充项目 5 项，集中式生活饮用水地表水源地特定项目 80 项。

2．适用范围

本标准适用于中华人民共和国领域内江河、湖泊、运河、渠道、水库等具有使用功能的地表水水域。具有特定功能的水域，执行相应的专业用水水质标准。

地表水环境质量标准基本项目适用于全国江河、湖泊、运河、渠道、水库等具有使用功能的地表水水域。

集中式生活饮用水地表水源地补充项目和特定项目适用于集中式生活饮用水地表水源地一级保护区和二级保护区。

与近海水域相连的地表水河口水域根据水环境功能按本标准相应类别标准值进行管理，近海水功能区水域根据使用功能按《海水水质标准》（GB 3097—1997）相应类别标准值进行管理。

批准划定的单一渔业水域按《渔业水质标准》（GB 11607—89）进行管理；处理后的城市污水及与城市污水水质相近的工业废水用于农田灌溉用水的水质按《农田灌溉水质标准》（GB 5084—2005）进行管理。

（二）水域环境功能和标准分类

水域环境功能：依据地表水水域环境功能和保护目标，按功能高低依次划分为五类：

Ⅰ类	主要适用于源头水、国家自然保护区
Ⅱ类	主要适用于集中式生活饮用水地表水源地一级保护区、珍稀水生生物栖息地、鱼虾类产卵场、仔稚幼鱼的索饵场等
Ⅲ类	主要适用于集中式生活饮用水地表水源地二级保护区、鱼虾类越冬场、洄游通道、水产养殖区等渔业水域及游泳区
Ⅳ类	主要适用于一般工业用水区及人体非直接接触的娱乐用水区
Ⅴ类	主要适用于农业用水区及一般景观要求水域

水域环境功能与水质标准：对应地表水上述五类水域功能，将地表水环境质量标准基本项目标准值分为五类，不同功能类别分别执行相应类别的标准值。水域功能类别高的标准值严于水域功能类别低的标准值。同一水域兼有多类使用功能的，执行最高功能类别对应的标准值。实现水域功能与达功能类别标准为同一含义。

（三）基本项目中的常用项目标准限值

基本项目中的常用项目标准限值见表 4-5。

表 4-5　地表水环境质量标准基本项目标准限值　　单位：mg/L

序号	项目＼标准值		分类			
		Ⅰ类	Ⅱ类	Ⅲ类	Ⅳ类	Ⅴ类
1	水温		人为造成的环境水温变化应限制在： 周平均最大温升≤1℃ 周平均最大温降≤2℃			
2	pH 值（无量纲）	6～9				
3	溶解氧　≥	饱和率 90%（或 7.5）	6	5	3	2
4	高锰酸盐指数　≤	2	4	6	10	15
5	化学需氧量（COD）≤	15	15	20	30	40
6	五日生化需氧量（BOD_5）≤	3	3	4	6	10
7	氨氮（NH_3-N）≤	0.15	0.5	1.0	1.5	2.0
8	总磷（以 P 计）≤	0.02 (湖、库 0.01)	0.1 (湖、库 0.025)	0.2 (湖、库 0.05)	0.3 (湖、库 0.1)	0.4 (湖、库 0.2)
9	总氮（湖、库，以 N 计）≤	0.2	0.5	1.0	1.5	2.0

（四）水质监测

本标准规定的项目标准值，要求水样采集后自然沉降 30 min，取上层非沉降部分按规定方法进行分析。

地表水水质监测的采样布点、监测频率应符合国家地表水环境监测技术规范的要求。

水质项目的分析方法应优先选用本标准中规定的方法，也可采用 ISO 方法体系等其他等效分析方法，但须进行适用性检验。

地表水环境质量标准基本项目中部分项目的分析方法见表 4-6。

表 4-6 地表水环境质量标准基本项目（部分）分析方法

序号	基本项目	分析方法	测定下限/（mg/L）	方法来源
1	水温	温度计法		GB 13195—91
2	pH	玻璃电极法		GB 6920—86
3	溶解氧	碘量法	0.2	GB 7489—87
		电化学探头法		GB 11913—89
4	高锰酸盐指数		0.5	GB 11892—89
5	化学需氧量	重铬酸盐法	10	CB 11914—89
6	五日生化需氧量	稀释与接种法	2	GB 7488—87
7	氨氮	纳氏试剂比色法	0.05	GB 7479—87
		水杨酸分光光度法	0.01	GB 7481—87
8	总磷	钼酸铵分光光度法	0.01	GB 11893—89
9	总氮	碱性过硫酸钾消解紫外分光光度法	0.05	GB 11894—89

（五）水质评价原则

地表水环境质量评价应根据应实现的水域功能类别，选取相应类别标准，进行单因子评价，评价结果应说明水质达标情况，超标的应说明超标项目和超标倍数。

丰、平、枯水期特征明显的水域，应分水期进行水质评价。

集中式生活饮用水地表水源地水质评价的项目应包括本标准中的基本项目、补充项目以及由县级以上人民政府环境保护行政主管部门选择确定的特定项目。

二、《海水水质标准》

（一）主要内容与适用范围

《海水水质标准》（GB 3097—1997）规定了海域各类适用功能的水质要求，包括水质分类与水质标准、水质监测方法以及混合区的规定。

本标准适用于中华人民共和国管辖的海域。

（二）水质分类

按照海域的不同适用功能和保护目标，海水水质分为四类：

第一类	适用于海洋渔业水域，海上自然保护区和珍稀濒危海洋生物保护区
第二类	适用于水产养殖区，海水浴场，人体直接接触海上运动或娱乐区，以及与人类食用直接有关的工业用水区
第三类	适用于一般工业用水区，滨海风景旅游区
第四类	适用于海洋港口水域，海洋开发作业区

（三）混合区规定

污水集中排放形成的混合区，不得影响邻近功能区的水质和鱼类洄游通道。

三、《污水综合排放标准》

（一）主要内容与适用范围

1. 主要内容

《污水综合排放标准》（GB 8978—1996）按照污水排放去向，分年限规定了 69 种水污染物最高允许排放浓度和部分行业最高允许排放浓度。

2. 适用范围

本标准适用于现有单位水污染物的排放管理，以及建设项目的环境影响评价、建设项目环境保护设施设计、竣工验收及其投产后的排放管理。

按照国家综合排放标准与国家行业排放标准不交叉执行的原则，下列行业执行各自的排放标准：

造纸工业，船舶，船舶工业，海洋石油开发工业，纺织染整工业，肉类加工工业，合成氨工业，钢铁工业，航天推进剂使用，兵器工业，磷肥工业，烧碱、聚氯乙烯工业。

其他水污染物排放均执行本标准。

在本标准颁布后，新增加国家行业水污染物排放标准的行业，按其适用范围执行相应的国家水污染物行业标准，不再执行本标准。

（二）标准分级

（1）排入 GB 3838—2002 Ⅲ类水域（划定的保护区和游泳区除外）和排入 GB 3097—1997 中二类海域的污水，执行一级标准。

（2）排入 GB 3838—2002 中Ⅳ、Ⅴ类水域和排入 GB 3097—1997 中三类海域的污水，执行二级标准。

（3）排入设置二级污水处理厂的城镇排水系统的污水，执行三级标准。

（4）排入未设置二级污水处理厂的城镇排水系统的污水，必须根据排水系统出水受纳水域的功能要求，分别执行“（1）”和“（2）”的规定。

（5）GB 3838—2002 中Ⅰ、Ⅱ类水域和Ⅲ类水域中划定的保护区，GB 3097—1997 中一类海域，禁止新建排污口，现有排污口按水体功能要求，实行污染物总量控制，以保证受纳水体水质符合规定用途的水质标准。

（三）污染物分类

本标准将排放的污染物按其性质及控制方式分为两类。

第一类污染物，不分行业和污水排放方式，也不分受纳水体的功能类别，一律在车间或车间处理设施排放口采样，其最高允许排放浓度必须达到本标准要求（采矿业的尾矿坝出水口不得视为车间排放口）。

第二类污染物，在排放单位排放口采样，其最高允许排放浓度必须达到本标准要求。

本标准按年限规定了第一类污染物和第二类污染物最高允许排放浓度及部分行业最高允许排水量。

（四）执行标准

在本标准中，以 1997 年 12 月 31 日之前和 1998 年 1 月 1 日起为时限，对第二类污染物最高允许排放浓度和部分行业最高允许排水量规定了不同的限值。

对于 1997 年 12 月 31 日之前建设（包括改、扩建）的单位，水污染物的排放必须同时执行标准中规定的第一类污染物最高允许排放浓度限值，第二类污染物最高允许排放浓度（1997 年 12 月 31 日之前建设的单位）和部分行业最高允许排水量（1997 年 12 月 31 日之前建设的单位）。

1998 年 1 月 1 日起建设（包括改、扩建）的单位，水污染物的排放必须同时执行标准中规定的第一类污染物最高允许排放浓度限值，第二类污染物最高允许排放浓度（1998 年 1 月 1 日后建设的单位）和部分行业最高允许排水量（1998 年 1 月 1 日后建设的单位）。

建设（包括改、扩建）单位的建设时间，以环境影响评价报告书（表）批准日期为准划分。

对于排放含有放射性物质的污水，除执行本标准外，还须符合《辐射防护规定》（GB 8703—88）。

（五）有关排放口的规定

GB 3838—2002 中Ⅰ、Ⅱ类水域和Ⅲ类水域中划定的保护区，GB 3097—1997 中一类海域，禁止新建排污口，现有排污口按水体功能要求，实行污染物总量控制，以保证受纳水体水质符合规定用途的水质标准。

对于第一类污染物，一律在车间或车间处理设施排放口采样；

对于第二类污染物，在排放单位排放口采样；

同一排放口排放两种和两种以上不同类别的污水，且每种污水的排放标准又不相同时，其混合污水的排放标准按本标准附录 A 规定的方法计算；

工业污水污染物的最高允许排放负荷量按本标准附录 B 规定的方法计算；

污染物最高允许年排放量按本标准附录 C 规定的方法计算。

（六）监测频率要求

工业污水按生产周期确定监测频率。生产周期在 8 h 以内的，每 2 h 采样一次；生产周期大于 8 h 的，每 4 h 采样一次。24 h 不少于 2 次。最高允许排放浓度按日均值计算。

（七）第一类污染物最高允许浓度限值

表 4-7 列出本标准中规定的第一类污染物最高允许排放浓度限值。不论是 1997 年 12 月 1 日之前建设的单位，还是 1998 年 1 月 1 日之后建设的单位，均执行该表中的限值。

表 4-7 第一类污染物最高允许排放浓度 单位：mg/L

序号	污染物	最高允许排放浓度	序号	污染物	最高允许排放浓度
1	总汞	0.05	8	总镍	1.0
2	烷基汞	不得检出	9	苯并[a]芘	0.000 03
3	总镉	0.1	10	总铍	0.005
4	总铬	1.5	11	总银	0.5
5	六价铬	0.5	12	总 α 放射性	1Bq/L
6	总砷	0.5	13	总 β 放射性	10 Bq/L
7	总铅	1.0			

（八）其他

1．附录 A

关于排放单位在同一排放口排放两种或两种以上工业污水，且每种工业污水中同一污染物的排放标准又不同时，可采用如下方法计算混合排放时该污染物的最高允许排放浓度 $c_{混合}$：

$$c_{混合}=\frac{\sum_{i=1}^{n}c_iQ_iY_i}{\sum_{i=1}^{n}Q_iY_i} \tag{4-36}$$

式中：$c_{混合}$—— 混合污水某污染物最高允许排放浓度，mg/L；

c_i—— 不同工业污水某污染物最高允许排放浓度，mg/L；

Q_i—— 不同工业的最高允许排水量，m^3/t（产品）；

Y_i—— 某种工业产品产量，t/d，以月平均计。

2．附录 B

工业污水污染物最高允许排放负荷计算：

$$L_{负} = c \times Q \times 10^{-3} \tag{4-37}$$

式中：$L_{负}$—— 工业污水污染物最高允许排放负荷，kg/t（产品）；

c—— 某污染物最高允许排放浓度，mg/L；

Q—— 某工业最高允许排水量，m^3/t（产品）。

3．附录 C

某污染物最高允许排放总量的计算：

$$L_{总} = L_{负} \times Y \times 10^{-3} \tag{4-38}$$

式中：$L_{总}$ —— 某污染物最高允许排放量，kg/a；

$L_{负}$ —— 某污染物最高允许排放负荷，kg/t（产品）；

Y—— 核定的产品年产量，t（产品）/a。

第五章　地下水环境影响评价技术导则与相关水环境标准

第一节　环境影响评价技术导则　地下水环境

一、概述

《环境影响评价技术导则　地下水环境》（HJ 610—2011）规定了地下水环境影响评价的一般性原则、内容、工作程序、方法和要求。适用于以地下水作为供水水源及对地下水环境可能产生影响的建设项目的环境影响评价。规划环境影响评价中的地下水环境影响评价可参照执行。

该导则于 2011 年 2 月 11 日发布，自 2011 年 6 月 1 日起实施。

二、地下水环境影响评价工作程序和内容

（一）建设项目分类

地下水环境影响评价中，根据建设项目对地下水环境影响的特征，将建设项目分为以下三类。

（1）Ⅰ类：指在项目建设、生产运行和服务期满后的各个过程中，可能造成地下水水质污染的建设项目；

（2）Ⅱ类：指在项目建设、生产运行和服务期满后的各个过程中，可能引起地下水流场或地下水水位变化，并导致环境水文地质问题的建设项目；

（3）Ⅲ类：指同时具备Ⅰ类和Ⅱ类建设项目环境影响特征的建设项目。

根据不同类型建设项目对地下水环境影响程度与范围的大小，将地下水环境影响评价工作分为一、二、三级。

（二）评价基本任务

地下水环境影响评价的基本任务包括：进行地下水环境现状评价，预测和评价建设项目实施过程中对地下水环境可能造成的直接影响和间接危害（包括地下水污染、地下水流场或地下水位变化），并针对这种影响和危害提出防治对策，预防与控

制地下水环境恶化，保护地下水资源，为建设项目选址决策、工程设计和环境管理提供科学依据。

地下水环境影响评价应按本标准划分的评价工作等级，开展相应深度的评价工作。

（三）工作程序

地下水环境影响评价工作可划分为准备阶段、现状调查与工程分析阶段、预测评价及报告编写阶段。

地下水环境影响评价工作程序见图 5-1。

（四）各阶段主要工作内容

（1）准备阶段

搜集和研究有关资料、法规文件；了解建设项目工程概况；进行初步工程分析；踏勘现场，对环境状况进行初步调查；初步分析建设项目对地下水环境的影响，确定评价工作等级和评价重点；在此基础上编制地下水环境影响评价工作方案。

（2）现状调查与工程分析阶段

开展现场调查、勘探、地下水监测、取样、分析、室内外试验和室内资料分析等，进行现状评价工作，同时进行工程分析。

（3）预测评价阶段

进行地下水环境影响预测；依据国家、地方有关地下水环境管理的法规及标准，进行影响范围和程度的评价。

（4）报告编写阶段

综合分析各阶段成果，提出地下水环境保护措施与防治对策，编写地下水环境影响专题报告。

三、地下水环境影响识别

（一）基本要求

（1）建设项目对地下水环境影响识别分析应在建设项目初步工程分析的基础上进行，在环境影响评价工作方案编制阶段完成。

（2）应根据建设项目建设、生产运行和服务期满后三个阶段的工程特征，分别识别其正常与事故两种状态下的环境影响。

（3）对于随着生产运行时间推移对地下水环境影响有可能加剧的建设项目，还应按生产运行初期、中期和后期分别进行环境影响识别。

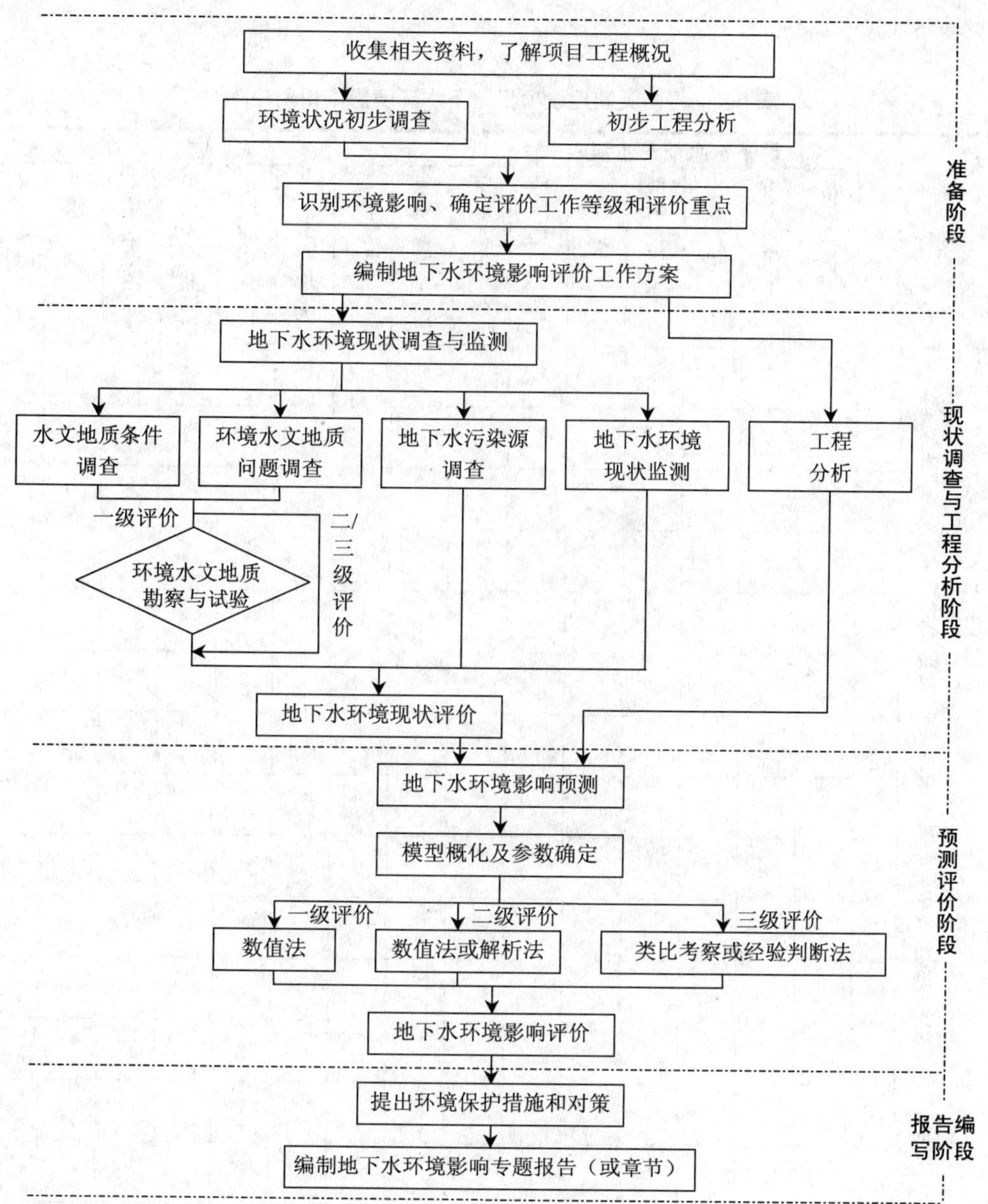

图 5-1　地下水环境影响评价工作程序

（二）识别方法

1. 环境影响识别方法

地下水环境影响识别可采用矩阵法。不同类型建设项目地下水环境影响识别矩阵见表 5-1。

表 5-1 不同类型建设项目地下水环境影响识别矩阵

建设行为			地下水水质与水温						地下水水位								
			常规指标污染	重金属污染	有机污染	放射性污染	热污染	冷污染	区域水位下降	水资源衰竭	泉流量衰减	地面沉降塌陷	土壤次生荒漠化	土壤次生盐渍化	土壤次生沼泽化	咸水入侵	海水倒灌
Ⅰ类建设项目	建设阶段																
	生产运行阶段																
	服务期满后																
Ⅱ类建设项目	建设阶段																
	生产运行阶段																
	服务期满后																

2．典型建设项目的地下水环境影响识别

（1）工业类项目

① 废水的渗漏对地下水水质的影响；

② 固体废物对土壤、地下水水质的影响；

③ 废水渗漏引起地下水水位、水量变化而产生的环境水文地质问题；

④ 地下水供水水源地产生的区域水位下降而产生的环境水文地质问题。

（2）固体废物填埋场工程

① 固体废物对土壤的影响；

② 固体废物渗滤液对地下水水质的影响。

（3）污水土地处理工程

① 污水土地处理对地下水水质的影响；

② 污水土地处理对地下水水位的影响；

③ 污水土地处理对土壤的影响。

（4）地下水集中供水水源地开发建设及调水工程

① 水源地开发（或调水）对区域（或调水工程沿线）地下水水位、水质、水资源量的影响；

② 水源地开发（或调水）引起地下水水位变化而产生的环境水文地质问题；

③ 水源地开发（或调水）对地下水水质的影响。

（5）水利水电工程

① 水库和坝基渗漏对上、下游地区地下水水位、水质的影响；

② 渠道工程和大型跨流域调水工程，在施工和运行期间对地下水水位、水质、水资源量的影响；

③ 水利水电工程可能引起的土地沙漠化、盐渍化、沼泽化等环境水文地质问题。

（6）地下水库建设工程

① 地下水库的补给水源对地下水水位、水质、水资源量的影响；

② 地下水库的水位和水质变化对其他相邻含水层水位、水质的影响；

③ 地下水库的水位变化对建筑物地基的影响；

④ 地下水库的水位变化可能引起的土壤盐渍化、沼泽化和岩溶塌陷等环境水文地质问题。

（7）矿山开发工程

① 露天采矿人工降低地下水水位工程对地下水水位、水质、水资源量的影响；

② 地下采矿排水工程对地下水水位、水质、水资源量的影响；

③ 矿石、矿渣、废石堆放场对土壤、渗滤液对地下水水质的影响；

④ 尾矿库坝下淋渗、渗漏对地下水水质的影响；

⑤ 矿坑水对地下水水位、水质的影响；

⑥ 矿山开发工程可能引起的水资源衰竭、岩溶塌陷、地面沉降等环境水文地质问题。

（8）石油（天然气）开发与储运工程

① 油田基地采油、炼油排放的生产、生活废水对地下水水质的影响；

② 石油（天然气）勘探、采油和运输储存（管线输送）过程中的跑、冒、滴、漏油对土壤、地下水水质的影响；

③ 采油井、注水井以及废弃油井、气井套管腐蚀损坏和固井质量问题对地下水水质的影响；

④ 石油（天然气）田开发大量开采地下水引起的区域地下水水位下降而产生的环境水文地质问题；

⑤ 地下储油库工程对地下水水位、水质的影响。

（9）农业类项目

① 农田灌溉、农业开发对地下水水位、水质的影响；

② 污水灌溉和施用农药、化肥对地下水水质的影响；

③ 农业灌溉可能引起的次生沼泽化、盐渍化等环境水文地质问题。

（10）线性工程类项目

① 线性工程对其穿越的地下水环境敏感区水位或水质的影响；

② 站场、服务区等排放的污水对地下水水质的影响。

四、地下水环境影响评价分级

（一）划分原则

Ⅰ类和Ⅱ类建设项目，分别根据其对地下水环境的影响类型、建设项目所处区域的环境特征及其环境影响程度划定评价工作等级。

Ⅲ类建设项目应根据建设项目所具有的Ⅰ类和Ⅱ类特征分别进行地下水环境影响评价工作等级划分，并按所划定的最高工作等级开展评价工作。

（二）Ⅰ类建设项目工作等级划分

1. 划分依据

（1）Ⅰ类建设项目地下水环境影响评价工作等级的划分，应根据建设项目场地的包气带防污性能、含水层易污染特征、地下水环境敏感程度、污水排放量与污水水质复杂程度等指标确定。建设项目场地包括主体工程、辅助工程、公用工程、储运工程等涉及的场地。

（2）包气带防污性能

建设项目场地的包气带防污性能按包气带中岩（土）层的分布情况分为强、中、弱三级，分级原则见表 5-2。

表 5-2　包气带防污性能分级

分级	包气带岩（土）的渗透性能
强	岩（土）层单层厚度 Mb≥1.0 m，渗透系数 $K≤10^{-7}$ cm/s，且分布连续、稳定
中	岩（土）层单层厚度 0.5 m≤Mb<1.0 m，渗透系数 $K≤10^{-7}$ cm/s，且分布连续、稳定 岩（土）层单层厚度 Mb≥1.0 m，渗透系数 10^{-7} cm/s<$K≤10^{-4}$ cm/s，且分布连续、稳定
弱	岩（土）层不满足上述“强”和“中”条件

注：表中“岩（土）层”是指建设项目场地地下基础之下第一岩（土）层；包气带岩（土）的渗透系数是指包气带岩土饱水时的垂向渗透系数。

（3）含水层易污染特征

建设项目场地的含水层易污染特征分为易、中、不易三级，分级原则见表 5-3。

表 5-3　含水层易污染特征分级

分级	项目场地所处位置与含水层易污染特征
易	潜水含水层且包气带岩性（如粗砂、砾石等）渗透性强的地区；地下水与地表水联系密切地区；不利于地下水中污染物稀释、自净的地区
中	多含水层系统且层间水力联系较密切的地区
不易	以上情形之外的其他地区

（4）地下水环境敏感程度

建设项目场地的地下水环境敏感程度可分为敏感、较敏感、不敏感三级，分级原则见表 5-4。

表 5-4　地下水环境敏感程度分级

分级	项目场地的地下水环境敏感特征
敏感	集中式饮用水水源地（包括已建成的在用、备用、应急水源地，在建和规划的水源地）准保护区；除集中式饮用水水源地以外的国家或地方政府设定的与地下水环境相关的其他保护区，如热水、矿泉水、温泉等特殊地下水资源保护区
较敏感	集中式饮用水水源地（包括已建成的在用、备用、应急水源地，在建和规划的水源地）准保护区以外的补给径流区；特殊地下水资源（如矿泉水、温泉等）保护区以外的分布区以及分散式居民饮用水水源等其他未列入上述敏感分级的环境敏感区[a]
不敏感	上述地区之外的其他地区

注：如建设项目场地的含水层（含水系统）处于补给区与径流区或径流区与排泄区的边界时，则敏感程度上调一级。

a “环境敏感区”是指《建设项目环境影响评价分类管理名录》中所界定的涉及地下水的环境敏感区。

（5）污水排放强度

建设项目污水排放强度可分为大、中、小三级，分级标准见表 5-5。

表 5-5　污水排放量分级

分　级	污水排放总量/（m^3/d）
大	≥10 000
中	1 000～10 000
小	≤1 000

（6）污水水质复杂程度

根据建设项目所排污水中污染物类型和需预测的污水水质指标数量，将污水水质分为复杂、中等、简单三级，分级原则见表 5-6。当根据污水中污染物类型所确定的污水水质复杂程度和根据污水水质指标数量所确定的污水水质复杂程度不一致时，取高级别的污水水质复杂程度级别。

表 5-6　污水水质复杂程度分级

<table>
<tr><th>分级</th><th>污染物类型</th><th>污水水质指标/个</th></tr>
<tr><td>复杂</td><td>污染物类型数≥2</td><td>需预测的水质指标≥6</td></tr>
<tr><td rowspan="2">中等</td><td>污染物类型数≥2</td><td>需预测的水质指标<6</td></tr>
<tr><td>污染物类型数=1</td><td>需预测的水质指标≥6</td></tr>
<tr><td>简单</td><td>污染物类型数=1</td><td>需预测的水质指标<6</td></tr>
</table>

2．评价工作等级

Ⅰ类建设项目地下水环境影响评价工作等级的划分见表 5-7。

对于利用废弃盐岩矿井洞穴或人工专制盐岩洞穴、废弃矿井巷道加水幕系统、人工硬岩洞库加水幕系统、地质条件较好的含水层储油、枯竭的油气层储油等形式的地下储油库，危险废物填埋场应进行一级评价，不按表 5-7 划分评价工作等级。

表 5-7　Ⅰ类建设项目评价工作等级分级

<table>
<tr><th>评价级别</th><th>包气带防污性能</th><th>含水层易污染特征</th><th>地下水环境敏感程度</th><th>污水排放量</th><th>水质复杂程度</th></tr>
<tr><td rowspan="11">一级</td><td>弱—强</td><td>易—不易</td><td>敏感</td><td>大—小</td><td>复杂—简单</td></tr>
<tr><td rowspan="10">弱</td><td rowspan="4">易</td><td>较敏感</td><td>大—小</td><td>复杂—简单</td></tr>
<tr><td rowspan="3">不敏感</td><td>大</td><td>复杂—简单</td></tr>
<tr><td>中</td><td>复杂—中等</td></tr>
<tr><td>小</td><td>复杂</td></tr>
<tr><td rowspan="4">中</td><td rowspan="2">较敏感</td><td>大—中</td><td>复杂—简单</td></tr>
<tr><td>小</td><td>复杂—中等</td></tr>
<tr><td rowspan="2">不敏感</td><td colspan="2">大</td></tr>
<tr><td>中</td><td>复杂</td></tr>
<tr><td rowspan="2">不易</td><td rowspan="2">较敏感</td><td>大</td><td>复杂—中等</td></tr>
<tr><td>中</td><td>复杂</td></tr>
</table>

评价级别	包气带防污性能	含水层易污染特征	地下水环境敏感程度	污水排放量	水质复杂程度
一级	中	易	较敏感	大	复杂—简单
				中	复杂—中等
				小	复杂
			不敏感	大	复杂
		中	较敏感	大	复杂—中等
				中	复杂
	强	易	较敏感	大	复杂
二级	除了一级和三级以外的其他组合				
三级	弱	不易	不敏感	中	简单
				小	中等—简单
	中	易	不敏感	小	简单
		中	不敏感	中	简单
				小	中等—简单
		不易	较敏感	中	简单
				小	中等—简单
			不敏感	大	中等—简单
				中—小	复杂—简单
	强	易	较敏感	小	简单
			不敏感	大	简单
				中	中等—简单
				小	复杂—简单
		中	较敏感	中	简单
				小	中等—简单
			不敏感	大	中等—简单
				中—小	复杂—简单
		不易	较敏感	大	中等—简单
				中—小	复杂—简单
			不敏感	大—小	复杂—简单

（三）Ⅱ类建设项目工作等级划分

1. 划分依据

（1）Ⅱ类建设项目地下水环境影响评价工作等级的划分，应根据建设项目场地的地下水供水（或排水、注水）规模、引起的地下水水位变化范围、地下水环境敏感程度以及可能造成的环境水文地质问题的大小等条件确定。

（2）供水、排水（或注水）规模

建设项目地下水供水、排水（或注水）规模按水量的多少可分为大、中、小三级，分级标准见表 5-8。

表 5-8 地下水供水（或排水、注水）规模分级

分级	供水、排水（或注水）量/（万 m^3/d）
大	≥1.0
中	0.2～1.0
小	≤0.2

（3）地下水水位变化区域范围

建设项目引起的地下水水位变化区域范围可用影响半径来表示，分为大、中、小三级，分级标准见表 5-9。影响半径的确定方法可参见导则附录 C。

表 5-9 地下水水位变化区域范围分级

分级	地下水水位变化影响半径/km
大	≥1.5
中	0.5～1.5
小	≤0.5

（4）地下水环境敏感程度

建设项目场地的地下水环境敏感程度可分为敏感、较敏感、不敏感三级，分级原则见表 5-10。

表 5-10 地下水环境敏感程度分级

分级	项目场地的地下水环境敏感程度
敏感	集中式饮用水水源地（包括已建成的在用、备用、应急水源地，在建和规划的水源地）准保护区；除集中式饮用水水源地以外的国家或地方政府设定的与地下水环境相关的其他保护区，如热水、矿泉水、温泉等特殊地下水资源保护区；生态脆弱区重点保护区域；地质灾害易发区[a]；重要湿地、水土流失重点防治区、沙化土地封禁保护区等
较敏感	集中式饮用水水源地（包括已建成的在用、备用、应急水源地，在建和规划的水源地）准保护区以外的补给径流区；特殊地下水资源（如矿泉水、温泉等）保护区以外的分布区以及分散式居民饮用水水源等其他未列入上述敏感分级的环境敏感区[b]
不敏感	上述地区之外的其他地区

注：如建设项目场地的含水层（含水系统）处于补给区与径流区或径流区与排泄区的边界时，则敏感程度上调一级。

a “地质灾害”是指因水文地质条件变化发生的地面沉降、岩溶塌陷等。

b “环境敏感区”是指《建设项目环境影响评价分类管理名录》中所界定的涉及地下水的环境敏感区。

（5）环境水文地质问题

建设项目造成的环境水文地质问题包括：区域地下水水位下降产生的土地次生荒漠化、地面沉降、地裂缝、岩溶塌陷、海水入侵、湿地退化等，以及灌溉导致局部地下水位上升产生的土壤次生盐渍化、次生沼泽化等，按其影响程度大小可分为强、中等、弱三级，分级原则见表 5-11。

表 5-11　环境水文地质问题分级

分级	可能造成的环境水文地质问题
强	产生地面沉降、地裂缝、岩溶塌陷、海水入侵、湿地退化、土地荒漠化等环境水文地质问题，含水层疏干现象明显，产生土壤盐渍化、沼泽化
中等	出现土壤盐渍化、沼泽化迹象
弱	无上述环境水文地质问题

2．评价工作等级

Ⅱ类建设项目地下水环境影响评价工作等级的划分见表 5-12。

表 5-12　Ⅱ类建设项目评价工作等级分级

<table>
<tr><th>评价等级</th><th>供水（或排水、注水）规模</th><th>地下水水位变化区域范围</th><th>地下水环境敏感程度</th><th>环境水文地质问题大小</th></tr>
<tr><td rowspan="8">一级</td><td>小—大</td><td>小—大</td><td>敏感</td><td>弱—强</td></tr>
<tr><td rowspan="2">中等</td><td>中等</td><td>较敏感</td><td>强</td></tr>
<tr><td>大</td><td>较敏感</td><td>中等—强</td></tr>
<tr><td rowspan="4">大</td><td rowspan="2">大</td><td>较敏感</td><td>弱—强</td></tr>
<tr><td>不敏感</td><td>强</td></tr>
<tr><td>中</td><td>较敏感</td><td>中等—强</td></tr>
<tr><td>小</td><td>较敏感</td><td>强</td></tr>
<tr><td colspan="4">除了一级和三级以外的其他组合</td></tr>
<tr><td>三级</td><td>小—中</td><td>小—中</td><td>较敏感—不敏感</td><td>弱—中</td></tr>
</table>

（四）地下水环境影响评价技术要求

1．一级评价要求

通过搜集资料和环境现状调查，了解区域内多年的地下水动态变化规律，详细掌握建设项目场地的环境水文地质条件（给出的环境水文地质资料的调查精度应大于或等于 1/10 000）及评价区域的环境水文地质条件（给出的环境水文地质资料的调查精度应大于或等于 1/50 000）、污染源状况、地下水开采利用现状与规划，查明各含水层之间以及与地表水之间的水力联系，同时掌握评价区评价期内至少一个连续水文年的枯、平、丰水期的地下水动态变化特征；根据建设项目污染源特点及具体的环境水文地质条件有针对性地开展勘察试验，进行地下水环境现状评价；对地下水水质、水量采用数值法进行影响预测和评价，对环境水文地质问题进行定量或半定量的预测和评价，提出切实可行的环境保护措施。

2．二级评价要求

通过搜集资料和环境现状调查，了解区域内多年的地下水动态变化规律，基本掌握建设项目场地的环境水文地质条件（给出的环境水文地质资料的调查精度应大于或等于 1/50 000）及评价区域的环境水文地质条件、污染源状况、项目所在区域的地下水开采利用现状与规划，查明各含水层之间以及与地表水之间的水力联系，同时掌握评价区至少一个连续水文年的枯、丰水期的地下水动态变化特征；结合建设项目污染源特点及具体的环境水文地质条件有针对性地补充必要的勘察试验，进行地下水环境现状评价；对地下水水质、水量采用数值法或解析法进行影响预测和评价，对环境水文地质问题进行半定量或定性的分析和评价，提出切实可行的环境保护措施。

3．三级评价要求

通过搜集现有资料，说明地下水分布情况，了解当地的主要环境水文地质条件、污染源状况、项目所在区域的地下水开采利用现状与规划；了解建设项目环境影响评价区的环境水文地质条件，进行地下水环境现状评价；结合建设项目污染源特点及具体的环境水文地质条件有针对性地进行现状监测，通过回归分析、趋势外推、时序分析或类比预测分析等方法进行地下水影响分析与评价；提出切实可行的环境保护措施。

五、地下水环境现状调查与评价

（一）调查与评价原则

（1）地下水环境现状调查与评价工作应遵循资料搜集与现场调查相结合、项目所在场地调查与类比考察相结合、现状监测与长期动态资料分析相结合的原则。

（2）地下水环境现状调查与评价工作的深度应满足相应的工作级别要求。当现有资料不能满足要求时，应组织现场监测及环境水文地质勘察与试验。对一级评价，还可选用不同历史时期地形图以及航空、卫星图片进行遥感图像解译，配合地面现状调查与评价。

（3）对于地面工程建设项目应监测潜水含水层以及与其有水力联系的含水层，兼顾地表水体，对于地下工程建设项目应监测受其影响的相关含水层。对于改、扩建 I 类建设项目，必要时监测范围还应扩展到包气带。

（二）调查与评价范围

1. 基本要求

地下水环境现状调查与评价的范围以能说明地下水环境的基本状况为原则，并应满足环境影响预测和评价的要求。

2. Ⅰ类建设项目

Ⅰ类建设项目地下水环境现状调查与评价的范围可参考表 5-13 确定。此调查评价范围应包括与建设项目相关的环境保护目标和敏感区域，必要时还应扩展至完整的水文地质单元。

表 5-13 Ⅰ类建设项目地下水环境现状调查评价范围

评价等级	调查评价范围/km²	备注
一级	≥50	环境水文地质条件复杂、含水层渗透性能较强的地区（如砂卵砾石含水层、岩溶含水系统等），调查评价范围可取较大值，否则可取较小值
二级	20～50	
三级	≤20	

当Ⅰ类建设项目位于基岩地区时，一级评价以同一地下水文地质单元为调查评价范围，二级评价原则上以同一地下水水文地质单元或地下水块段为调查评价范围，三级评价以能说明地下水环境的基本情况，并满足环境影响预测和分析的要求为原则确定调查评价范围。

3. Ⅱ类建设项目

Ⅱ类建设项目地下水环境现状调查与评价的范围应包括建设项目建设、生产运行和服务期满后三个阶段的地下水水位变化的影响区域，其中应特别关注相关的环境保护目标和敏感区域，必要时应扩展至完整的水文地质单元，以及可能与建设项目所在的水文地质单元存在直接补排关系的区域。

4. Ⅲ类建设项目

Ⅲ类建设项目地下水环境现状调查与评价的范围应同时包括 2 和 3 所确定的范围。

（三）调查内容与要求

1. 水文地质条件调查

水文地质条件调查的主要内容包括：

（1）气象、水文、土壤和植被状况。

（2）地层岩性、地质构造、地貌特征与矿产资源。

（3）包气带岩性、结构、厚度。

（4）含水层的岩性组成、厚度、渗透系数和富水程度；隔水层的岩性组成、厚度、渗透系数。

（5）地下水类型、地下水补给、径流和排泄条件。

（6）地下水水位、水质、水量、水温。

（7）泉的成因类型，出露位置、形成条件及泉水流量、水质、水温，开发利用情况。

（8）集中供水水源地和水源井的分布情况（包括开采层的成井的密度、水井结构、深度以及开采历史）。

（9）地下水现状监测井的深度、结构以及成井历史、使用功能。

（10）地下水背景值（或地下水污染对照值）。

2. 水文地质问题调查

环境水文地质问题调查的主要内容包括：

（1）水文地质问题：包括天然劣质水分布状况，以及由此引发的地方性疾病等环境问题。

（2）地下水开采过程中水质、水量、水位的变化情况，以及引起的环境水文地质问题。

（3）与地下水有关的其他人类活动情况调查，如保护区划分情况等。

3. 地下水污染源调查

（1）调查原则

对已有污染源调查资料的地区，一般可通过搜集现有资料解决。对于没有污染源调查资料，或已有部分调查资料，尚需补充调查的地区，可与环境水文地质问题调查同步进行。对调查区内的工业污染源，应按原国家环保总局《工业污染源调查技术要求及其建档技术规定》的要求进行调查。对分散在评价区的非工业污染源，可根据污染源的特点，参照上述规定进行调查。

（2）调查对象

地下水污染源主要包括工业污染源、生活污染源、农业污染源。

调查重点主要包括废水排放口、渗坑、渗井、污水池、排污渠、污灌区、已被污染的河流、湖泊、水库和固体废物堆放（填埋）场等。

（3）不同类型污染源调查要点

① 对工业或生活废（污）水污染源中的排放口，应测定其位置，了解和调查其排放量及渗漏量、排放方式（如连续或瞬时排放）、排放途径和去向、主要污染物及其浓度、废水的处理和综合利用状况等。

② 对排污渠和已被污染的小型河流、水库等，除按地表水监测的有关规定进行流量、水质等调查外，还应选择有代表性的渠（河）段进行渗漏量和影响范围调查。

③ 对污水池和污水库应调查其结构和功能，测定其蓄水面积与容积，了解池

（库）底的物质组成或地层岩性以及与地下水的补排关系，进水来源、出水去向和用途、进出水量和水质及其动态变化情况，池（库）内水位标高与其周围地下水的水位差，坝堤、坝基和池（库）底的防渗设施和渗漏情况，以及渗漏水对周边地下水质的污染影响。

④ 对农业污染源，重点应调查和了解施用农药、化肥情况。对于污灌区，重点应调查和了解污灌区的土壤类型、污灌面积、污灌水源、水质、污灌量、灌溉制度与方式及施用农药、化肥情况。必要时可补做渗水试验，以便了解单位面积渗水量。

⑤ 对工业固体废物堆放（填埋）场，应测定其位置、堆积面积、堆积高度、堆积量等，并了解其底部、侧部渗透性能及防渗情况，同时采取有代表性的样品进行浸溶试验、土柱淋滤试验，了解废物的有害成分、可浸出量、雨后淋滤水中污染物种类、浓度和入渗情况。

⑥ 对生活污染源中的生活垃圾、粪便等，应调查了解其物质组成及排放、储存、处理利用状况。

⑦ 对改、扩建Ⅰ类建设项目，还应对建设项目场地所在区域可能污染的部位（如物料装卸区、储存区、事故池等）开展包气带污染调查，包气带污染调查取样深度一般在地面以下 25～80 cm 即可。但是，当调查点所在位置一定深度之下有埋藏的排污系统或储藏污染物的容器时，取样深度应至少达到排污系统或储藏污染物的容器底部以下。

（4）调查因子

地下水污染源调查因子应根据拟建项目的污染特征选定。

4．地下水环境现状监测

地下水环境现状监测主要通过对地下水水位、水质的动态监测，了解和查明地下水水流与地下水化学组分的空间分布现状和发展趋势，为地下水环境现状评价和环境影响预测提供基础资料。

对于Ⅰ类建设项目应同时监测地下水水位、水质。对于Ⅱ类建设项目应监测地下水水位，涉及可能造成土壤盐渍化的Ⅱ类建设项目，也应监测相应的地下水水质指标。

（1）监测井点布设原则

地下水环境现状监测井点采用控制性布点与功能性布点相结合的布设原则。监测井点应主要布设在建设项目场地、周围环境敏感点、地下水污染源、主要现状环境水文地质问题以及对于确定边界条件有控制意义的地点。对于Ⅰ类和Ⅲ类改、扩建项目，当现有监测井不能满足监测位置和监测深度要求时，应布设新的地下水现状监测井。

监测井点的层位应以潜水和可能受建设项目影响的有开发利用价值的含水层为主。潜水监测井不得穿透潜水隔水底板，承压水监测井中的目的层与其他含水层之间应止水良好。

一般情况下，地下水水位监测点数应大于相应评价级别地下水水质监测点数的2倍以上。

地下水水质监测点布设的具体要求：

① 一级评价项目目的含水层的水质监测点应不少于7个点/层。评价区面积大于100 km^2时，每增加15 km^2水质监测点应至少增加1个点/层。一般要求建设项目场地上游和两侧的地下水水质监测点各不得少于1个点/层，建设项目场地及其下游影响区的地下水水质监测点不得少于3个点/层。

② 二级评价项目目的含水层的水质监测点应不少于5个点/层。评价区面积大于100 km^2时，每增加20 km^2水质监测点应至少增加1个点/层。一般要求建设项目场地上游和两侧的地下水水质监测点各不得少于1个点/层，建设项目场地及其下游影响区的地下水水质监测点不得少于2个点/层。

③ 三级评价项目目的含水层的水质监测点应不少于3个点/层。一般要求建设项目场地上游水质监测点不得少于1个点/层，建设项目场地及其下游影响区的地下水水质监测点不得少于2个点/层。

（2）监测点取样深度确定

评价级别为一级的Ⅰ类和Ⅲ类建设项目，对地下水监测井（孔）点应进行定深水质取样，具体要求：

① 地下水监测井中水深小于20 m时，取2个水质样品，取样点深度应分别在井水位以下1.0 m之内和井水位以下井水深度约3/4处。

② 地下水监测井中水深大于20 m时，取3个水质样品，取样点深度应分别在井水位以下1.0 m之内、井水位以下井水深度约1/2处和井水位以下井水深度约3/4处。

③ 评价级别为二级、三级的Ⅰ类和Ⅲ类建设项目和所有评价级别的Ⅱ类建设项目，只取1个水质样品，取样点深度应在井水位以下1.0 m之内。

（3）监测项目选择

地下水水质现状监测项目的选择，应根据建设项目行业污水特点、评价等级、存在或可能引发的环境水文地质问题而确定。即评价等级较高，环境水文地质条件复杂的地区可适当多取，反之可适当减少。

（4）监测频率要求

评价等级为一级的建设项目，应在评价期内至少分别对一个连续水文年的枯、平、丰水期的地下水水位、水质各监测一次。

评价等级为二级的建设项目，对于新建项目，若有近3年内至少一个连续水文年的枯、丰水期监测资料，应在评价期内至少进行一次地下水水位、水质监测。对于改、扩建项目，若掌握现有工程建成后近3年内至少一个连续水文年的枯、丰水期观测资料，也应在评价期内至少进行一次地下水水位、水质监测。若已有的监测资料不能满足本条要求，应在评价期内分别对一个连续水文年的枯、丰水期的地下水水位、水质各监测一次。

评价等级为三级的建设项目，应至少在评价期内监测一次地下水水位、水质，并尽可能在枯水期进行。

（5）水质样品采集与现场测定

地下水水质样品应采用自动式采样泵或人工活塞闭合式与敞口式定深采样器进行采集。

样品采集前，应先测量井孔地下水水位（或地下水水位埋藏深度）并做好记录，然后采用潜水泵或离心泵对采样井（孔）进行全井孔清洗，抽汲的水量不得小于 3 倍的井筒水（量）体积。

地下水水质样品的管理、分析化验和质量控制按 HJ/T 164 执行。pH、溶解氧（DO）、水温等不稳定项目应在现场测定。

（四）环境现状评价

1. 污染源整理与分析

按评价中所确定的地下水质量标准对污染源进行等标污染负荷比计算；将累计等标污染负荷比大于 70%的污染源（或污染物）定为评价区的主要污染源（或主要污染物）；通过等标污染负荷比分析，列表给出主要污染源和主要污染因子，并附污染源分布图。

等标污染负荷（P_{ij}）计算公式：

$$P_{ij}=\frac{C_{ij}}{C_{0ij}}Q_j \tag{5-1}$$

式中：P_{ij} —— 第 j 个污染源废水中第 i 种污染物等标污染负荷，m^3/a；
C_{ij} —— 第 j 个污染源废水中第 i 种污染物排放的平均质量浓度，mg/L；
C_{0ij} —— 第 j 个污染源废水中第 i 种污染物排放的标准质量浓度，mg/L；
Q_j —— 第 j 个污染源废水的单位时间排放量，m^3/a。

若第 j 个污染源共有 n 种污染物参与评价，则该污染源的总等标污染负荷计算公式：

$$P_j=\sum_{i=1}^{n}P_{ij} \tag{5-2}$$

式中：P_j ——第 j 个污染源的总等标污染负荷，m^3/a。

若评价区共有 m 个污染源中含有第 i 种污染物，则该污染物的总等标污染负荷计算公式：

$$P_i=\sum_{j=1}^{m}P_{ij} \tag{5-3}$$

式中：P_i——第 i 种污染物的总等标污染负荷，m^3/a。

若评价区共有 m 个污染源，n 种污染物，则评价区污染物的总等标污染负荷计算公式：

$$P=\sum_{j=1}^{m}\sum_{i=1}^{n}P_{ij} \tag{5-4}$$

式中：P ——评价区污染物的总等标污染负荷，m^3/a。

等标污染负荷比（K_{ij}）计算公式：

$$K_{ij}=\frac{P_{ij}}{P} \tag{5-5}$$

式中：K_{ij}——第 j 个污染源中第 i 种污染物的等标污染负荷比，量纲为 1；

P_{ij}——第 j 个污染源废水中第 i 种污染物等标污染负荷，m^3/a；

P——评价区污染物的总等标污染负荷，m^3/a。

$$K_j=\sum_{i=1}^{n}K_{ij}=\frac{\sum_{i=1}^{n}P_{ij}}{P} \tag{5-6}$$

式中：K_j——评价区第 j 个污染源的等标污染负荷比，量纲为 1；

P_{ij}——第 j 个污染源废水中第 i 种污染物等标污染负荷，m^3/a；

P——评价区污染物的总等标污染负荷，m^3/a。

$$K_i=\sum_{j=1}^{m}K_{ij}=\frac{\sum_{j=1}^{m}P_{ij}}{P} \tag{5-7}$$

式中：K_i——评价区第 i 种污染物的等标污染负荷比，量纲为 1；

P_{ij}——第 j 个污染源废水中第 i 种污染物等标污染负荷，m^3/a；

P——评价区污染物的总等标污染负荷，m^3/a。

对于改、扩建Ⅰ类和Ⅲ类建设项目，应根据建设项目场地包气带污染调查结果开展包气带水、土壤污染分析，并作为地下水环境影响预测的基础。

2．水质现状评价

根据现状监测结果进行最大值、最小值、均值、标准差、检出率和超标率的分析。

地下水水质现状评价应采用标准指数法进行评价。标准指数>1，表明该水质因子已超过了规定的水质标准，指数值越大，超标越严重。标准指数计算公式分为以下两种情况：

（1）对于评价标准为定值的水质因子，其标准指数计算公式：

$$P_i = \frac{C_i}{C_{si}} \tag{5-8}$$

式中：P_i——第 i 个水质因子的标准指数，量纲为 1；

C_i——第 i 个水质因子的监测质量浓度值，mg/L；

C_{si}——第 i 个水质因子的标准质量浓度值，mg/L。

（2）对于评价标准为区间值的水质因子（如 pH 值），其标准指数计算公式：

$$P_{\mathrm{pH}} = \frac{7.0 - \mathrm{pH}}{7.0 - \mathrm{pH}_{\mathrm{sd}}} \qquad \mathrm{pH} \leqslant 7 \text{ 时} \tag{5-9}$$

$$P_{\mathrm{pH}} = \frac{\mathrm{pH} - 7.0}{\mathrm{pH}_{\mathrm{su}} - 7.0} \qquad \mathrm{pH} > 7 \text{ 时} \tag{5-10}$$

式中：P_{pH}——pH 的标准指数，量纲为 1；

pH——pH 监测值；

$\mathrm{pH}_{\mathrm{su}}$——标准中 pH 的上限值；

$\mathrm{pH}_{\mathrm{sd}}$——标准中 pH 的下限值。

3．环境水文地质问题分析

（1）环境水文地质问题的分析，应根据水文地质条件及环境水文地质调查结果进行。

（2）区域地下水水位降落漏斗状况分析，应叙述地下水水位降落漏斗的面积、漏斗中心水位的下降幅度、下降速度及其与地下水开采量时空分布的关系，单井出水量的变化情况，含水层疏干面积等，阐明地下水降落漏斗的形成、发展过程，为发展趋势预测提供依据。

（3）地面沉降、地裂缝状况分析，应叙述沉降面积、沉降漏斗的沉降量（累计沉降量、年沉降量）等及其与地下水降落漏斗、开采（包括回灌）量时空分布变化的关系，阐明地面沉降的形成、发展过程及危害程度，为发展趋势预测提供依据。

（4）岩溶塌陷状况分析，应叙述与地下水相关的塌陷发生的历史过程、密度、规模、分布及其与人类活动（如采矿、地下水开采等）时空变化的关系，并结合地质构造、岩溶发育等因素，阐明岩溶塌陷发生、发展规律及危害程度。

（5）土壤盐渍化、沼泽化、湿地退化、土地荒漠化分析，应叙述与土壤盐渍化、沼泽化、湿地退化、土地荒漠化发生相关的地下水位、土壤蒸发量、土壤盐分的动态分布及其与人类活动（如地下水回灌过量、地下水过量开采）时空变化的关系，并结合包气带岩性、结构特征等因素，阐明土壤盐渍化、沼泽化、湿地退化、土地荒漠化发生、发展规律及危害程度。

六、地下水环境影响预测

（一）预测原则

（1）建设项目地下水环境影响预测应遵循 HJ 2.1 中确定的原则进行。考虑到地下水环境污染的隐蔽性和难恢复性，还应遵循环境安全性原则，预测应为评价各方案的环境安全和环境保护措施的合理性提供依据。

（2）预测的范围、时段、内容和方法均应根据评价工作等级、工程特征与环境特征，结合当地环境功能和环保要求确定，应以拟建项目对地下水水质、水位、水量动态变化的影响及由此而产生的主要环境水文地质问题为重点。

（3）Ⅰ类建设项目，对工程可行性研究和评价中提出的不同选址（选线）方案、或多个排污方案等所引起的地下水环境质量变化应分别进行预测，同时给出污染物正常排放和事故排放两种工况的预测结果。

（4）Ⅱ类建设项目，应遵循保护地下水资源与环境的原则，对工程可行性研究中提出的不同选址方案、或不同开采方案等所引起的水位变化及其影响范围应分别进行预测。

（5）Ⅲ类建设项目，应同时满足（3）和（4）的要求。

（二）预测范围

地下水环境影响预测的范围可与现状调查范围相同，但应包括保护目标和环境影响的敏感区域，必要时扩展至完整的水文地质单元，以及可能与建设项目所在的水文地质单元存在直接补排关系的区域。

预测重点应包括：

（1）已有、拟建和规划的地下水供水水源区。

（2）主要污水排放口和固体废物堆放处的地下水下游区域。

（3）地下水环境影响的敏感区域（如重要湿地、与地下水相关的自然保护区和地质遗迹等）。

（4）可能出现环境水文地质问题的主要区域。

（5）其他需要重点保护的区域。

（三）预测时段

地下水环境影响预测时段应包括建设项目建设、生产运行和服务期满后三个阶段。

（四）预测因子

1. Ⅰ类建设项目

Ⅰ类建设项目预测因子应选取与拟建项目排放的污染物有关的特征因子，选取重点应包括：

（1）改、扩建项目已经排放的以及将要排放的主要污染物。

（2）难降解、易生物蓄积、长期接触对人体和生物产生危害作用的污染物，持久性有机污染物。

（3）国家或地方要求控制的污染物。

（4）反映地下水循环特征和水质成因类型的常规项目或超标项目。

2. Ⅱ类建设项目

Ⅱ类建设项目预测因子应选取水位及与水位变化所引发的环境水文地质问题相关的因子。

3. Ⅲ类建设项目

Ⅲ类建设项目，应同时满足1和2的要求。

（五）预测方法

建设项目地下水环境影响预测方法包括数学模型法和类比预测法。其中，数学模型法包括数值法、解析法、均衡法、回归分析、趋势外推、时序分析等方法。常用的地下水预测模型参见导则附录F。

一级评价应采用数值法；二级评价中水文地质条件复杂时应采用数值法，水文地质条件简单时可采用解析法；三级评价可采用回归分析、趋势外推、时序分析或类比预测法。

采用数值法或解析法预测时，应先进行参数识别和模型验证。

采用解析模型预测污染物在含水层中的扩散时，一般应满足以下条件：

（1）污染物的排放对地下水流场没有明显的影响。

（2）预测区内含水层的基本参数（如渗透系数、有效孔隙度等）不变或变化很小。

采用类比预测分析法时，应给出具体的类比条件。类比分析对象与拟预测对象之间应满足以下要求：

（1）二者的环境水文地质条件、水动力场条件相似。

（2）二者的工程特征及对地下水环境的影响具有相似性。

（六）预测模型概化

1．水文地质条件概化

应根据评价等级选用的预测方法，结合含水介质结构特征，地下水补、径、排条件，边界条件及参数类型来进行水文地质条件概化。

2．污染源概化

污染源概化包括排放形式与排放规律的概化。根据污染源的具体情况，排放形式可以概化为点源或面源；排放规律可以简化为连续恒定排放或非连续恒定排放。

3．水文地质参数值确定

对于一级评价建设项目，地下水水量（水位）、水质预测所需用的含水层渗透系数、释水系数、给水度和弥散度等参数值应通过现场试验获取；对于二、三级评价建设项目，水文地质参数可从评价区以往环境水文地质勘察成果资料中选定，或依据相邻地区和类比区最新的勘察成果资料确定。

七、地下水环境影响评价

（一）评价原则

（1）评价应以地下水环境现状调查和地下水环境影响预测结果为依据，对建设项目不同选址（选线）方案、各实施阶段（建设、生产运行和服务期满后）不同排污方案及不同防渗措施下的地下水环境影响进行评价，并通过评价结果的对比，推荐地下水环境影响最小的方案。

（2）地下水环境影响评价采用的预测值未包括环境质量现状值时，应叠加环境质量现状值后再进行评价。

（3）Ⅰ类建设项目应重点评价建设项目污染源对地下水环境保护目标（包括已建成的在用、备用、应急水源地，在建和规划的水源地、生态环境脆弱区域和其他地下水环境敏感区域）的影响。评价因子同影响预测因子。

（4）Ⅱ类建设项目应重点依据地下水流场变化，评价地下水水位（水头）降低或升高诱发的环境水文地质问题的影响程度和范围。

（二）评价范围

地下水环境影响评价范围与环境影响预测范围相同。

（三）评价方法

Ⅰ类建设项目的地下水水质影响评价，可采用标准指数法进行评价。

Ⅱ类建设项目评价其导致的环境水文地质问题时，可采用预测水位与现状调查水位相比较的方法进行评价，具体方法如下：

（1）地下水位降落漏斗：对水位不能恢复、持续下降的疏干漏斗，采用中心水位降和水位下降速率进行评价。

（2）土壤盐渍化、沼泽化、湿地退化、土地荒漠化、地面沉降、地裂缝、岩溶塌陷：根据地下水水位变化速率、变化幅度、水质及岩性等分析其发展的趋势。

（四）评价要求

1. Ⅰ类建设项目

评价Ⅰ类建设项目对地下水水质影响时，可采用以下判据评价水质能否满足地下水环境质量标准要求。

以下情况应得出可以满足地下水环境质量标准要求的结论：

（1）建设项目在各个不同生产阶段、除污染源附近小范围以外地区，均能达到地下水环境质量标准要求。

（2）在建设项目实施的某个阶段，有个别水质因子在较大范围内出现超标，但采取环保措施后，可满足地下水环境质量标准要求。

以下情况应做出不能满足地下水环境质量标准要求的结论：

（1）新建项目将要排放的主要污染物，改、扩建项目已经排放的以及将要排放的主要污染物，在采取防治措施后，仍造成评价范围内的地下水环境质量超标。

（2）污染防治措施在技术上不可行，或在经济上明显不合理。

2. Ⅱ类建设项目

评价Ⅱ类建设项目对地下水流场或地下水水位（水头）影响时，应依据地下水资源补采平衡的原则，评价地下水开发利用的合理性及可能出现的环境水文地质问题的类型、性质及其影响的范围、特征和程度等。

3. Ⅲ类建设项目

Ⅲ类建设项目的环境影响分析应按照1和2进行。

八、地下水环境保护措施与对策

（一）基本要求

（1）地下水保护措施与对策应符合《中华人民共和国水污染防治法》的相关规定，按照“源头控制、分区防治、污染监控、应急响应”、突出饮用水安全的原则确定。

（2）环保对策措施建议应根据Ⅰ类、Ⅱ类和Ⅲ类建设项目各自的特点以及建设项目所在区域环境现状、环境影响预测与评价结果，在评价工程可行性研究中提出的污染防治对策有效性的基础上，提出需要增加或完善的地下水环境保护措施和对策。

（3）改、扩建项目还应针对现有的环境水文地质问题、地下水水质污染问题，提出“以新带老”的对策和措施。

（4） 给出各项地下水环境保护措施与对策的实施效果，列表明确各项具体措施的投资估算，并分析其技术、经济可行性。

（二）建设项目污染防治对策

1．Ⅰ类建设项目污染防治对策

Ⅰ类建设项目场地污染防治对策应从以下方面考虑：

（1）源头控制措施。主要包括提出实施清洁生产及各类废物循环利用的具体方案，减少污染物的排放量；提出工艺、管道、设备、污水储存及处理构筑物应采取的控制措施，防止污染物的跑、冒、滴、漏，将污染物泄漏的环境风险事故降到最低限度。

（2）分区防治措施。结合建设项目各生产设备、管廊或管线、贮存与运输装置、污染物贮存与处理装置、事故应急装置等的布局，根据可能进入地下水环境的各种有毒有害原辅材料、中间物料和产品的泄漏（含跑、冒、滴、漏）量及其他各类污染物的性质、产生量和排放量，划分污染防治区，提出不同区域的地面防渗方案，给出具体的防渗材料及防渗标准要求，建立防渗设施的检漏系统。

（3）地下水污染监控。建立场地区地下水环境监控体系，包括建立地下水污染监控制度和环境管理体系、制订监测计划、配备先进的检测仪器和设备，以便及时发现问题，及时采取措施。

地下水监测计划应包括监测孔位置、孔深、监测井结构、监测层位、监测项目、监测频率等。

（4）风险事故应急响应。制定地下水风险事故应急响应预案，明确风险事故状态下应采取的封闭、截流等措施，提出防止受污染的地下水扩散和对受污染的地下水进行治理的具体方案。

2．Ⅱ类建设项目地下水保护与环境水文地质问题减缓措施

（1）以均衡开采为原则，提出防止地下水资源超量开采的具体措施，以及控制资源开采过程中由于地下水水位变化诱发的湿地退化、地面沉降、岩溶塌陷、地面裂缝等环境水文地质问题产生的具体措施。

（2）建立地下水动态监测系统，并根据项目建设所诱发的环境水文地质问题制订相应的监测方案。

（3）针对建设项目可能引发的其他环境水文地质问题提出应对预案。

（三）环境管理对策

提出合理、可行、操作性强的防治地下水污染的环境管理体系，包括环境监测

方案和向环境保护行政主管部门报告等制度。

环境监测方案应包括：

（1）对建设项目的主要污染源、影响区域、主要保护目标和与环保措施运行效果有关的内容提出具体的监测计划。一般应包括：监测井点布置和取样深度、监测的水质项目和监测频率等。

（2）根据环境管理对监测工作的需要，提出有关环境监测机构和人员装备的建议。

向环境保护行政主管部门报告的制度应包括：

（1）报告的方式、程序及频次等，特别应提出污染事故的报告要求。

（2）报告的内容一般应包括：所在场地及其影响区地下水环境监测数据，排放污染物的种类、数量、浓度，以及排放设施、治理措施运行状况和运行效果等。

第二节　《地下水质量标准》

一、主题内容与适用范围

1．主要内容

地下水质量标准规定了地下水的质量分类，地下水质量监测、评价方法和地下水质量保护。

2．适用范围

本标准适用于一般地下水，不适用于地下热水、矿水、盐卤水。

二、地下水质量分类及质量分类指标

1．质量分类

依据我国地下水水质现状、人体健康基准值及地下水质量保护目标，并参照生活饮用水、工业、农业用水水质最高要求，将地下水质量划分为五类。

Ⅰ类	主要反映地下水化学组分的天然低背景含量。适用于各种用途
Ⅱ类	主要反映地下水化学组分的天然背景含量。适用于各种用途
Ⅲ类	以人体健康基准值为依据。主要适用于集中式生活饮用水水源及工、农业用水
Ⅳ类	以农业和工业用水要求为依据。除适用于农业和部分工业用水外，适当处理后可做生活饮用水
Ⅴ类	不宜饮用，其他用水可根据使用目的选用

2．质量分类指标

根据地下水各指标含量特征，地下水指标分为五类，它是地下水质量评价的依据。以地下水为水源的各类专门用水，在地下水质量分类管理基础上，可按有关专门用水标准进行管理。

三、地下水水质监测

地下水水质监测要求如下：

（1）各地区应对地下水水质进行定期检测。检测方法按国家标准《生活饮用水标准检验方法》（GB 5750）执行。

（2）各地区地下水监测部门，应在不同质量类别的地下水域设立监测点进行水质监测，监测频率不得少于每年两次（丰、枯水期）。

（3）监测项目为：pH、氨氮、硝酸盐、亚硝酸盐、挥发性酚类、氰化物、砷、汞、铬（六价）、总硬度、铅、氟、镉、铁、锰、溶解性总固体、高锰酸盐指数、硫酸盐、氯化物、大肠菌群以及反映本地区主要水质问题的其他项目。

四、地下水质量评价

地下水质量评价以地下水水质调查分析资料或水质监测资料为基础，评价方法分为单项组分评价和综合评价两种。

1．单项组分评价

采用单项组分评价地下水质量时应遵循的原则：

（1）按本标准所列分类指标划分为五类，代号与类别代号相同。

（2）不同类别标准值相同时，从优不从劣。

（3）使用两次以上的水质分析资料进行评价时，可分别进行地下水质量评价，也可根据具体情况，使用全年平均值和多年平均值或分别使用多年的枯水期、丰水期平均值进行评价。如挥发性酚类Ⅰ、Ⅱ类标准值均为 0.001 mg/L，若水质分析结果为 0.001 mg/L 时，应定为Ⅰ类，不定为Ⅱ类。

单项组分评价方法与地表水单项水质参数评价方法相同。

2．综合评价

地下水质量综合评价，采用加附注的评分法。

五、地下水质量保护

为防止地下水污染和过量开采、人工回灌等引起的地下水质量恶化，保护地下水水源，必须按《中华人民共和国水污染防治法》和《中华人民共和国水法》有关规定执行。

利用污水回灌、污水排放、有害废弃物（城市垃圾、工业废渣、核废料等）的堆放和地下处置，必须经过环境地质可行性论证及环境影响评价，征得环境保护部门批准后方能施行。

第六章　声环境影响评价技术导则与相关声环境标准

第一节　环境影响评价技术导则　声环境

一、概述

《环境影响评价技术导则　声环境》（HJ 2.4—2009）规定了声环境影响评价的一般性原则、方法、内容及要求，适用于建设项目声环境影响评价及规划环境影响评价中的声环境影响评价。主要内容包括：总则、评价工作等级、评价范围和基本要求、声环境现状调查和评价、声环境影响预测与评价、噪声防治对策、规划环境影响评价中声环境评价要求等。在附录中还给出了倍频带声压级合成 A 声级计算公式和推荐的工业企业噪声，公路、城市轨道、铁路交通运输噪声和飞机噪声预测模式。

该导则是对《环境影响评价技术导则　声环境》（HJ/T 2.4—1995）的第一次修订，自 2010 年 4 月 1 日起实施。实施之日起，HJ/T 2.4—1995 废止。

二、声环境影响评价基本任务

声环境影响评价的基本任务主要有三个方面。

1. 评价建设项目引起的声环境变化和外界噪声对需要安静建设项目的影响程度

要评价建设项目建设前后声环境变化情况，就需要做好声环境现状调查监测评价工作和声环境影响预测评价工作。声环境变化影响既要说明该建设项目对外界环境的影响，对于噪声敏感的项目（如居住小区开发项目），还应说明周边环境对敏感建筑物的声环境影响，如周边工业噪声、交通噪声等对其的影响。

2. 提出合理可行的防治措施，把噪声污染降低到允许水平

针对声环境评价结果，提出有针对性的具体噪声防治对策是声环境影响评价工作的重要内容。噪声防治措施应进行可行性论证，做到技术可行、经济合理与达标排放。

3. 为建设项目优化选址、选线、合理布局以及城市规划提供科学依据

要结合当地城镇或地区总体规划开展声环境评价工作，为建设项目优化选址、合理布局以及城市规划提供科学依据。

在声环境影响评价及环保措施论证分析的基础上，从环境保护角度分析建设项目的可行性。

三、声环境影响评价类别和评价时段

1. 评价类别

按评价对象划分，可分为建设项目声源对外环境的环境影响评价和外环境声源对需要安静建设项目的环境影响评价。

按声源种类划分，可分为固定声源和流动声源的环境影响评价。

固定声源的环境影响评价：主要指工业（工矿企业和事业单位）和交通运输（包括航空、铁路、城市轨道交通、公路、水运等）固定声源的环境影响评价。

流动声源的环境影响评价：主要指在城市道路、公路、铁路、城市轨道交通上行驶的车辆以及从事航空和水运等运输工具，在行驶过程中产生的噪声环境影响评价。

2. 评价时段

建设项目声环境影响评价时段可分为施工期、运行期两个时段评价。

建设项目运行期声环境评价时段：

固定声源：将固定声源投产运行后作为环境影响评价时段。

流动声源：将工程预测的代表性时段（一般分为运行近期、中期、远期）分别作为环境影响评价时段。

四、声环境影响评价量

1. 声环境质量评价量

根据《声环境质量标准》（GB 3096），声环境功能区的环境质量评价量为昼间等效声级（L_d）、夜间等效声级（L_n），突发噪声的评价量为最大 A 声级（L_{max}）。

根据《机场周围飞机噪声环境标准》（GB 9660），机场周围区域受飞机通过（起飞、降落、低空飞越）噪声环境影响的评价量为计权等效连续感觉噪声级（L_{WECPN}）。

2. 声源源强表达量

A 声功率级（L_{Aw}），或中心频率为 63 Hz～8 kHz 8 个倍频带的声功率级（L_w）；距离声源 r 处的 A 声级[$L_A(r)$]或中心频率为 63 Hz～8 kHz 8 个倍频带的声压级[$L_P(r)$]；等效感觉噪声级（L_{EPN}）。

3. 厂界、场界、边界噪声评价量

根据《工业企业厂界环境噪声排放标准》（GB 12348）、《建筑施工场界噪限值》（GB 12523），工业企业厂界、建筑施工场界噪声评价量为昼间等效声级（L_d）、夜间等效声级（L_n）、室内噪声倍频带声压级，频发、偶发噪声的评价量为最大 A 声级（L_{max}）。

根据 GB 12525、GB 14227，铁路边界、城市轨道交通车站站台噪声评价量为昼间等效声级（L_d）、夜间等效声级（L_n）。

根据 GB 22337，社会生活噪声源边界噪声评价量为昼间等效声级（L_d）、夜间等效声级（L_n），室内噪声倍频带声压级、非稳态噪声的评价量为最大 A 声级（L_{max}）。

五、声环境影响评价工作程序

声环境影响评价工作程序见图 6-1。

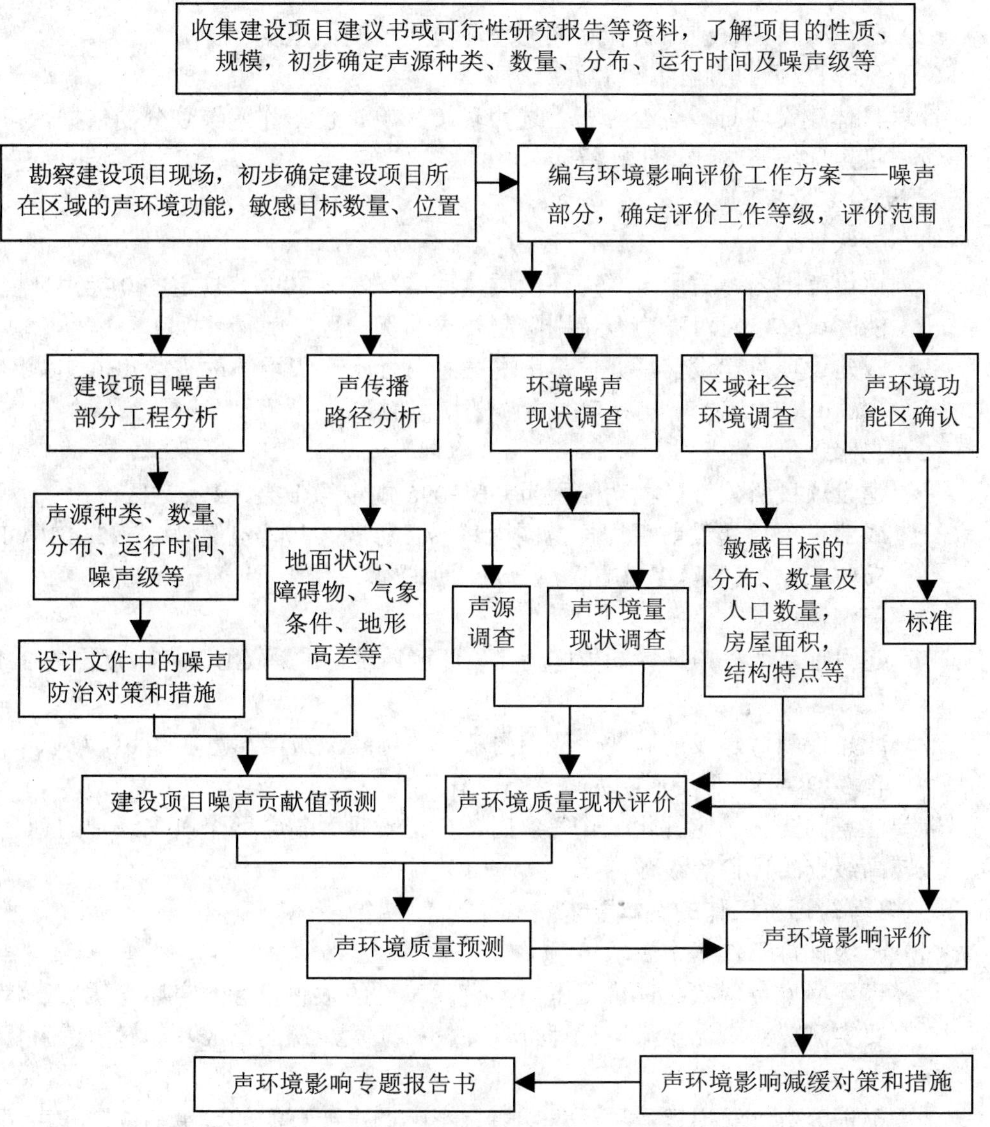

图 6-1　声环境影响评价工作程序

六、声环境影响评价工作等级划分

声环境影响评价工作等级一般分为三级，其中一级为详细评价，二级为一般评价，三级为简要评价。

1. 划分依据

（1）建设项目所在区域的声环境功能区类别。

（2）建设项目建设前后所在区域的声环境质量变化程度。

（3）受建设项目影响的人口数量。

针对具体建设项目，综合分析上述声环境影响评价工作等级划分的依据，可确定建设项目声环境影响评价工作等级。

2. 划分基本原则

（1）一级评价

- 评价范围内有适用于《声环境质量标准》（GB 3096）规定的 0 类声环境功能区域，以及对噪声有特别限制要求的保护区等敏感目标；
- 或建设项目建设前后评价范围内敏感目标噪声级增高量达 5 dB(A)以上[不含 5 dB(A)]或受影响人口数量显著增多时。

（2）二级评价

- 建设项目所处声环境功能区为 GB 3096 规定的 1 类、2 类地区；
- 或建设项目建设前后评价范围内敏感目标噪声级增高量达 3～5 dB(A)[含 5dB(A)]，或受噪声影响人口数量增加较多时。

（3）三级评价

- 建设项目所处声环境功能区为《声环境质量标准》（GB 3096）规定的 3 类、4 类地区；
- 或建设项目建设前后评价范围内敏感目标噪声级增高量在 3 dB(A)以下[不含 3dB(A)]，且受影响人口数量变化不大时。

需要注意的是在确定评价工作等级时，如建设项目符合两个以上级别的划分原则，按较高级别的评价等级评价。

3. 各等级评价工作的基本要求

（1）一级评价工作基本要求

- 声环境质量现状：评价范围内具有代表性的敏感目标的声环境质量现状需要实测。对实测结果进行评价，并分析现状声源的构成及其对敏感目标的影响；
- 工程分析：给出建设项目对环境有影响的主要声源的数量、位置和声源源强，并在标有比例尺的图中标识固定声源的具体位置或流动声源的路线、跑道等位置。在缺少声源源强的相关资料时，应通过类比测量取得，并给出类比测量的条件；

◆ 噪声预测：

① 要覆盖全部敏感目标，给出各敏感目标的预测值。

② 给出厂界（或场界、边界）噪声值。

③ 等声级线：固定声源评价、机场周围飞机噪声评价、流动声源经过城镇建成区和规划区路段的评价应绘制等声级线图，当敏感目标高于（含）三层建筑时，还应绘制垂直方向的等声级线图。

④ 环境影响：给出建设项目建成后不同类别的声环境功能区内受影响的人口分布、噪声超标的范围和程度。给出项目建成后各噪声级范围内受影响的人口分布、噪声超标的范围和程度。

◆ 预测时段：不同代表性时段噪声级可能发生变化的建设项目，应分别预测其不同时段的噪声级；

◆ 方案比选：对工程可行性研究和评价中提出的不同选址（选线）和建设布局方案，应根据不同方案噪声影响人口的数量和噪声影响的程度进行比选，并从声环境保护角度提出最终的推荐方案；

◆ 噪声防治措施：针对建设项目的工程特点和所在区域的环境特征提出噪声防治措施，并进行经济、技术可行性论证，明确防治措施的最终降噪效果和达标分析。

（2）二级评价工作基本要求

◆ 声环境质量现状：评价范围内具有代表性的敏感目标的声环境质量现状以实测为主，可适当利用评价范围内已有的声环境质量监测资料，并对声环境质量现状进行评价；

◆ 工程分析：给出建设项目对环境有影响的主要声源的数量、位置和声源源强，并在标有比例尺的图中标识固定声源的具体位置或流动声源的路线、跑道等位置。在缺少声源源强的相关资料时，应通过类比测量取得，并给出类比测量的条件；

◆ 噪声预测：

① 预测点应覆盖全部敏感目标，给出各敏感目标的预测值。

② 给出厂界（或场界、边界）噪声值。

③ 等声级线：根据评价需要绘制等声级线图。

④ 给出建设项目建成后不同类别的声环境功能区内受影响的人口分布、噪声超标的范围和程度。

◆ 预测时段：不同代表性时段噪声级可能发生变化的建设项目，应分别预测其不同时段的噪声级；

◆ 噪声防治措施：从声环境保护角度对工程可行性研究和评价中提出的不同

选址（选线）和建设布局方案的环境合理性进行分析。针对建设项目的工程特点和所在区域的环境特征提出噪声防治措施，并进行经济、技术可行性论证，给出防治措施的最终降噪效果和达标分析。

（3）三级评价工作基本要求

◆ 重点调查评价范围内主要敏感目标的声环境质量现状，可利用评价范围内已有的声环境质量监测资料，若无现状监测资料时应进行实测，并对声环境质量现状进行评价；

◆ 在工程分析中，给出建设项目对环境有影响的主要声源的数量、位置和声源源强，并在标有比例尺的图中标识固定声源的具体位置或流动声源的路线、跑道等位置。在缺少声源源强的相关资料时，应通过类比测量取得，并给出类比测量的条件；

◆ 噪声预测应给出建设项目建成后各敏感目标的预测值及厂界（或场界、边界）噪声值，分析敏感目标受影响的范围和程度；

◆ 针对建设项目的工程特点和所在区域的环境特征提出噪声防治措施，并进行达标分析。

七、声环境影响评价范围

声环境影响评价范围依据评价工作等级确定。

（1）对于以固定声源为主的建设项目（如工厂、港口、施工工地、铁路站场等）

◆ 满足一级评价的要求，一般以建设项目边界向外 200 m 为评价范围；

◆ 二级、三级评价范围可根据建设项目所在区域和相邻区域的声环境功能区类别及敏感目标等实际情况适当缩小；

◆ 如依据建设项目声源计算得到的贡献值到 200 m 处，仍不能满足相应功能区标准值时，应将评价范围扩大到满足标准值的距离。

（2）城市道路、公路、铁路、城市轨道交通地上线路和水运线路等建设项目

◆ 满足一级评价的要求，一般以道路中心线外两侧 200 m 以内为评价范围；

◆ 二级、三级评价范围可根据建设项目所在区域和相邻区域的声环境功能区类别及敏感目标等实际情况适当缩小；

◆ 如依据建设项目声源计算得到的贡献值到 200 m 处，仍不能满足相应功能区标准值时，应将评价范围扩大到满足标准值的距离。

（3）机场周围飞机噪声评价范围

◆ 应根据飞行量计算到 LWECPN 为 70 dB 的区域；

◆ 满足一级评价的要求，一般以主要航迹离跑道两端各 6～12 km、侧向各 1～2 km 的范围为评价范围；

◆ 二级、三级评价范围可根据建设项目所处区域的声环境功能区类别及敏感

目标等实际情况适当缩小。

八、环境噪声现状调查与测量

1. 现状调查基本内容

（1）影响声波传播的环境要素调查

调查建设项目所在区域的主要气象特征：年平均风速和主导风向、年平均气温、年平均相对湿度等。

收集评价范围内 1：（2 000～50 000）地理地形图，说明评价范围内声源和敏感目标之间的地貌特征、地形高差及影响声波传播的环境要素。

（2）评价范围内现有敏感目标调查

调查评价范围内的敏感目标的名称、规模、人口的分布等情况，并以图、表相结合的方式说明敏感目标与建设项目的关系（如方位、距离、高差等）。

（3）声环境功能区划和声环境质量现状调查

调查评价范围内不同区域的声环境功能区划情况，调查各声环境功能区的声环境质量现状。

（4）现状声源调查

建设项目所在区域的声环境功能区的声环境质量现状超过相应标准要求或噪声值相对较高时，需对区域内主要声源的名称、数量、位置、影响的噪声级等相关情况进行调查。

有厂界（或场界、边界）噪声的改、扩建项目，应说明现有建设项目厂界（或场界、边界）噪声的超标、达标情况及超标原因。

2. 现状调查基本方法

环境现状调查的基本方法是：收集资料法、现场调查法、现场测量法。评价时，应根据评价工作等级的要求确定需采用的具体方法。

为了提高环境现状调查的效果，在调查中可运用照相、录音、录像等直观显示的手段。

3. 现状测量点布置原则

（1）布点范围。布点应覆盖整个评价范围，包括厂界（或场界、边界）和敏感目标。当敏感目标高于（含）三层建筑时，还应选取有代表性的不同楼层设置测点。

（2）评价范围内没有明显的声源（如工业噪声、交通运输噪声、建设施工噪声、社会生活噪声等），且声级较低时，可选择有代表性的区域布设测点。

（3）评价范围内有明显的声源，并对敏感目标的声环境质量有影响，或建设项目为改、扩建工程，应根据声源种类采取不同的监测布点原则。

① 当声源为固定声源时，现状测点应重点布设在可能既受到现有声源影响，又受到建设项目声源影响的敏感目标处，以及有代表性的敏感目标处；为满足预测需

要，也可在距离现有声源不同距离处设衰减测点。

② 当声源为流动声源，且呈现线声源特点时，现状测点位置选取应兼顾敏感目标的分布状况、工程特点及线声源噪声影响随距离衰减的特点，布设在具有代表性的敏感目标处。为满足预测需要，也可选取若干线声源的垂线，在垂线上距声源不同距离处布设监测点。其余敏感目标的现状声级可通过具有代表性的敏感目标噪声的验证和计算求得。

③ 对于改、扩建机场工程，测点一般布设在主要敏感目标处，测点数量可根据机场飞行量及周围敏感目标情况确定，现有单条跑道、二条跑道或三条跑道的机场可分别布设 3～9、9～14 或 12～18 个飞机噪声测点，跑道增多可进一步增加测点。其余敏感目标的现状飞机噪声声级可通过测点飞机噪声声级的验证和计算求得。

九、环境噪声现状评价主要内容

（1）以图、表结合的方式给出评价范围内的声环境功能区及其划分情况，以及现有敏感目标的分布情况。

（2）分析评价范围内现有主要声源种类、数量及相应的噪声级、噪声特性等，明确主要声源分布。

（3）分别评价不同类别的声环境功能区内各敏感目标的超标、达标情况，说明其受到现有主要声源的影响状况。

（4）给出不同类别的声环境功能区噪声超标范围内的人口数及分布情况。

十、噪声预测

1．预测的基础资料

建设项目噪声预测应掌握的基础资料包括建设项目的声源资料和建筑布局、室外声波传播条件、气象参数及有关资料等。

（1）建设项目的声源资料

建设项目的声源资料主要包括：声源种类、数量、空间位置、噪声级、频率特性、发声持续时间和对敏感目标的作用时间段等。

（2）影响声波传播的各种参量

影响声波传播的各类参量应通过资料收集和现场调查取得，各类参量如下：

① 建设项目所处区域的年平均风速和主导风向，年平均气温，年平均相对湿度。

② 声源和预测点间的地形、高差。

③ 声源和预测点间障碍物（如建筑物、围墙等；若声源位于室内，还包括门、窗等）的位置及长、宽、高等数据。

④ 声源和预测点间树林、灌木等的分布情况，地面覆盖情况（如草地、水面、

水泥地面、土质地面等）。

2．噪声源噪声级数据的获得

噪声源噪声级数据包括：声压级（包括倍频带声压级）、A 声级（包括最大 A 声级）、A 声功率级、倍频带声功率级以及有效连续感觉噪声级。

获得噪声源数据有两个途径：类比测量法；引用已有的数据。

对引用已有的数据要注意：

① 引用类似的噪声源噪声级数据，必须是公开发表的、经过专家鉴定并且是按有关标准测量得到的数据。

② 报告书应当指明被引用数据的来源。

3．预测范围和预测点的布置原则

（1）噪声预测范围一般与所确定的噪声评价等级规定的范围相同，也可稍大于评价范围。

（2）建设项目厂界（或场界、边界）和评价范围内的敏感目标应作为预测点。

4．声源简化的条件和方法

在声环境影响评价中，需要根据靠近声源某一位置（参考位置）处的已知声级来计算距声源较远处预测点的声级。在预测前需根据声源与预测点之间空间分布形式对声源简化成三类声源：即点声源、线声源和面声源。

点声源确定原则：当声波波长比声源尺寸大得多或是预测点离开声源的距离 d 比声源本身尺寸大得多（d>2 倍声源最大尺寸）时，声源可作点声源处理，等效点声源位置在声源本身的中心。如各种机械设备、单辆汽车、单架飞机等可简化为点声源。

线声源确定原则：以柱面波形式辐射声波的声源，辐射声波的声压幅值与声波传播距离的平方根（$\sqrt{r}$）成反比。对于一长度为 l_0 的有限长的线声源，在线声源垂直平分线上距线声源的距离为 r，如 $r>l_0$，该有限长线声源可近似为点声源；如 $r<l_0/3$，该有限长线声源可近似为无限长线声源。

面声源确定原则：以平面波形式辐射声波的声源，辐射声波的声压幅值不随传播距离改变（不考虑空气吸收）。对一长方形的有限大面声源（长度为 b，高度为 a，并 $a<b$），在该声源中心轴线上距声源中心距离为 r：如 $r<a/\pi$ 时，该声源可近似为面声源（$A_{div}\approx 0$）；当 $a/\pi<r<b/\pi$，该声源可近似为线声源[$A_{div}\approx 10\lg(r/r_0)$]；当 $r>b/\pi$ 时，该声源可近似为点声源[$A_{div}\approx 20\lg(r/r_0)$]。

一个线声源或一个面声源也可分为若干线的分区或若干面积分区，而每一个线或面的分区可用处于中心位置的点声源表示。

5．户外声源声波在空气中传播引起声级衰减的主要因素

户外声源声波在空气中传播引起声级衰减的主要因素有：几何发散引起的衰减（包括反射体引起的修正）、屏障引起的衰减、地面效应引起的衰减、空气吸收引起的衰减、绿化林带以及气象条件引起的附加衰减等。

6. 典型建设项目的预测内容

（1）工业噪声预测内容

① 厂界（或场界、边界）噪声预测。预测厂界噪声，给出厂界噪声的最大值及位置。

② 敏感目标噪声预测。预测敏感目标的贡献值、预测值、预测值与现状噪声值的差值，敏感目标所处声环境功能区的声环境质量变化，敏感目标所受噪声影响的程度，确定噪声影响的范围，并说明受影响人口分布情况。

当敏感目标高于（含）三层建筑时，还应预测有代表性的不同楼层所受的噪声影响。

③ 绘制等声级线图。绘制等声级线图，说明噪声超标的范围和程度。

④ 根据厂界（或场界、边界）和敏感目标受影响的状况，明确影响厂界（或场界、边界）和周围声环境功能区声环境质量的主要声源，分析厂界和敏感目标的超标原因。

（2）公路、铁路、轨道交通噪声预测内容

预测各预测点的贡献值、预测值、预测值与现状噪声值的差值，预测高层建筑有代表性的不同楼层所受的噪声影响。按贡献值绘制代表性路段的等声级线图，分析敏感目标所受噪声影响的程度，确定噪声影响的范围，并说明受影响人口分布情况。给出满足相应声环境功能区标准要求的距离。

依据评价工作等级要求，给出相应的预测结果。

（3）机场飞机噪声预测内容

在 1∶50 000 或 1∶10 000 地形图上给出计权等效连续感觉噪声级（L_{WECPN}）为 70 dB、75 dB、80 dB、85 dB、90 dB 的等声级线图。同时给出评价范围内敏感目标的计权等效连续感觉噪声级（L_{WECPN}）。给出不同声级范围内的面积、户数、人口。

依据评价工作等级要求，给出相应的预测结果。

十一、声环境影响评价

1. 评价的主要内容

（1）确定评价标准。根据声源的类别和建设项目所处声环境功能区等确定声环境影响评价标准，没有划分声环境功能区的区域由地方环境保护部门参照《声环境质量标准》（GB 3096）和《城市区域环境噪声适用区划分技术规范》（GB/T 15190）的规定划定声环境功能区。

（2）根据噪声预测结果和环境噪声评价标准，评述建设项目在施工、运行阶段噪声的影响程度、影响范围和超标状况（以敏感区域或敏感点为主）。

（3）分析受噪声影响的人口分布（包括受超标和不超标噪声影响的人口分布）。

（4）分析建设项目的噪声源和引起超标的主要噪声源或主要原因。

（5）分析建设项目的选址、设备布置和设备选型的合理性；分析建设项目设计中已有的噪声防治对策的适用性和防治效果。

（6）为了使建设项目的噪声达标，评价必须提出需要增加的、适用于评价工程的噪声防治对策，并分析其经济、技术的可行性。

（7）提出针对该建设项目的有关噪声污染管理、噪声监测和城市规划方面的建议。

在声环境影响评价中：第一，要讲清楚项目建设前后声环境变化，即项目建设前声环境现状，项目建设在施工、运行阶段噪声的影响程度、影响范围和超标状况。重点要评价敏感区或敏感点声环境的变化。第二，进行四方面的分析，即分析受噪声影响的人口分布，分析建设项目的噪声源和引起超标的主要噪声源或主要原因，分析建设项目选址、选线、设备布局和设备选型的合理性，分析建设项目设计中已有的噪声防治措施的适用性和防治效果。第三，提出措施和建议，即提出建设项目需要增加的噪声防治措施，并进行其经济、技术的可行性论证；在噪声污染防治管理、噪声监测和城市规划或区域规划方面提出建议。

2. 背景值、贡献值、预测值的含义及其应用

背景值：不含建设项目自身声源影响的环境声级。

贡献值：由建设项目自身声源在预测点产生的声级。

预测值：预测点的贡献值和背景值按能量叠加方法计算得到的声级。

边界噪声评价量：新建建设项目以工程噪声贡献值作为评价量；改扩建建设项目以工程噪声贡献值与受到现有工程影响的边界噪声值叠加后的预测值作为评价量。

敏感目标噪声评价量：以敏感目标所受的噪声贡献值与背景噪声值叠加后的预测值作为评价量。对于改扩建的公路、铁路等建设项目，如预测噪声贡献值时已包括了现有声源的影响，则以预测的噪声贡献值作为评价量。

十二、噪声防治对策制定原则

（1）工业（工矿企业和事业单位）建设项目噪声防治措施应针对建设项目投产后噪声影响的最大预测值制定，以满足厂界（或场界、边界）和厂界外敏感目标（或声环境功能区）的达标要求。

（2）交通运输类建设项目（如公路、铁路、城市轨道交通、机场项目等）的噪声防治措施应针对建设项目不同代表性时段的噪声影响预测值分期制定，以满足声环境功能区及敏感目标功能要求。其中，铁路建设项目的噪声防治措施还应同时满足铁路边界噪声排放标准要求。

（3）噪声防治对策必须符合针对性、具体性、经济合理性和技术可行性原则。

第二节 相关的声环境标准

一、《声环境质量标准》

1. 适用范围

本标准规定了五类声环境功能区的环境噪声限值及测量方法。

本标准适用于声环境质量评价与管理。

机场周围区域受飞机通过（起飞、降落、低空飞越）噪声的影响，不适用于该标准。

2. 声环境功能区分类

该标准按区域的使用功能特点和环境质量要求，将声环境功能区分为以下五种类型：

0 类声环境功能区：指康复疗养区等特别需要安静的区域。

1 类声环境功能区：指以居民住宅、医疗卫生、文化教育、科研设计、行政办公为主要功能，需要保持安静的区域。

2 类声环境功能区：指以商业金融、集市贸易为主要功能，或者居住、商业、工业混杂，需要维护住宅安静的区域。

3 类声环境功能区：指以工业生产、仓储物流为主要功能，需要防止工业噪声对周围环境产生严重影响的区域。

4 类声环境功能区：指交通干线两侧一定距离之内，需要防止交通噪声对周围环境产生严重影响的区域，包括 4 a 类和 4 b 类两种类型。4 a 类为高速公路、一级公路、二级公路、城市快速路、城市主干路、城市次干路、城市轨道交通（地面段）、内河航道两侧区域；4 b 类为铁路干线两侧区域。

3. 环境噪声限值

（1）各类声环境功能区适用表 6-1 规定的环境噪声等效声级限值。

（2）表 6-1 中 4 b 类声环境功能区环境噪声限值，适用于 2011 年 1 月 1 日起环境影响评价文件通过审批的新建铁路（含新开廊道的增减铁路）干线建设项目两侧区域。

（3）在下列情况下，铁路干线两侧区域不通过列车时的环境背景噪声限值，按昼间 70 dB（A）、夜间 55 dB（A）执行：

① 穿越城区的既有铁路干线。

② 对穿越城区的既有铁路干线进行改建、扩建的铁路建设项目。

表 6-1　环境噪声限值　单位：dB（A）

声环境功能区类别		时段	
		昼间	夜间
0 类		50	40
1 类		55	45
2 类		60	50
3 类		65	55
4 类	4 a 类	70	55
	4 b 类	70	60

既有铁路是指 2010 年 12 月 31 日前已建成运营的铁路或环境影响评价文件已通过审批的铁路建设项目。

（4）各类声环境功能区夜间突发噪声，其最大声级超过环境噪声限值的幅度不得高于 15 dB（A）。

4．环境噪声监测点选择条件

根据监测对象和目的，可选择以下三种测点条件（指传声器所置位置）进行环境噪声的测量。

（1）一般户外。距离任何反射物（地面除外）至少 3.5 m 外测量，距地面高度 1.2 m 以上。必要时可置于高层建筑上，以扩大监测受声范围。使用监测车辆测量，传声器应固定在车顶部 1.2 m 高度处。

（2）噪声敏感建筑物户外。距墙壁或窗户 1 m 处，距地面高度 1.2 m 以上。

（3）噪声敏感建筑物室内。距离墙面和其他反射面至少 1 m，距窗约 1.5 m 处，距地面 1.2～1.5 m 高。

5．声环境功能区划分要求

（1）城市声环境功能区的划分

城市区域应按照（GB/T 15190）的规定划分声环境功能区，分别执行本标准规定的 0、1、2、3、4 类声环境功能区环境噪声限值。

（2）乡村声环境功能的确定

乡村区域一般不划分声环境功能区，根据环境管理的需要，县级以上人民政府环境保护行政主管部门可按以下要求确定乡村区域适用的声环境质量要求。

① 位于乡村的康复疗养区执行 0 类声环境功能区要求。

② 村庄原则上执行 1 类声环境功能区要求，工业活动较多的村庄以及有交通干线经过的村庄（指执行 4 类声环境功能区要求以外的地区）可局部或全部执行 2 类声环境功能区要求。

③ 集镇执行 2 类声环境功能区要求。

④ 独立于村庄、集镇之外的工业、仓储集中区执行 3 类声环境功能区要求。

⑤ 位于交通干线两侧一定距离（参考 GB/T 15190 第 8.3 条规定）内的噪声敏感建筑物执行 4 类声环境功能区要求。

二、《机场周围飞机噪声环境标准》

1．评价量

本标准采用一昼夜的计权等效连续感觉噪声级作为评价量，用 L_{WECPN} 表示，单位为 dB。

2．标准值和适用区域

表 6-2 机场周围飞机噪声环境标准值 单位：dB

适用区域	标准值
一类区域	≤70
二类区域	≤75

注：一类区域：特殊住宅区；居住区、文教区。
二类区域：除一类区域以外的生活区。

本标准适用的区域地带范围由当地人民政府划定。

三、《城市区域环境振动标准》

1．标准值及适用地带范围

表 6-3 城市各类区域铅垂向 Z 振级标准值 单位：dB

适用地带范围	昼间	夜间
特殊住宅区	65	65
居民区、文教区	70	67
混合区、商业中心区	75	72
工业集中区	75	72
交通干线道路两侧	75	72
铁路干线两侧	80	80

注：“特殊住宅区”是指特别需要安静的住宅区。
“居民区、文教区”是指纯居民区和文教、机关区。
“混合区”是指一般商业与居民混合区；工业、商业、少量交通与居民混合区。
“商业中心区”是指商业集中的繁华地区。
“工业集中区”是指在一个城市或区域内规划明确确定的工业区。
“交通干线道路两侧”是指车流量每小时 100 辆以上的道路两侧。
“铁路干线两侧”是指距每日车流量不少于 20 列的铁道外轨 30 m 外两侧的住宅区。

2．要点

（1）本标准适用于连续发生的稳态振动、冲击振动和无规振动。

（2）每日发生几次的冲击振动，其最大值昼间不允许超过标准值 10 dB，夜间不超过 3 dB。

（3）本标准适用的地带范围，由地方人民政府划定。可参照城市区域环境噪声功能区划的结果来确定。昼间与夜间的时间由当地人民政府按当地习惯和季节变化划定。

四、《工业企业厂界环境噪声排放标准》

1．适用范围

本标准规定了工业企业和固定设备厂界环境噪声排放限值及其测量方法。

本标准适用于工业企业噪声排放的管理、评价及控制。机关、事业单位、团体等对外环境排放噪声的单位也按本标准执行。

2．环境噪声排放限值

（1）厂界环境噪声排放限值。工业企业厂界环境噪声不得超过表 6-4 规定的排放限值。

表 6-4　工业企业厂界环境噪声排放限值　　单位：dB（A）

时段 厂界外声环境功能区类别	昼间	夜间
0	50	40
1	55	45
2	60	50
3	65	55
4	70	55

夜间频发噪声的最大声级超过限值的幅度不得高于 10 dB（A）。

夜间偶发噪声的最大声级超过限值的幅度不得高于 15 dB（A）。

工业企业若位于未划分声环境功能区的区域，当厂界外有噪声敏感建筑物时，由当地县级以上人民政府参照 GB 3096 和 GB/T 15190 的规定确定厂界外区域的声环境质量要求，并执行相应的厂界环境噪声排放限值。

当厂界与噪声敏感建筑物距离小于 1 m 时，厂界环境噪声应在噪声敏感建筑物的室内测量，并将表 6-4 中相应的限值减 10 dB（A）作为评价依据。

（2）结构传播固定设备室内噪声排放限值。当固定设备排放的噪声通过建筑物结构传播至噪声敏感建筑物室内时，噪声敏感建筑物室内等效声级不得超过表 6-5

和表 6-6 规定的限值。

表 6-5　结构传播固定设备室内噪声排放限值（等效声级）　单位：dB（A）

噪声敏感建筑物所处声环境功能区类别 \ 时段 \ 房间类型	A 类房间		B 类房间	
	昼间	夜间	昼间	夜间
0	40	30	40	30
1	40	30	45	35
2、3、4	45	35	50	40

注：A 类房间——以睡眠为主要目的，需要保证夜间安静的房间，包括住宅卧室、医院病房、宾馆客房等；

B 类房间——主要在昼间使用，需要保证思考与精神集中、正常讲话不被干扰的房间，包括学校教室、会议室、办公室、住宅中卧室以外的其他房间等。

表 6-6　结构传播固定设备室内噪声排放限值（倍频带声压级）　单位：dB

噪声敏感建筑所处声环境功能区类别	时段	倍频程中心频率/Hz \ 房间类型	室内噪声倍频带声压级限值				
			31.5	63	125	250	500
0	昼间	A、B 类房间	76	59	48	39	34
	夜间	A、B 类房间	69	51	39	30	24
1	昼间	A 类房间	76	59	48	39	34
		B 类房间	79	63	52	44	38
	夜间	A 类房间	69	51	39	30	24
		B 类房间	72	55	43	35	29
2、3、4	昼间	A 类房间	79	63	52	44	38
		B 类房间	82	67	56	49	43
	夜间	A 类房间	72	55	43	35	29
		B 类房间	76	59	48	39	34

3. 测量方法

（1）测量条件

气象条件：测量应在无雨雪、无雷电天气，风速为 5 m/s 以下时进行。不得不在特殊气象条件下测量时，应采取必要措施保证测量准确性，同时注明当时采取的措施及气象情况。

测量工况：测量应在被测声源正常工作时间进行，同时注明当时的工况。

（2）测点位置

① 测点布设。根据工业企业声源、周围噪声敏感建筑物的布局以及毗邻的区域

类别，在工业企业厂界布设多个测点，其中包括距噪声敏感建筑物较近以及受被测声源影响大的位置。

② 测点位置一般规定。一般情况下，测点选在工业企业厂界外 1 m、高度 1.2 m 以上的位置。

③ 测点位置其他规定。当厂界有围墙且周围有受影响的噪声敏感建筑物时，测点应选在厂界外 1 m、高于围墙 0.5 m 以上的位置。

当厂界无法测量到声源的实际排放状况时（如声源位于高空、厂界设有声屏障等），应按②设置测点，同时在受影响的噪声敏感建筑物户外 1 m 处另设测点。

室内噪声测量时，室内测量点位设在距任一反射面至少 0.5 m 以上、距地面 1.2 m 高度处，在受噪声影响方向的窗户开启状态下测量。

固定设备结构传声至噪声敏感建筑物室内，在噪声敏感建筑物室内测量时，测点应距任一反射面至少 0.5 m 以上、距地面 1.2 m、距外窗 1 m 以上，窗户关闭状态下测量。被测房间内的其他可能干扰测量的声源（如电视机、空调机、排气扇以及镇流器较响的日光灯、运转时出声的时钟等）应关闭。

（3）测量时段

分别在昼间、夜间两个时段测量。夜间有频发、偶发噪声影响时同时测量最大声级。

被测声源是稳态噪声，采用 1 min 的等效声级。

被测声源是非稳态噪声，测量被测声源有代表性时段的等效声级，必要时测量被测声源整个正常工作时段的等效声级。

（4）背景噪声测量

测量环境：不受被测声源影响且其他声环境与测量被测声源时保持一致。

测量时段：与被测声源测量的时间长度相同。

（5）测量结果修正

① 噪声测量值与背景噪声值相差大于 10 dB（A）时，噪声测量值不做修正。

② 噪声测量值与背景噪声值相差在 3～10 dB（A）时，噪声测量值与背景噪声值的差值取整后，按表 6-7 进行修正。

表 6-7 测量结果修正 单位：dB（A）

差值	3	4～5	6～10
修正值	−3	−2	−1

③ 噪声测量值与背景噪声值相差小于 3 dB（A）时，应采取措施降低背景噪声后，视情况按①或②执行；仍无法满足前两款要求的，应按环境噪声监测技术规范的有关规定执行。

4．测量结果评价

各个测点的测量结果应单独评价。同一测点每天的测量结果按昼间、夜间进行评价。

最大声级 L_{max} 直接评价。

五、《铁路边界噪声限值及测量方法》

1．适用范围

本标准规定了城市铁路边界处铁路噪声的限值及其测量方法。

本标准适用于对城市铁路边界噪声的评价。铁路边界是指距铁路外轨轨道中心线 30 m 处。

2．铁路边界噪声限值

（1）既有铁路边界铁路噪声按表 6-8 的规定执行。既有铁路是指 2010 年 12 月 31 日前已建成运营的铁路或环境影响评价文件已通过审批的铁路建设项目。

表 6-8 既有铁路边界铁路噪声限值 等效声级 L_{eq}

时段	噪声限值/dB（A）
昼间	70
夜间	70

（2）改、扩建既有铁路，铁路边界铁路噪声按表 6-8 的规定执行。

（3）新建铁路（含新开廊道的增建铁路）边界铁路噪声按表 6-9 的规定执行。新建铁路是指自 2011 年 1 月 1 日起环境影响评价文件通过审批的铁路建设项目（不包括改、扩建既有铁路建设项目）。

（4）昼间和夜间时段的划分按《中华人民共和国环境噪声污染防治法》的规定执行，或者按铁路所在地人民政府根据环境噪声污染防治需要所作的规定执行。

表 6-9 新建铁路边界铁路噪声限值 等效声级 L_{eq}

时段	噪声限值/dB（A）
昼间	70
夜间	60

3．其他

（1）本限值中昼间、夜间的时间由当地人民政府按当地习惯和季节变化划定。

（2）测量时间：昼间、夜间各选在接近其机车车辆运行平均密度的某一个小时，用其分别代表昼间、夜间。必要时，昼间或夜间分别进行全时段测量。

（3）背景噪声应比铁路噪声低 10 dB（A）以上，若两者声级差值小于 10 dB（A），应进行修正。

六、《建筑施工场界环境噪声排放标准》

1. 适用范围

本标准规定了建筑施工场界环境噪声排放限值及测量方法。本标准适用于周围有噪声敏感建筑物的建筑施工噪声排放的管理、评价及控制。市政、通信、交通、水利等其他类型的施工噪声排放可参照本标准执行。本标准不适用于抢修、抢险施工过程中产生噪声的排放监管。

2. 环境噪声排放限值

建筑施工过程中场界环境噪声不得超过表 6-10 规定的排放限值。

表 6-10　建筑施工场界环境噪声排放限值　　单位：dB（A）

昼间	夜间
70	55

夜间噪声最大声级超过限值的幅度不得高于 15 dB（A）。

当场界距噪声敏感建筑物较近，其室外不满足测量条件时，可在噪声敏感建筑物室内测量，并将表6-10中相应的限值减 10 dB（A）作为评价依据。

3. 测量方法

（1）测量气象条件

测量应在无雨雪、无雷电天气，风速为 5 m/s 以下时进行。

（2）测点位置

① 测点布设。根据施工场地周围噪声敏感建筑物和生源位置的布局，测点应设在对噪声敏感建筑物影响较大、距离较近的位置。

② 测点位置一般规定。一般情况测点设在施工场界外 1 m、高度 1.2 m 以上的位置。

③ 测点位置其他规定。当场界有围墙且周围有噪声敏感建筑物时，测点应设在场界外 1 m、高于围墙 0.5 m 以上的位置，且位于施工噪声影响的声照射区域。

当场界无法测量到声源的实际排放时，如声源位于高空、场界有声屏障、噪声敏感建筑物高于场界围墙等情况，测点可设在噪声敏感建筑物户外 1 m 处的位置。

在噪声敏感建筑物室内测量时，测点设在室内中央、距室内任一反射面 0.5 m 以上、距地面 1.2 m 高度以上，在受噪声影响方向的窗户开启状态下测量。

（3）测量时段

施工期间，测量连续 20 min 的等效声级，夜间同时测量最大声级。

（4）背景噪声测量

测量环境：不受被测声源影响且其他声环境与测量被测声源时保持一致。

测量时段：稳态噪声测量 1 min 的等效声级，非稳态噪声测量 20 min 的等效声级。

（5）测量结果修正

① 背景噪声值比噪声测量值低于 10 dB（A）时，噪声测量值不做修正。

② 噪声测量值与背景噪声值相差在 3～10 dB（A）时，噪声测量值与背景噪声值的差值修约后，按表 6-11 进行修正。

表 6-11　测量结果修正　　单位：dB（A）

差值	3	4～5	6～10
修正值	−3	−2	−1

③ 噪声测量值与背景噪声值相差小于 3 dB（A）时，应采取措施降低背景噪声后，视情况按①或②执行；仍无法满足前两款要求的，应按环境噪声监测技术规范的有关规定执行。

4. 测量结果评价

各个测点的测量结果应单独评价。

最大声级 L_{Amax} 直接评价。

七、《社会生活环境噪声排放标准》

1. 适用范围

本标准规定了营业性文化娱乐场所和商业经营活动中可能产生环境噪声污染的设备、设施边界噪声排放限值和测量方法。

本标准适用于对营业性文化娱乐场所、商业经营活动中使用的向环境排放噪声的设备、设施的管理、评价与控制。

2. 环境噪声排放限值

（1）边界噪声排放限值

社会生活噪声排放源边界噪声不得超过表 6-12 规定的排放限值。

在社会生活噪声排放源边界处无法进行噪声测量或测量的结果不能如实反映其对噪声敏感建筑物的影响程度的情况下，噪声测量应在可能受影响的敏感建筑物窗外 1 m 处进行。

当社会生活噪声排放源边界与噪声敏感建筑物距离小于 1 m 时，应在噪声敏感建筑物的室内测量，并将表 6-12 中相应的限值减 10 dB（A）作为评价依据。

表 6-12　社会生活噪声排放源边界噪声排放限值　　单位：dB（A）

边界外声环境功能区类别	时段 昼间	时段 夜间
0	50	40
1	55	45
2	60	50
3	65	55
4	70	55

（2）结构传播固定设备室内噪声排放限值

在社会生活噪声排放源位于噪声敏感建筑物内的情况下，噪声通过建筑物结构传播至噪声敏感建筑物室内时，噪声敏感建筑物室内等效声级不得超过表 6-13 和表 6-14 规定的限值。

表 6-13　结构传播固定设备室内噪声排放限值（等效声级）　单位：dB（A）

噪声敏感建筑物声环境所处功能区类别 \ 时段 \ 房间类型	A 类房间		B 类房间	
	昼间	夜间	昼间	夜间
0	40	30	40	30
1	40	30	45	35
2、3、4	45	35	50	40

注：A 类房间——以睡眠为主要目的，需要保证夜间安静的房间，包括住宅卧室、医院病房、宾馆客房等；

B 类房间——主要在昼间使用，需要保证思考与精神集中、正常讲话不被干扰的房间，包括学校教室、会议室、办公室、住宅中卧室以外的其他房间等。

表 6-14　结构传播固定设备室内噪声排放限值（倍频带声压级）　单位：dB

噪声敏感建筑所处声环境功能区类别	时段	倍频程中心频率/Hz \ 房间类型	室内噪声倍频带声压级限值 31.5	63	125	250	500
0	昼间	A、B 类房间	76	59	48	39	34
0	夜间	A、B 类房间	69	51	39	30	24
1	昼间	A 类房间	76	59	48	39	34
1	昼间	B 类房间	79	63	52	44	38
1	夜间	A 类房间	69	51	39	30	24
1	夜间	B 类房间	72	55	43	35	29

噪声敏感建筑所处声环境功能区类别	时 段	倍频程 中心频率/Hz 房间类型	室内噪声倍频带声压级限值				
			31.5	63	125	250	500
2、3、4	昼间	A 类房间	79	63	52	44	38
		B 类房间	82	67	56	49	43
	夜间	A 类房间	72	55	43	35	29
		B 类房间	76	59	48	39	34

对于在噪声测量期间发生非稳态噪声（如电梯噪声等）的情况，最大声级超过限值的幅度不得高于 10 dB（A）。

3．测量方法

（1）测量条件

气象条件：测量应在无雨雪、无雷电天气，风速为 5 m/s 以下时进行。不得不在特殊气象条件下测量时，应采取必要措施保证测量准确性，同时注明当时所采取的措施及气象情况。

测量工况：测量应在被测声源正常工作时间进行，同时注明当时的工况。

（2）测点位置

① 测点布设。根据社会生活噪声排放源、周围噪声敏感建筑物的布局以及毗邻的区域类别，在社会生活噪声排放源边界布设多个测点，其中包括距噪声敏感建筑物较近以及受被测声源影响大的位置。

② 测点位置一般规定。一般情况下，测点选在社会生活噪声排放源边界外 1 m、高度 1.2 m 以上的位置。

③ 测点位置其他规定。当边界有围墙且周围有受影响的噪声敏感建筑物时，测点应选在边界外 1 m、高于围墙 0.5 m 以上的位置。

当边界无法测量到声源的实际排放状况时（如声源位于高空、边界设有声屏障等），应按②设置测点，同时在受影响的噪声敏感建筑物户外 1 m 处另设测点。

室内噪声测量时，室内测量点位设在距任一反射面至少 0.5 m 以上、距地面 1.2 m 高度处，在受噪声影响方向的窗户开启状态下测量。

社会生活噪声排放源的固定设备结构传声至噪声敏感建筑物室内，在噪声敏感建筑物室内测量时，测点应距任一反射面至少 0.5 m 以上、距地面 1.2 m、距外窗 1 m 以上，窗户关闭状态下测量。被测房间内的其他可能干扰测量的声源（如电视机、空调机、排气扇以及镇流器较响的日光灯、运转时出声的时钟等）应关闭。

（3）测量时段

分别在昼间、夜间两个时段测量。夜间有频发、偶发噪声影响时同时测量最大声级。

被测声源是稳态噪声，采用 1 min 的等效声级。

被测声源是非稳态噪声，测量被测声源有代表性时段的等效声级，必要时测量被测声源整个正常工作时段的等效声级。

（4）背景噪声测量

测量环境：不受被测声源影响且其他声环境与测量被测声源时保持一致。

测量时段：与被测声源测量的时间长度相同。

（5）测量结果修正

① 噪声测量值与背景噪声值相差大于 10 dB（A）时，噪声测量值不做修正。

② 噪声测量值与背景噪声值相差在 3～10 dB（A）时，噪声测量值与背景噪声值的差值取整后，按表 6-15 进行修正。

③ 噪声测量值与背景噪声值相差小于 3 dB（A）时，应采取措施降低背景噪声后，视情况按①或②执行；仍无法满足前两款要求的，应按环境噪声监测技术规范的有关规定执行。

表 6-15　测量结果修正　单位：dB（A）

差值	3	4～5	6～10
修正值	−3	−2	−1

4．测量结果评价

各个测点的测量结果应单独评价。同一测点每天的测量结果按昼间、夜间进行评价。

最大声级 L_{max} 直接评价。

第七章　生态影响评价技术导则与相关环境标准

第一节　环境影响评价技术导则　生态影响

一、概述

《环境影响评价技术导则　生态影响》（HJ 19—2011）规定了生态影响评价的一般性原则、方法、内容及技术要求。适用于建设项目对生态系统及其组成因子所造成的影响的评价。区域和规划的生态影响评价可参照使用。

该导则是对《环境影响评价技术导则　非污染生态影响》（HJ/T 19—1997）的第一次修订，自 2011 年 9 月 1 日起实施。实施之日起，HJ/T 19—1997 废止。

二、生态影响评价原则

由于生态影响具有涉及范围广、影响程度大、时间长、不可逆性，间接生态影响复杂，难以预测、定量，常规方法不能有效反映生态影响等特点。因此本标准增加了评价原则一节内容，作为生态影响评价工作的总体指导。

（1）坚持重点与全面相结合的原则。既要突出评价项目所涉及的重点区域、关键时段和主导生态因子，又要从整体上兼顾评价项目所涉及的生态系统和生态因子在不同时空等级尺度上结构与功能的完整性。

（2）坚持预防与恢复相结合的原则。预防优先，恢复补偿为辅。恢复、补偿等措施必须与项目所在地的生态功能区划的要求相适应。

（3）坚持定量与定性相结合的原则。生态影响评价应尽量采用定量方法进行描述和分析，当现有科学方法不能满足定量需要或因其他原因无法实现定量测定时，生态影响评价可通过定性或类比的方法进行描述和分析。

三、生态影响评价工作分级

（一）评价工作等级划分

依据影响区域的生态敏感性和评价项目的工程占地（水域）范围，包括永久占地和临时占地，将生态影响评价工作等级划分为一级、二级和三级，如表 7-1 所示。位于原厂界（或永久用地）范围内的工业类等改扩建项目，可仅做生态影响分析。

表 7-1 生态影响评价工作等级划分

工程占地（含水域）范围 / 影响区域生态敏感性	面积≥20 km^2 或长度≥100 km	面积 2～20 km^2 或长度 50～100 km	面积≤2 km^2 或长度≤50 km
特殊生态敏感区	一级	一级	一级
重要生态敏感区	一级	二级	三级
一般区域	二级	三级	三级

在矿山井工开采可能导致矿区土地利用类型明显改变，或拦河闸坝建设可能明显改变水文情势等情况下，评价工作等级应上调一级。

当工程占地（水域）范围的面积或长度分别属于两个不同评价工作等级时，原则上应按其中较高的评价工作等级进行评价。改扩建工程的工程占地范围以新增占地（水域）面积或长度计算。

（二）判定依据

1. 影响区域界定

生态影响评价工作等级划分表中的“影响区域”包含了“直接影响区（工程直接占地区）”和“间接影响区（大于工程占地区域）”的范围。对“受影响区”范围的确定，需根据生态学专业知识进行初步判断，并通过生态影响评价过程予以明确，主要原因是：特殊生态敏感区和重要生态敏感区的类型复杂，保护目标的生态学特征差异巨大，难以给出一个通用、明确的界定。例如，水利水电工程中，低温水的影响范围可达坝下几十公里至上百公里处，引水工程可能对下游数百公里外的河口地区的特殊生态敏感区和重要生态敏感区产生影响。影响区域范围差异极大。

2. 工程占地（水域）范围确定

工程占地（水域）范围分别按照占地面积和长度（表 7-1）给出了一些数据供参考。由于生态系统的复杂性和不确定性，很难找到具有严密科学根据的数据标准，本标准提供数据是在参考大量实际项目的基础上提出的经验数据。

由于工程占地（水域）范围分线状和面状两种类型，因此可能出现同一工程从面积上或长度上分属不同评价工作等级的情况，根据本次标准修订“适当提高、从严要求”的策略，原则上按其中较高的评价工作等级进行评价。在矿山井工开采可能导致矿区土地利用类型明显改变（指矿山井工开采虽然工程占地面积小，但往往造成地表塌陷，导致土地利用类型明显改变的情况），或拦河闸坝建设可能明显改变水文情势等情况下，评价工作等级应上调一级。

3．影响的敏感程度确定

本标准根据生态敏感性程度，结合《建设项目环境影响评价分类管理名录》（环境保护部令第 2 号）中的环境敏感区，定义了特殊生态敏感区、重要生态敏感区和一般区域等三类区域，并列举了所包含的区域。其中特殊生态敏感区是指具有极重要的生态服务功能，生态系统极为脆弱或已有较为严重的生态问题，如遭到占用、损失或破坏后所造成的生态影响后果严重且难以预防、生态功能难以恢复和替代的区域，包括自然保护区、世界文化和自然遗产地等。重要生态敏感区指具有相对重要的生态服务功能或生态系统较为脆弱，如遭到占用、损失或破坏后所造成的生态影响后果较严重，但可以通过一定措施加以预防、恢复和替代的区域，包括风景名胜区、森林公园、地质公园、重要湿地、原始天然林、珍稀濒危野生动植物天然集中分布区、重要水生生物的自然产卵场及索饵场、越冬场和洄游通道、天然渔场等。一般区域是除特殊生态敏感区和重要生态敏感区以外的其他区域。

四、生态影响评价工作范围

（一）评价范围

生态影响评价应能够充分体现生态完整性，涵盖评价项目全部活动的直接影响区域和间接影响区域。评价工作范围应依据评价项目对生态因子的影响方式、影响程度和生态因子之间的相互影响和相互依存关系确定。可综合考虑评价项目与项目区的气候过程、水文过程、生物过程等生物地球化学循环过程的相互作用关系，以评价项目影响区域所涉及的完整气候单元、水文单元、生态单元、地理单元界限为参照边界。

（二）判定依据

（1）生态完整性是评价工作范围的确定原则和依据，但没有规定具体的范围。之所以这样规定，主要是基于以下考虑：一是我国地域广阔，生态系统类型多样，项目复杂，难以给出一个具体的评价工作范围去要求不同地域和不同类型的项目；二是不同行业导则中均规定有评价工作范围。因此，不同项目的生态影响评价工作范围应依据相应的评价工作等级和具体行业导则要求，采用弹性与刚性相接合的方法确定。

（2）为增强评价工作范围的可操作性，本标准提出“可综合考虑评价项目与项目区的气候过程、水文过程、生物过程等生物地球化学循环过程的相互作用关系，以评价项目影响区域所涉及的完整气候单元、水文单元、生态单元、地理单元界限为参照边界”，为不同行业导则中评价工作范围的制定提供了参考。

五、生态影响判定依据

生态系统具有复杂性、涉及要素类型多等特征，而目前生态学理论和技术方法尚不成熟，缺乏系统判定生态影响大小的具体依据。本标准明确，生态影响的判定应按照已颁布相关要求、科研测定结果、生态背景值、相似项目类比和开展相关咨询的优先顺序来确定。

（1）国家、行业和地方已颁布的资源环境保护等相关法规、政策、标准、规划和区划等确定的目标、措施与要求。

（2）科学研究判定的生态效应或评价项目实际的生态监测、模拟结果。

（3）评价项目所在地区及相似区域生态背景值或本底值。

（4）已有性质、规模以及区域生态敏感性相似项目的实际生态影响类比。

（5）相关领域专家、管理部门及公众的咨询意见。

六、工程分析

（一）工程分析内容

工程分析内容应包括：项目所处的地理位置、工程的规划依据和规划环评依据、工程类型、项目组成、占地规模、总平面及现场布置、施工方式、施工时序、运行方式、替代方案、工程总投资与环保投资、设计方案中的生态保护措施等。

工程分析时段应涵盖勘察期、施工期、运营期和退役期，以施工期和运营期为调查分析的重点。

（二）工程分析重点

根据评价项目自身特点、区域的生态特点以及评价项目与影响区域生态系统的相互关系，确定工程分析的重点，分析生态影响的源，及其强度。主要内容应包括：

（1）可能产生重大生态影响的工程行为。

（2）与特殊生态敏感区和重要生态敏感区有关的工程行为。

（3）可能产生间接、累积生态影响的工程行为。

（4）可能造成重大资源占用和配置的工程行为。

七、生态现状调查与评价

（一）生态现状调查

1. 调查要求

生态现状调查是生态现状评价、影响预测的基础和依据，调查的内容和指标应能反映评价工作范围内的生态背景特征和现存的主要生态问题。在有敏感生态保护目标（包括特殊生态敏感区和重要生态敏感区）或其他特别保护要求对象时，应做专题调查。

生态现状调查应在收集资料基础上开展现场工作，生态现状调查的范围应不小于评价工作的范围。

一级评价应给出采样地样方实测、遥感等方法测定的生物量、物种多样性等数据，给出主要生物物种名录、受保护的野生动植物物种等调查资料；

二级评价的生物量和物种多样性调查可依据已有资料推断，或实测一定数量的、具有代表性的样方予以验证；

三级评价可充分借鉴已有资料进行说明。

2．调查方法

生态现状调查常用方法主要有资料收集、现场勘查、专家和公众咨询、生态监测、遥感调查、海洋生态调查和水库渔业资源调查等。

（1）资料收集法。即收集现有的能反映生态现状或生态背景的资料，从表现形式上分为文字资料和图形资料，从时间上可分为历史资料和现状资料，从收集行业类别上可分为农、林、牧、渔和环境保护部门，从资料性质上可分为环境影响报告书、有关污染源调查、生态保护规划、规定、生态功能区划、生态敏感目标的基本情况以及其他生态调查材料等。使用资料收集法时，应保证资料的现时性，引用资料必须建立在现场校验的基础上。

（2）现场勘察法。现场勘察应遵循整体与重点相结合的原则，在综合考虑主导生态因子结构与功能的完整性的同时，突出重点区域和关键时段的调查，并通过对影响区域的实际踏勘，核实收集资料的准确性，以获取实际资料和数据。

（3）专家和公众咨询法。专家和公众咨询法是对现场勘察的有益补充。通过咨询有关专家，收集评价工作范围内的公众、社会团体和相关管理部门对项目影响的意见，发现现场踏勘中遗漏的生态问题。专家和公众咨询应与资料收集和现场勘察同步开展。

（4）生态监测法。当资料收集、现场勘察、专家和公众咨询提供的数据无法满足评价的定量需要，或项目可能产生潜在的或长期累积效应时，可考虑选用生态监测法。生态监测应根据监测因子的生态学特点和干扰活动的特点确定监测位置和频次，有代表性地布点。生态监测方法与技术要求须符合国家现行的有关生态监测规范和监测标准分析方法；对于生态系统生产力的调查，必要时需现场采样、实验室测定。

（5）遥感调查法。当涉及区域范围较大或主导生态因子的空间等级尺度较大，通过人力踏勘较为困难或难以完成评价时，可采用遥感调查法。遥感调查过程中必须辅助必要的现场勘察工作。

（6）海洋生态调查方法。海洋生态调查方法见 GB/T 12763.9—2007。

（7）水库渔业资源调查方法。水库渔业资源调查方法见 SL 167—1996。

3. 调查内容

（1）生态背景调查

根据生态影响的空间和时间尺度特点，调查影响区域内涉及的生态系统类型、结构、功能和过程，以及相关的非生物因子特征（如气候、土壤、地形地貌、水文及水文地质等），重点调查受保护的珍稀濒危物种、关键种、土著种、建群种和特有种，天然的重要经济物种等。如涉及国家级和省级保护物种、珍稀濒危物种和地方特有物种时，应逐个或逐类说明其类型、分布、保护级别、保护状况等；如涉及特殊生态敏感区和重要生态敏感区时，应逐个说明其类型、等级、分布、保护对象、功能区划、保护要求等。

（2）主要生态问题调查

调查影响区域内已经存在的制约本区域可持续发展的主要生态问题，如水土流失、沙漠化、石漠化、盐渍化、自然灾害、生物入侵和污染危害等，指出其类型、成因、空间分布、发生特点等。

（二）生态现状评价

1. 评价要求

在区域生态基本特征现状调查的基础上，对评价区的生态现状进行定量或定性的分析评价，评价应采用文字和图件相结合的表现形式，图件制作应遵照导则关于生态影响评价图件的规范要求。

2. 评价方法

常用评价方法包括列表清单、图形叠置、生态机理分析、指数法与综合指数、类比分析、系统分析、生物多样性评价、海洋及水生生物资源影响评价等方法。

（1）列表清单法

列表清单法是 Little 等人于 1971 年提出的一种定性分析方法。该方法的特点是简单明了，针对性强。

1）方法

列表清单法的基本做法是，将拟实施的开发建设活动的影响因素与可能受影响的环境因子分别列在同一张表格的行与列内，逐点进行分析，并逐条阐明影响的性质、强度等。由此分析开发建设活动的生态影响。

2）应用

◆　进行开发建设活动对生态因子的影响分析；

◆　进行生态保护措施的筛选；

◆　进行物种或栖息地重要性或优先度比选。

（2）图形叠置法

图形叠置法，是把两个以上的生态信息叠合到一张图上，构成复合图，用以表示生态变化的方向和程度。本方法的特点是直观、形象，简单明了。

图形叠置法有两种基本制作手段：指标法和3S叠图法。

1）指标法

◆ 确定评价区域范围；
◆ 进行生态调查，收集评价工作范围与周边地区自然环境、动植物等的信息，同时收集社会经济和环境污染及环境质量信息；
◆ 进行影响识别并筛选拟评价因子，其中包括识别和分析主要生态问题；
◆ 研究拟评价生态系统或生态因子的地域分异特点与规律，对拟评价的生态系统、生态因子或生态问题建立表征其特性的指标体系，并通过定性分析或定量方法对指标赋值或分级，再依据指标值进行区域划分；
◆ 将上述区划信息绘制在生态图上。

2）3S叠图法

◆ 选用地形图，或正式出版的地理地图，或经过精校正的遥感影像作为工作底图，底图范围应略大于评价工作范围；
◆ 在底图上描绘主要生态因子信息，如植被覆盖、动物分布、河流水系、土地利用和特别保护目标等；
◆ 进行影响识别与筛选评价因子；
◆ 运用3S技术，分析评价因子的不同影响性质、类型和程度；
◆ 将影响因子图和底图叠加，得到生态影响评价图。

3）图形叠置法应用

◆ 主要用于区域生态质量评价和影响评价；
◆ 用于具有区域性影响的特大型建设项目评价中，如大型水利枢纽工程、新能源基地建设、矿业开发项目等；
◆ 用于土地利用开发和农业开发中。

（3）生态机理分析法

生态机理分析法是根据建设项目的特点和受其影响的动、植物的生物学特征，依照生态学原理分析、预测工程生态影响的方法。生态机理分析法的工作步骤如下：

1）调查环境背景现状和搜集工程组成和建设等有关资料；

2）调查植物和动物分布、动物栖息地和迁徙路线；

3）根据调查结果分别对植物或动物种群、群落和生态系统进行分析，描述其分布特点、结构特征和演化等级；

4）识别有无珍稀濒危物种及重要经济、历史、景观和科研价值的物种；

5）预测项目建成后该地区动物、植物生长环境的变化；

6）根据项目建成后的环境（水、气、土和生命组分）变化，对照无开发项目条件下动物、植物或生态系统演替趋势，预测项目对动物和植物个体、种群和群落的影响，并预测生态系统演替方向。

评价过程中有时要根据实际情况进行相应的生物模拟试验，如环境条件、生物习性模拟试验、生物毒理学试验、实地种植或放养试验等；或进行数学模拟，如种群增长模型的应用。

该方法需与生物学、地理学、水文学、数学及其他多学科合作评价，才能得出较为客观的结果。

（4）景观生态学法

景观生态学法是通过研究某一区域、一定时段内的生态系统类群的格局、特点、综合资源状况等自然规律，以及人为干预下的演替趋势，揭示人类活动在改变生物与环境方面的作用的方法。景观生态学对生态质量状况的评判是通过两个方面进行的，一是空间结构分析，二是功能与稳定性分析。景观生态学认为，景观的结构与功能是相当匹配的，且增加景观异质性和共生性也是生态学和社会学整体论的基本原则。

空间结构分析基于景观，是高于生态系统的自然系统，是一个清晰的和可度量的单位。景观由斑块、基质和廊道组成，其中基质是景观的背景地块，是景观中一种可以控制环境质量的组分。因此，基质的判定是空间结构分析的重要内容。判定基质有三个标准，即相对面积大、连通程度高、有动态控制功能。基质的判定多借用传统生态学中计算植被重要值的方法。决定某一斑块类型在景观中的优势，也称优势度值（D_0）。优势度值由密度（R_d）、频率（R_f）和景观比例（L_p）三个参数计算得出。其数学表达式如下：

R_d=（斑块 i 的数目/斑块总数）×100%

R_f=（斑块 i 出现的样方数/总样方数）×100%

L_p=（斑块 i 的面积/样地总面积）×100%

$$D_0=0.5\times[0.5\times(R_d+R_f)+L_p]\times100\%$$

上述分析同时反映自然组分在区域生态系统中的数量和分布，因此能较准确地表示生态系统的整体性。

景观的功能和稳定性分析包括如下四个方面内容：

1）生物恢复力分析：分析景观基本元素的再生能力或高亚稳定性元素能否占主导地位。

2）异质性分析：基质为绿地时，由于异质化程度高的基质很容易维护它的基质地位，从而达到增强景观稳定性的作用。

3）种群源的持久性和可达性分析：分析动、植物物种能否持久保持能量流、养分流，分析物种流可否顺利地从一种景观元素迁移到另一种元素，从而增强共生性。

4）景观组织的开放性分析：分析景观组织与周边生境的交流渠道是否畅通。开放性强的景观组织可以增强抵抗力和恢复力。景观生态学方法既可以用于生态现状评价，也可以用于生境变化预测，目前是国内外生态影响评价学术领域中较先进的方法。

（5）指数法与综合指数法

指数法是利用同度量因素的相对值来表明因素变化状况的方法，是建设项目环境影响评价中规定的评价方法，指数法同样可将其拓展而用于生态影响评价中。指数法简明扼要，且符合人们所熟悉的环境污染影响评价思路，但困难之点在于需明确建立表征生态质量的标准体系，且难以赋权和准确定量。综合指数法是从确定同度量因素出发，把不能直接对比的事物变成能够同度量的方法。

1）单因子指数法

选定合适的评价标准，采集拟评价项目区的现状资料。可进行生态因子现状评价：例如以同类型立地条件的森林植被覆盖率为标准，可评价项目建设区的植被覆盖现状情况；也可进行生态因子的预测评价：如以评价区现状植被盖度为评价标准，可评价建设项目建成后植被盖度的变化率。

2）综合指数法

- 分析研究评价的生态因子的性质及变化规律；
- 建立表征各生态因子特性的指标体系；
- 确定评价标准；
- 建立评价函数曲线，将评价的环境因子的现状值（开发建设活动前）与预测值（开发建设活动后）转换为统一的无量纲的环境质量指标。用1～0表示优劣（“1”表示最佳的、顶极的、原始或人类干预甚少的生态状况，“0”表示最差的、极度破坏的、几乎无生物性的生态状况），由此计算出开发建设活动前后环境因子质量的变化值；
- 根据各评价因子的相对重要性赋予权重；
- 将各因子的变化值综合，提出综合影响评价值：

$$\Delta E = \sum (E_{\mathrm{h}i} - E_{\mathrm{q}i}) \times W_i \tag{7-1}$$

式中：ΔE —— 开发建设活动日前后生态质量变化值；

$E_{\mathrm{h}i}$ —— 开发建设活动后 i 因子的质量指标；

$E_{\mathrm{q}i}$ —— 开发建设活动前 i 因子的质量指标；

W_i —— i 因子的权值。

3）指数法应用

- 可用于生态因子单因子质量评价；

◆ 可用于生态多因子综合质量评价；

◆ 可用于生态系统功能评价。

4）说明

建立评价函数曲线须根据标准规定的指标值确定曲线的上、下限。对于空气和水这些已有明确质量标准的因子，可直接用不同级别的标准值作上、下限；对于无明确标准的生态因子，须根据评价目的、评价要求和环境特点选择相应的环境质量标准值，再确定上、下限。

（6）类比分析法

类比分析法是一种比较常用的定性和半定量评价方法，一般有生态整体类比、生态因子类比和生态问题类比等。

1）方法

根据已有的开发建设活动（项目、工程）对生态系统产生的影响来分析或预测拟进行的开发建设活动（项目、工程）可能产生的影响。选择好类比对象（类比项目）是进行类比分析或预测评价的基础，也是该法成败的关键。

类比对象的选择条件是：工程性质、工艺和规模与拟建项目基本相当，生态因子（地理、地质、气候、生物因素等）相似，项目建成已有一定时间，所产生的影响已基本全部显现。

类比对象确定后，则需选择和确定类比因子及指标，并对类比对象开展调查与评价，再分析拟建项目与类比对象的差异。根据类比对象与拟建项目的比较，做出类比分析结论。

2）应用

◆ 进行生态影响识别和评价因子筛选；

◆ 以原始生态系统作为参照，可评价目标生态系统的质量；

◆ 进行生态影响的定性分析与评价；

◆ 进行某一个或几个生态因子的影响评价；

◆ 预测生态问题的发生与发展趋势及其危害；

◆ 确定环保目标和寻求最有效、可行的生态保护措施。

（7）系统分析法

系统分析法是把要解决的问题作为一个系统，对系统要素进行综合分析，找出解决问题的可行方案的咨询方法。具体步骤包括：限定问题、确定目标、调查研究、收集数据、提出备选方案和评价标准、备选方案评估和提出最可行方案。

系统分析法因其能妥善地解决一些多目标动态性问题，目前已广泛应用于各行各业，尤其在进行区域开发或解决优化方案选择问题时，系统分析法显示出其他方法所不能达到的效果。

在生态系统质量评价中使用系统分析的具体方法有专家咨询法、层次分析法、模糊综合评判法、综合排序法、系统动力学法、灰色关联法等，这些方法原则上都适用于生态影响评价。这些方法的具体操作过程可查阅有关书刊。

（8）生物多样性评价法

生物多样性评价法是通过实地调查，分析生态系统和生物种的历史变迁、现状和存在主要问题的方法，评价目的是有效保护生物多样性。

生物多样性通常用香农—威纳指数（Shannon-Wiener Index）表征：

$$H=-\sum_{i=1}^{S}P_i\ln(P_i) \tag{7-2}$$

式中：H—— 样品的信息含量（彼得/个体）=群落的多样性指数；

S—— 种数；

P_i—— 样品中属于第 i 种的个体比例，如样品总个体数为 N，第 i 种个体数为 n_i，则 $P_i=n_i/N$。

（9）海洋及水生生物资源影响评价法

海洋生物资源影响评价法参见 SC/T 9110—2007，以及其他推荐的生态影响评价和预测适用方法；水生生物资源影响评价法，可适当参照该技术规程及其他推荐的适用方法进行。

（10）土壤侵蚀预测法。土壤侵蚀预测法参见 GB 50433—2008。

3．评价内容

（1）在阐明生态系统现状的基础上，分析影响区域内生态系统状况的主要原因。评价生态系统的结构与功能状况（如水源涵养、防风固沙、生物多样性保护等主导生态功能）、生态系统面临的压力和存在的问题、生态系统的总体变化趋势等。

（2）分析和评价受影响区域内动、植物等生态因子的现状组成、分布；当评价区域涉及受保护的敏感物种时，应重点分析该敏感物种的生态学特征；当评价区域涉及特殊生态敏感区或重要生态敏感区时，应分析其生态现状、保护现状和存在的问题等。

八、生态影响预测与评价

（一）预测与评价内容

生态影响预测与评价内容应与现状评价内容相对应，依据区域生态保护的需要和受影响生态系统的主导生态功能选择评价预测指标。

（1）评价工作范围内涉及的生态系统及其主要生态因子的影响评价。通过分析影响作用的方式、范围、强度和持续时间来判别生态系统受影响的范围、强度和持续时间；预测生态系统组成和服务功能的变化趋势，重点关注其中的不利影响、不可逆影响和累积生态影响。

（2）敏感生态保护目标的影响评价应在明确保护目标的性质、特点、法律地位和保护要求的情况下，分析评价项目的影响途径、影响方式和影响程度，预测潜在的后果。

（3）预测评价项目对区域现存主要生态问题的影响趋势。

（二）预测与评价方法

生态影响预测与评价方法应根据评价对象的生态学特性，在调查、判定该区主要的、辅助的生态功能以及完成功能必需的生态过程的基础上，分别采用定量分析与定性分析相结合的方法进行预测与评价。常用的方法包括列表清单法、图形叠置法、生态机理分析法、景观生态学法、指数法与综合指数法、类比分析法、系统分析法和生物多样性评价法等。

九、生态影响的防护、恢复、补偿及替代方案

（一）生态影响的防护、恢复与补偿原则

（1）应按照避让、减缓、补偿和重建的次序提出生态影响防护与恢复的措施；所采取措施的效果应有利修复和增强区域生态功能。

（2）凡涉及不可替代、极具价值、极敏感、被破坏后很难恢复的敏感生态保护目标（如特殊生态敏感区、珍稀濒危物种）时，必须提出可靠的避让措施或生境替代方案。

（3）涉及采取措施后可恢复或修复的生态目标时，也应尽可能提出避让措施；否则，应制定恢复、修复和补偿措施。各项生态保护措施应按项目实施阶段分别提出，并提出实施时限和估算经费。

（二）替代方案

（1）替代方案主要指项目中的选线、选址替代方案，项目的组成和内容替代方案，工艺和生产技术替代方案，施工和运营方案替代方案、生态保护措施替代方案。

（2）评价应对替代方案进行生态可行性论证，优先选择生态影响最小的替代方案，最终选定的方案至少应该是生态保护可行的方案。

（三）生态保护措施

（1）生态保护措施应包括保护对象和目标，内容、规模及工艺，实施空间和时序，保障措施和预期效果分析，绘制生态保护措施平面布置示意图和典型措施设施工艺图。估算或概算环境保护投资。

（2）对可能具有重大、敏感生态影响的建设项目，区域、流域开发项目，应提出长期的生态监测计划、科技支撑方案，明确监测因子、方法、频次等。

（3）明确施工期和运营期管理原则与技术要求。可提出环境保护工程分标与招投标原则，施工期工程环境监理，环境保护阶段验收和总体验收，环境影响后评价等环保管理技术方案。

第二节 生态影响评价图件规范与要求

生态影响评价图件是指以图形、图像的形式，对生态影响评价有关空间内容的描述、表达或定量分析。生态影响评价图件是生态影响评价报告的必要组成内容，是评价的主要依据和成果的重要表示形式，是指导生态保护措施设计的重要依据。

本节内容主要适用于生态影响评价工作中表达地理空间信息的地图。生态影响评价图件应遵循有效、实用、规范的原则，根据评价工作等级和成图范围以及所表达的主题内容选择适当的成图精度和图件构成，充分反映出评价项目、生态因子构成、空间分布以及评价项目与影响区域生态系统的空间作用关系、途径或规模。

一、图件构成

生态影响评价图件不仅是现状调查、评价和预测成果的展示，而且是提高对生态时空特征的整体认识、深化对评价各要素研究的有力手段。根据评价项目自身特点、评价工作等级以及影响区域生态敏感性不同，将生态影响评价图件分为基本图件和推荐图件两部分；又根据不同评价等级要求的工作深度不同，将生态影响评价图件划分为三级，如表 7-2 所示。

表 7-2 生态影响评价图件构成要求

评价等级	基本图件	推荐图件
一级	（1）项目区域地理位置图 （2）工程平面图 （3）土地利用现状图 （4）地表水系图 （5）植被类型图 （6）特殊生态敏感区和重要生态敏感区空间分布图	（1）当评价工作范围内涉及山岭重丘区时，可提供地形地貌图、土壤类型图和土壤侵蚀分布图； （2）当评价工作范围内涉及河流、湖泊等地表水时，可提供水环境功能区划图；当涉及地下水时，可提供水文地质图件等； （3）当评价工作范围涉及海洋和海岸带时，可提供海域岸线图、海洋功能区划图，根据评价需要选做海洋渔业资源分布图、主要经济鱼类产卵场分布图、滩涂分布现状图；

评价等级	基本图件	推荐图件
一级	(7) 主要评价因子的评价成果和预测图 (8) 生态监测布点图 (9) 典型生态保护措施平面布置示意图	(4) 当评价工作范围内已有土地利用规划时，可提供已有土地利用规划图和生态功能分区图； (5) 当评价工作范围内涉及地表塌陷时，可提供塌陷等值线图； (6) 此外，可根据评价工作范围内涉及的不同生态系统类型，选作动植物资源分布图、珍稀濒危物种分布图、基本农田分布图、绿化布置图、荒漠化土地分布图等
二级	(1) 项目区域地理位置图 (2) 工程平面图 (3) 土地利用现状图 (4) 地表水系图 (5) 特殊生态敏感区和重要生态敏感区空间分布图 (6) 主要评价因子的评价成果和预测图 (7) 典型生态保护措施平面布置示意图	(1) 当评价工作范围内涉及山岭重丘区时，可提供地形地貌图和土壤侵蚀分布图； (2) 当评价工作范围内涉及河流、湖泊等地表水时，可提供水环境功能区划图；当涉及地下水时，可提供水文地质图件； (3) 当评价工作范围内涉及海域时，可提供海域岸线图和海洋功能区划图； (4) 当评价工作范围内已有土地利用规划时，可提供已有土地利用规划图和生态功能分区图； (5) 评价工作范围内，陆域可根据评价需要选做植被类型图或绿化布置图
三级	(1) 项目区域地理位置图 (2) 工程平面图 (3) 土地利用或水体利用现状图 (4) 典型生态保护措施平面布置示意图	(1) 评价工作范围内，陆域可根据评价需要选做植被类型图或绿化布置图； (2) 当评价工作范围内涉及山岭重丘区时，可提供地形地貌图； (3) 当评价工作范围内涉及河流、湖泊等地表水时，可提供地表水系图； (4) 当评价工作范围内涉及海域时，可提供海洋功能区划图； (5) 当涉及重要生态敏感区时，可提供关键评价因子的评价成果图

（一）基本图件

基本图件是指根据生态影响评价工作等级不同，各级生态影响评价工作需提供的必要图件。基本图件的要求，进一步强调了评价的准确性和措施的可操作性，提出当评价项目涉及特殊生态敏感区域和重要生态敏感区时必须提供能反映生态敏感特征的专题图，如保护物种空间分布图；当开展生态监测工作时必须提供相应的生态监测点位图；明确要求给出典型生态保护措施平面布置示意图，以增加生态保护措施的具体性和可操作性。

基本图件由三部分组成，包括反映项目特点的图件、反映生态现状调查一评价—影响预测的图件和反映保护措施的图件。项目特点图件，包括项目区域地理位置、工程平面；生态现状调查—评价—影响预测图件，包括土地利用现状、植被类型、地表水系、特殊生态敏感区和重要生态敏感区空间分布、生态监测布点、主要评价因子的评价成果和预测；生态保护措施图件，即典型生态保护措施平面布置示意图。

根据评价等级的依次降低，基本图件的构成也趋于简化，如一级评价由 9 份图件组成，二级评价由 7 份图件组成，三级评价则由 4 份图件组成。不同评价等级的基本图件构成如表 7-3 所示。

表 7-3　不同评价等级的基本图件构成

<table>
<tr><th colspan="3">评价等级</th><th>基本图件</th></tr>
<tr><td rowspan="3">一级</td><td rowspan="2">二级</td><td>三级</td><td>（1）项目区域地理位置图
（2）工程平面图
（3）土地利用现状图
（4）典型生态保护措施平面布置示意图</td></tr>
<tr><td></td><td>（5）地表水系图
（6）特殊生态敏感区和重要生态敏感区空间分布图
（7）主要评价因子的评价成果和预测图</td></tr>
<tr><td colspan="2"></td><td>（8）植被类型图
（9）生态监测布点图</td></tr>
</table>

（二）推荐图件

推荐图件是指在现有技术条件下可以图形图像形式表达的、有助于阐明生态影响评价结果图件，属于非强制性要求图件。根据评价工作范围内涉及生态类型不同，可选作相关图件来辅助说明调查、评价和预测的结果。

推荐图件针对评价工作范围涉及山地、水体、生态敏感区及相关生态区划等不同情景，提出了可供选作的图件类型。对应评价工作等级划分为一、二、三级，随评价工作等级的升高，可供选择图件类型相应丰富：

三级推荐图件包括地形地貌图、地表水系图、海洋功能区划图、植被类型图、绿化布置图。

二级推荐图件在三级推荐图件的基础上，增加土壤侵蚀分布图、水环境功能区划图、水文地质图、海域岸线图、土地利用规划图、生态功能分区图。

一级推荐图件在二级推荐图件的基础上，增加土壤类型图、海洋渔业资源分布图、主要经济鱼类产卵场分布图、滩涂分布现状图、塌陷等值线图、动植物资源分布图、珍稀濒危物种分布图、基本农田分布图、荒漠化土地分布图。

二、制图数据来源与时效要求

（一）信息源选择

生态影响评价制图数据的来源必须准确可靠，通常的数据来源包括：已有图件资料、采样、实验、地面勘测和遥感信息等。如通过对现有背景图件的扫描、配准、矢量化或者数据格式的转换获取背景专题数据；从测绘数据中获取 DEM、等高线、河流水系等数据；通过采样获取生物量、生物群落等数据；通过生物习性模拟、生物毒理实验等获取受影响生态因子的变化机理数据；通过生态监测获取受保护物种生境、物种迁徙及非生物因子的变化趋势等数据；从统计年鉴中获取人口、经济、环境质量等数据；遥感解译获取植被类型、植被覆盖度、土地利用等数据；从水文、地质、土壤等专题数据库中提取区域部分专题数据等。

1．实地采样、实验、现场监测和地面勘测应遵循相关标准规范的要求

2．已有图件资料选择

已有图件资料获取后，应从资料的现势性、完备性、精确性、可靠性等方面，分析其与评价项目生态影响是否匹配，确定资料的使用价值和程度。只有当图件资料的精度高于或相当于评价精度要求时，才能在本项目中直接引用；否则，需经实地调查、监测，对数据重新校正后使用。

3．遥感信息源选择

随着遥感技术的飞速发展，遥感信息的获取趋向全波段、全天候、全球覆盖和高分辨率，突破了时间和空间的局限，遥感信息已成为生态影响评价的主要数据源之一。在遥感信息源选择中，图像的空间分辨率、波谱分辨率和时间分辨率是主要指标。

（1）空间分辨率的选择

空间分辨率指遥感图像中一个像元所对应的地面范围的大小，如 Landsat-TM 影像的一个像元对应的地面范围是 30 m×30 m，那么其空间分辨率就是 30 m。不同平台的遥感器所获取的图像信息满足成图精度的范围是不同的，因此针对不同空间尺度的生态评价对象和制图精度要求，选择不同空间分辨率的影像就尤为重要。如省级、区域级的生态信息的获取可选择 Landsat-TM、CEBERS、ASTER、ALOS 等中等分辨率影像，局部区域生态信息的获取可选择 SPOT、IKNOS、QUICKBIRD 等高分辨率影像。

（2）波谱分辨率和波段的选择

波谱分辨率是由传感器所使用的波段数目（通道数）、波长、波段的宽度来决定的。地表物体在不同光谱段上有不同的吸收、反射特征，同一类型的地物在不同波段的图像上，不仅影像灰度有较大差别，而且影像的形状也有差异。遥感信息源的选择应根据生态影响评价的目的和要求，选择地物波谱特征差异较大的波段图像来反映地物信息，实际工作中表现为应针对评价对象选择对应波谱，并将符合要求的若干波段作优化组合，进行影像的合成分析与制图。如用选用 Landsat-TM 5、4、3 波段组合配以红、绿、蓝三种颜色生成假彩色合成图像，不仅图像颜色类似于自然色，较为符合人们的视觉习惯，而且由于信息量丰富，能充分显示各种地物影像特征的差别。

（3）时间分辨率和时相的选择

用传感器对同一目标进行重复探测时，相邻两次探测的时间间隔称为遥感图像的时间分辨率。遥感图像的时间分辨率差异很大，当生态影响评价中需要分析评价对象的动态变化时，需要根据对象本身的变化周期选择与之对应的遥感信息源。如反映水坝蓄水淹没范围等现象的动态变化，须选择短期或短期时间分辨率的遥感信息源。

（二）数据时效要求

图件基础数据来源应满足生态影响评价的时效要求，选择与评价基准时段相匹配的数据源。当图件主题内容无显著变化时，制图数据源的时效要求可在无显著变化期内适当放宽，但必须经过现场勘验校核。

区别于污染类项目，生态影响类项目往往具有工程涉及范围广、影响程度大、时间周期长等特点，在数据收集和监测上存在一定困难。因此，在以往的生态影响评价工作中，评价单位多采用前期相关研究成果作为评价的基础数据来源，这就涉及数据的现势性和准确性。《导则》要求只有当评价对象无显著变化时方可使用其相关数据源，而且应经过现场勘验校核才可以。如从土地利用来看，东部沿海城市的土地利用变化剧烈，西部内陆城市的土地利用变化则稍缓，一年前的土地利用调查数据在西部内陆经过校核后还可以使用，在东部沿海可能已经完全改变。

三、制图与成图精度要求

为保证生态影响评价的准确性和科学性，生态影响评价制图的工作精度一般不低于工程可行性研究制图精度，成图精度应满足生态影响判别和生态保护措施的实施。

（一）制图精度要求

制图比例决定着图上量测的精度和表示评价对象的详略程度。制图比例要求由生态影响评价范围、评价尺度确定，其基本原则为：评价范围越大，制图比例尺越低；评价尺度越小，制图比例尺越高。由于正常人的眼睛只能分辨出图上大于 0.1 mm 的距离，图上 0.1 mm 的长度，在不同比例尺地图上的实地距离是不一样的，如 1∶5 万图为 5 m，1∶10 万图为 10 m。制图比例与成图范围如表 7-4 所示。

表 7-4　制图比例尺与成图范围

比例尺	图上 1 cm 代表实地距离	实地面积 100 km^2 的区域成图大小
1∶25 万	2.5 km	4 cm×4 cm
1∶10 万	1 km	10 cm×10 cm
1∶5 万	0.5 km	20 cm×20 cm
1∶1 万	0.1 km	1 m×1 m
1∶5 000	0.05 km	2 m×2 m

（二）成图精度要求

生态影响评价成图应能准确、清晰地反映评价主题内容，成图比例不应低于表 7-5 中的规范要求（项目区域地理位置图除外）。当成图范围过大时，可采用点线面相结合的方式，分幅成图；当涉及敏感生态保护目标时，应分幅单独成图，以提高成图精度。

表 7-5　不同评价等级的成图比例

成图范围		成图比例尺		
		一级评价	二级评价	三级评价
面积	≥100 km^2	≥1∶10 万	≥1∶10 万	≥1∶25 万
	20～100 km^2	≥1∶5 万	≥1∶5 万	≥1∶10 万
	2～≤20 km^2	≥1∶1 万	≥1∶1 万	≥1∶2.5 万
	≤2 km^2	≥1∶5 000	≥1∶5 000	≥1∶1 万
长度	≥100 km	≥1∶25 万	≥1∶25 万	≥1∶25 万
	50～100 km	≥1∶10 万	≥1∶10 万	≥1∶25 万
	10～≤50 km	≥1∶5 万	≥1∶10 万	≥1∶10 万
	≤10 km	≥1∶1 万	≥1∶1 万	≥1∶5 万

生态影响成图比例结合我国生态类型项目特点，重点参考了我国基本地形图的比例尺系列，成图比例尺包括 1∶5 000、1∶1 万、1∶2.5 万、1∶5 万、1∶10 万、1∶25 万共六种。我国规定八种比例尺为国家基本地形图的比例尺系列，含 1∶5 000、1∶1 万、1∶2.5 万、1∶5 万、1∶10 万、1∶25 万、1∶50 万、1∶100 万地形图。其中，1∶5 000 和 1∶1 万地形图主要用于小范围内详细研究和评价地形用；1∶2.5 万地形图主要用于较小范围内详细研究和评价地形用；1∶5 万地形图是我国国民经济各部门和国防建设的基本用图，主要用于一定范围内较详细研究和评价地形用；1∶10 万地形图主要用于一定范围内较详细研究和评价地形用；1∶25 万地形图用于较大范围内的宏观评价和地理信息研究，可供区域规划、经济布局、生产布局和资

源开发利用底图；1∶50 万地形图和 1∶100 万地形图用于大范围内进行宏观评价和研究地理信息，可作为各部门进行经济建设总体规划，经济布局、生产布局、国土资源开发利用工作底图。

四、图形整饰规范

（一）相关参考规范

《国家基本比例尺地图图式第一部分 1∶500、1∶1 000、1∶2 000 地形图图式》（GB/T 20257.1—2006）；

《国家基本比例尺地图图式第二部分 1∶5 000、1∶10 000 地形图图式》（GB/T 20257.2—2006）；

《国家基本比例尺地图图式第三部分 1∶25 000、1∶50 000、1∶100 000 地形图图式》（GB/T 20257.3—2006）；

《国家基本比例尺地图图式第四部分 1∶250 000、1∶500 000、1∶1 000 000 地形图图式》（GB/T 20257.4—2006）；

《城市规划制图标准》（CJJ/T 97—2003）；

《综合水文地质图图例及色标》（GB/T 14538—1993）；

《区域地质图图例 1∶50 000》（GB 958—99）；

《地质图用色标准 比例尺 1∶500 000～1∶1 000 000》（GB 6390—86）；

《风景园林图例图示标准》（CJJ 67—95）；

《综合工程地质图图例及色标》（GB 12328—1990）；

《公共地理信息通用地图符号》（GB/T 24354—2009）；

《中国海图图式》（GB 12319—1998）；

《印刷规范地形图图式》（GB/T 5791—1993）；

《国土基础信息数据分类与代码》（GB/T 13923—1992）；

《1∶1 000 000 地形图编绘规范及图式》（GB 14512—1993）；

《数字地形图系列和基本要求》（GB/T 18315—2001）；

《地图符号库建立的基本规定》（CH-T 4015—2001）。

（二）图形整饰要求

图形整饰的目的是保证图件清晰易读，层次分明，富有美感。生态影响评价图件应符合专题地图制图的整饰规范要求，标准的图幅配置应包括图廓、图名、比例尺、方向标/经纬度、图例、注记、制图数据源（调查数据、实验数据、遥感信息源或其他）、制图单位、成图时间等要素。

1. 图廓

成图一般由外图廓和内图廓构成，外图廓用粗实线绘制，内图廓用细实线绘制。外图廓和内图廓之间可填充简洁花纹，添加方里网，注明公里数；内图廓四角可点标注经纬度，经纬度为度、分、秒格式。插图一般只绘制内图廓，省略外图廓。

2. 图名

图名应书写应规范，图名汉字宜采用宋体、黑体等字体，数字多采用 Times New Roman。图名宜位于图廓外上方，副标题字号通常略小于主标题字号的。

3. 比例尺图标

常见比例尺有三种：数字表示、直线比例尺、经纬线比例尺。由于小比例尺地图变形较大，一幅地图上各处变形不一致，用纬线比例尺虽然可以消除一部分误差，但仍不能用于精确量测。比例尺小于百万分之一的地图，多绘有经纬线比例尺，同时还注有数字比例尺。大比例尺地图可采用数字比例尺或直线比例尺的形式。数字比例尺形式如“1∶100 000”，直线比例尺形式如 0 10 20 40 km 。比例尺通常绘于图廓内，位置根据图形范围和边框特征确定。

4. 指北针与风向玫瑰图

指北针与风向玫瑰图可绘制在图幅内右上角或左上角。有风向资料的地区采用 16 方向或 8 方向风向玫瑰图；其他地区采用指北针式样。当小比例尺地图变形较大时，可采用经纬网的方式表征方向。

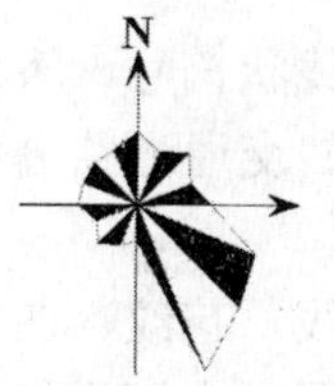

16 方向风向玫瑰图（示意）

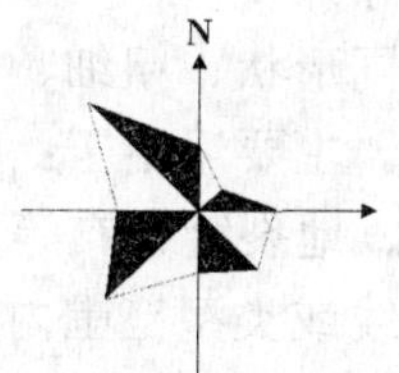

8 方向风向玫瑰图（示意）

指北针（示意）

5. 图例

图例由图形（线条、色块或符号）与文字组成，一般绘制在图幅内左下角或右下角。图例内容的排列应遵循一定的逻辑性，从上到下或从左到右按点、线、面，或者颜色由浅至深，或者专题要素分类顺序依次排列。

6. 文字注记

图件注记包括名称注记、说明注记和数字注记，其构成元素包括字体（字形）、字级、字色、字距等。字体表示制图对象的名称和类别、性质；字级指字的大小，常反映被注对象的等级和重要性，越是重要的事物，其注记越大，反之亦然；字色和字体作用相同，常结合字体变化用于增强类别、性质差异；字距大小以方便确定制图对象的分布范围为依据，且每一单体对象注记的字距应相等。

7. 署名和制图日期

制图单位、制图时间、制图人从左到右依次绘制于图廓外正下方。编制日期为成果的完成日期。

（三）符号和色彩设置

1. 符号设置

（1）原则

标志性原则：符号设计应能充分地表现和区分地物。

普遍性原则：符合环境制图中的常用习惯。

简单美观性原则：符号设计应简单明了，同时与整体的制图风格相匹配。

灵活性原则：符号的设计和制作必须满足地图的精度要求，其色彩、大小、旋转、平面位置等可进行更改，但不能引起形变。

（2）分类及适用范围

符号包括 6 方面特征：形状、大小、方向、亮度、结构与色彩。通常根据符号的形状，将其划分为点状、线状和面状三类。

点状符号，即用各种不同形状、大小、颜色和结构的点状符号，表示生态要素空间分布及数量和质量特征。主要适用于：项目所在地、景点、敏感目标分布、监测点位布设、保护措施位置等。

线状符号，即用各种不同形状、粗细、长度、颜色的线状符号，表示生态要素空间分布及数量和质量特征。主要适用于：河流水系分布、交通道路分布、行政区边界、保护目标范围、断层、地裂缝分布等。

面状符号，即在区域界线或类型范围内填充颜色、晕线、花纹、图片以显示布满制图区域生态要素的质量差别。主要适用于：地貌类型图、土壤类型图、植被类型图、水文地质图、土地利用现状图、海洋、湖泊、较大的河流、规划图、环境功能区划图等。

2. 色彩设置

色彩是表达地图科学内容的重要手段，也是衡量地图质量的重要指标，色彩能提高地图的可读性。

（1）天然色原则

地图设色应尽可能与制图对象的天然颜色相接近，制图实践中总结出的常用色彩，其表示的地图要素已约定成俗。如：

绿：旅游、园林、树林、花卉、草原、平原；

蓝：河流、湖泊、泉水、瀑布等水体以及湿润、冰雪、航海线、航空线；

黄、土黄：干旱、光照、建设用地、耕地；

红：道路、干燥以及重要地物；

棕：山地、丘陵、高原、等高线、交通；

黑：铁路、居民地以及注记等；

灰：未利用地。

（2）象征、涵义原则

根据人们对色彩的感觉来设色。如冷色调（绿、蓝、紫）和暖色调（黄、红、橙）给人感觉明显不同。暖色一般用来表示亚热带、热带气候，冷色表示寒温带、温带气候；蓝、绿色表示湿润，黄、棕色表示干旱等。

（3）协调性原则

相邻地物用色应缓冲协调，颜色差异不要过渡太大，以免影响视觉效果。但在一张图内，所有颜色之间应能区分出不同的地物，如植被中的针叶林、阔叶林、草原等类型分别用暗绿色、绿色、草绿色表示；土壤中的黑钙土、褐土、棕壤、黄壤、红壤就是通过土壤颜色命名的，在地图上可以选用深灰色、褐色、棕色、黄色和红色表示。

第三节　《土壤环境质量标准》

一、土壤环境质量分类

根据土壤应用功能和保护目标，划分为三类。

Ⅰ类。主要适用于国家规定的自然保护区（原有背景重金属含量高的除外）、集中式生活饮用水源地、茶园、牧场和其他保护地区的土壤，土壤质量基本上保持自然背景水平。这一类土壤中的重金属含量基本上处于自然背景水平，不致使植物体发生过多的积累，并使植物含量基本上保持自然背景水平。自然保护区土壤应保持自然背景水平，纳入Ⅰ类环境质量要求；但某些自然保护区（如地质遗迹类型），原有背景重金属含量较高，则可除外，不纳入Ⅰ类要求。为了防止土壤对地面水或地下水源的污染，集中式生活饮用水源地的土壤按Ⅰ类土壤环境质量来要求。对于其他一些要求土壤保持自然背景水平的保护地区土壤，也按Ⅰ类要求。

Ⅱ类。主要适用于一般农田、蔬菜地、茶园、果园、牧场等土壤，土壤质量基本上不对植物和环境造成危害和污染。这一类土壤中的有害物质（污染物）对植物生长不会有不良的影响，植物体的可食部分符合食品卫生要求，对土壤生物特性不致恶化，对地面水、地下水不致造成污染。一般农田、蔬菜地、果园等土壤纳入Ⅱ类土壤环境质量要求。

鉴于一些植物茎叶对有害物质富集能力较强，有可能使茶叶或牧草超过茶叶卫生标准或饲料卫生标准，可根据茶叶、牧草中有害物质残留量，确定茶园、牧场土壤纳入Ⅰ类或Ⅱ类土壤环境质量。

Ⅲ类。主要适用于林地土壤及污染物容量较大的高背景值土壤和矿产附近等地的农田土壤（蔬菜地除外）。土壤质量基本上不对植物和环境造成危害和污染。Ⅲ类尽管规定标准值较宽，但也是要求土壤中的污染物对植物和环境不造成危害和污染。一般说来，林地土壤中污染物不进入食物链，树木耐污染能力较强，故纳入Ⅲ类环境质量要求。原生高背景值土壤、矿产附近等地土壤中的有害物质虽含量较高，但这些土壤中有害物质的活性较低，一般不造成对农田作物（蔬菜除外）和环境的危害和污染，可纳入Ⅲ类；若监测有危害或污染，则不可采用Ⅲ类。

二、土壤环境质量标准分级

1．一级标准

为保护区域自然生态，维护自然背景的土壤环境质量的限制值。Ⅰ类土壤环境质量执行一级标准。

2．二级标准

为保障农业生产，维护人体健康的土壤限制值。Ⅱ类土壤环境质量执行二级标准。

3．三级标准

为保障农林生产和植物正常生长的土壤临界值。Ⅲ类土壤环境质量执行三级标准。

三、生态环境效应

二级标准的制定，主要依据土壤中有害物质对植物和环境不造成危害和污染的影响。按表 7-6 进行制定。对于重金属的污染，一般可不考虑对大气环境质量的影响问题。土汞虽有气态汞的逸出，但农村大气稀释能力强，且土汞浓度不会很高，因而对大气环境质量的影响不大。

表 7-6 确定土壤重金属标准值的依据

体系	土壤—植物体系		土壤—微生物体系		土壤—水体系	
内容	农产品卫生质量	作物生长	微生物效应		环境效应	
			生化指标	微生物计数	地下水	地面水
目的	防止污染食物链，保证人体健康	保持良好的生产力和经济效益	保持土壤生态处于良性循环		不引起次生的水环境污染	
标准	食品卫生标准、饲料卫生标准或茶叶卫生标准	按减产 10%以上为准	凡一种以上的生化指标出现的变化＞25%	微生物计数指标出现的变化＞50%	生活饮用水卫生标准（GB 5749）	地表水环境质量标准（GB 3838）

土壤—植物体系，包括农产品卫生质量和作物生长两个方面。农作物提供的粮食、蔬菜、水果，按食品卫生标准为准，饲料按饲料卫生标准为准，茶叶按茶叶卫生标准为准。作物生长受到不良的影响，按减产10%以上为准。

土壤—微生物体系主要是反映土壤肥力特征的。土壤微生物数量或土壤酶活性强度历来被视为评价土壤活性或肥力的主要依据。土壤中的有毒物质是否对微生物产生不良的效应，微生物计数指数按出现的变化＞50%和生化指标按出现的变化＞25%为准。

土壤—水体系，包括地面水和地下水两个方面，以不引起水体次生污染为原则，按《地表水环境质量标准》、《生活饮用水标准》为准。

通过上述三个体系的土壤中的有害物质数量与土壤、植物、水环境效应的关系研究，可以获得各个体系的临界浓度值或称环境基准值，取其最小值为土壤环境基准值，再结合社会经济、技术等情况，经综合考虑确定标准值。

四、土壤环境质量监测

1. 土壤样品采集

土壤样品的采集是监测工作中十分重要的一个环节，在采样上发生的误差，往往比分析的测定误差大，造成影响也大。采样不正确时，任何良好的分析工作，也是无能为力的。要严格采样，所采土样应具有代表性，能真实地反映出自然界的土壤情况。

污染物在土壤中无论是纵向分布或是横向分布，都是不均一的。分布的不均一性，给采样带来复杂性。若进行不同地块（地区）或时间之间的相互比较，应增加采样点的重复数，得出各自的平均值和标准差，以便进行统计学的比较，明确差异。

关于污染土壤样品的采样点选择、采样时间、采样量、采样方法、注意事项等，在《环境监测分析方法》都有叙述，可参照采用。

土壤中元素自然背景值调查和采样，与土壤污染监测有所不同，可参照《土壤元素的近代分析方法》（中国环境监测总站编著）的有关章节进行工作。

2. 分析方法

土壤中的六六六和滴滴涕执行国标方法（GB/T 14550 土壤质量六六六和滴滴涕的测定气相色谱法），其他项目尚无国标方法颁布，暂采用已公开出版的有关测定方法。

土壤中重金属元素（铜、锌、铅、镉等）总量的测定，近20多年来，国内大多采用王水—高氯酸消解、原子吸收分光光度法测定。中国环境监测总站在土壤背景值测定中，进行了土壤酸分解方法的比较研究，采用氢氟酸进行全分解（即把土壤的矿物品格彻底破坏，使土壤中的待测元素全部进入试样溶液中），结果表明：采用王水—高氯酸消解法，镉、铜、锌、镍可溶解出全分解法的90%以上，一般仅偏低 3%～5%，影响不大；但铅、铬只能达 50%～70%（视土壤而定），要偏低 30%～50%，影响甚大。因此，在本标准的方法选配上，土壤铅、铬总量采用加氢氟酸等酸的全分解法消解，而土壤镉、铜、锌、镍等总量的消解，既有王水—高氯酸法，也有全分解法。

第八章　开发区区域环境影响评价技术导则

开发区区域环境影响评价就是在一定区域内以可持续发展为目标，以区域开发规划为依据，从整体上综合考虑区域内拟开展的各种社会经济活动对环境产生的影响，并据此制定和选择维护区域良性循环，实现经济可持续发展的最佳行动规划或方案，同时也为区域开发规划和管理提供决策依据。

《开发区区域环境影响评价技术导则》（HJ/T 131—2003）是我国颁布的第一个适用于区域性环境影响评价的技术导则，该导则规定了各类开发区区域环境影响评价的工作程序、内容和方法，是开展开发区区域环境影响评价的重要规范性技术文件。

第一节　总　则

一、适用范围

该导则适用于国家或地方政府批准建设的各种类型的开发区，如经济技术开发区、高新技术开发区、保税区、边境经济合作区、旅游度假区、各种类型的工业园区及成片土地开发等类似区域开发的环境影响评价。这些开发区普遍具有以下特征：

（1）占地面积大，一般占地面积均在 1 km^2 以上。

（2）性质复杂，一般一个开发区涉及多种行业。

（3）管理层次较多，除有专门的开发区管理机构外，每个开发项目一般均有独立的法人。

（4）不确定因素多，许多开发区初期仅具有开发性质，但具体的开发项目往往不确定。

（5）环境影响范围大，程度深。

（6）有条件实施污染物集中控制和治理。

二、开发区环境影响评价重点

针对开发区区域环境影响评价的特点，在开发区区域环境影响评价中应重点考虑四个方面。

识别开发区的区域开发活动可能带来的主要环境影响以及可能制约开发区发展的环境因素；分析确定开发区主要相关环境介质的环境容量，提出合理的污染物排放总量控制方案；从环境保护角度论证开发区环境保护基础设施建设，包括污染集中治理设施的规模、工艺和布局的合理性、优化污染物排放口及排放方式；对拟议的开发区各规划方案（包括开发区选址、功能区划、产业结构与布局、发展规模、基础设施建设、环保设施等）进行环境影响分析比较和综合论证，提出完善开发区规划的建议和对策。

1．环境问题及可能制约开发区发展的环境因素识别

环境问题的识别应根据开发区的性质、规模、建设内容、发展规划并结合区域环境现状进行。通过调查区域的主要环境敏感点、环境资源、环境质量现状等，结合开发区的开发活动来判断可能产生的主要环境问题、影响程度及主要环境制约因素。在识别开发区主要环境问题和制约因素时，应充分考虑到开发区外可能给开发区带来的环境问题和制约因素，如区外的重大污染源对区内的影响，区外重要敏感点对区内开发活动的制约等。

2．计算环境容量与提出污染物排放总量控制方案

实施区域污染物排放总量控制是维护区域可持续发展的重要保证。环境容量是指人类和自然环境不致受害的情况下，其所能容纳的污染物的最大负荷。环境容量的大小与该环境的社会功能、环境质量现状、污染源特征、污染物性质以及环境的自净（扩散）能力等相关因素有关。通常所说的环境容量是指在确定的环境目标值下，区域环境所能够容纳的污染物最大允许排放量。

合理的污染物排放总量控制方案包含有两层意思，一是指排污量的合理分配，采用优化的方法（如线性规划法），将区域所确定的排污总量合理地分配到区内的每一个污染源上；二是指污染物总量控制的合理性，即所确定的排污总量应充分考虑到区域现有的经济技术条件，为区域经济的可持续发展留有充分的余地。

3．环保方案论证

从环境保护角度论证开发区环境保护方案，如污染物集中治理方案（包括治理设施的规模、工艺和布局的合理性等）；生态建设方案（包括生态恢复、补偿、绿化等）；水土保持方案等。

对区域污染物进行集中治理是区域环评的一个特点，在单个建设项目评价中很难做到这一点，这些集中治理的措施包括区域集中供热、供气、污水集中处理、固废集中处置等。在开发区区域环评中，应对区域污染物集中治理的方案从规模、选址、工艺和布局、治理效果等方面进行分析。

区域开发活动如果导致某些生态环境功能的丧失或改变，为保障区域的可持续发展，必须对生态环境进行建设、补偿和改善，包括对某些生态功能的恢复措施、对生态损失的补偿措施以及相应的区域总体绿化措施等。

4．规划方案综合论证

对拟议的开发区各规划方案（包括开发区选址、功能区划、产业结构与布局、发展规模、基础设施建设、环保设施等）进行环境影响分析和综合论证，提出修改和完善开发区规划的建议和对策。

开发区的规划方案一般是由建设单位委托规划设计部门作出的，在开发区区域环境影响评价中需要对规划方案从环境影响的角度做出分析和评价。例如对开发区选址，应从土地利用的合理性、拟选开发区位置周围的环境敏感性、开发区各类污染物排放的环境条件、开发区的地质条件和资源条件等方面进行分析，根据分析论证结果说明选址的合理性和不足之处，并提出对策建议。从环境保护角度来说，选址不合理的开发区应考虑对规划方案做重大调整或重新选址。

三、开发区区域环境影响评价工作程序

在进行开发区区域环境影响评价时，一般可按图 8-1 所示程序开展工作。

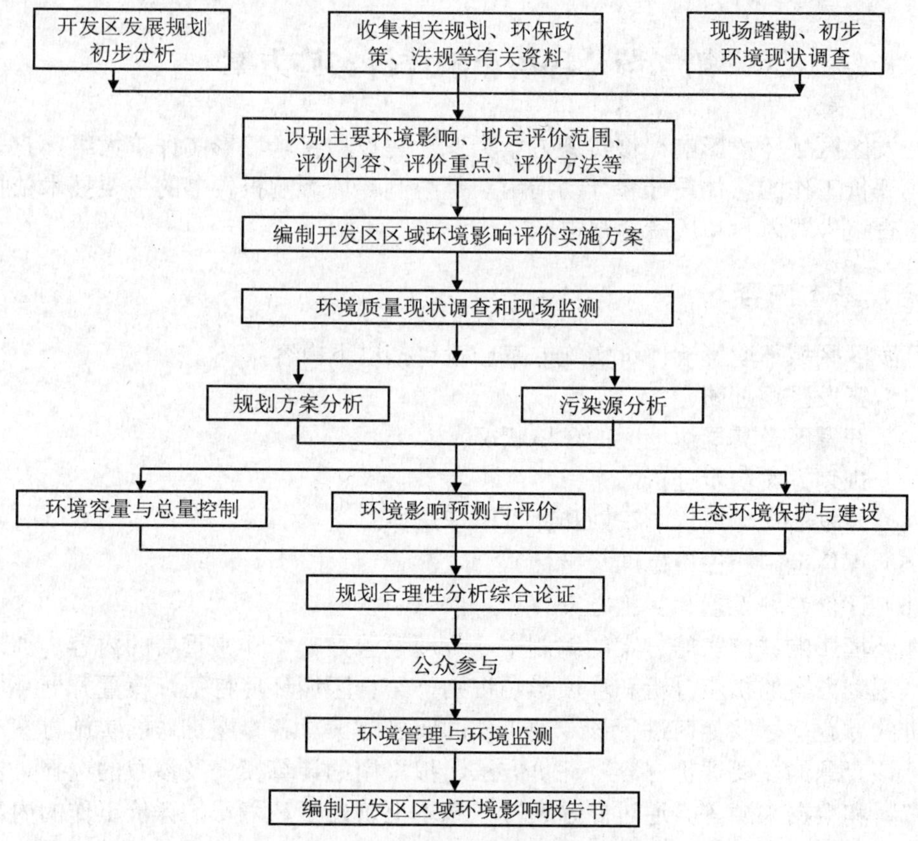

图 8-1　开发区区域环境影响评价工作程序

开发区区域环境影响评价工作大体分为两个阶段：第一阶段为编制评价实施方案阶段，主要工作为研究区域开发规划及与规划相关的文件，进行初步的影响源分析和环境现状调查，筛选主要评价项目，确定各环境要素的评价范围，编制区域环评实施方案；第二阶段为报告书编制阶段，主要工作为进一步进行影响源分析、环境现状调查及现场监测，开展环境影响预测与评价、规划方案合理性分析及综合论证、环境保护基础设施方案合理性分析及综合论证、环境容量分析与总量控制方案制订以及区域环境管理与监测计划等。汇总分析上述各种资料、数据，给出环境影响评价结论，提出减缓环境不利影响的进一步建议，完善区域开发规划，在此基础上编制开发区区域环境影响报告书。

整个评价工作的过程中，评价单位应经常性地与规划部门、环保部门、开发区管理机构等进行有效的沟通，尤其应及时将评价的成果（含阶段性成果）反馈给规划部门以便于其及时修改、调整规划方案，以真正地提高开发区区域环境影响评价的有效性。

第二节 环境影响评价实施方案

开发区区域环境影响评价实施方案类似于建设项目环境影响评价大纲，它是环境影响评价工作的总体设计和行动指南，是编制环境影响报告书的主要技术依据，也是检查报告书内容和质量的判定标准。

一、基本内容

开发区区域环境影响评价实施方案一般包括以下内容：

（1）开发区规划简介。

（2）开发区及其周边地区的环境状况。

（3）规划方案初步分析。

（4）开发活动环境影响识别和评价因子选择。

（5）评价范围和评价标准（指标）。

（6）评价专题设置和实施方案。

在环境影响评价实施方案的编制中，专题设置是一个非常重要的内容。通过对开发区规划方案的初步分析和环境影响识别，结合区域环境特征，设置开展环境影响评价的专题，以及如何进行该专题工作的实施方案。各专题工作的实施方案一般应包括该专题的主要评价内容、评价方法、拟采用的计算模式及参数的选择、评价所用资料和数据来源等。通过专题设置，基本上确定了环境影响评价工作的内容、深度，为今后环境影响报告书的编制质量打下基础。

二、环境影响识别

1．识别要求

（1）按照开发区的性质、规模、建设内容、发展规划、阶段目标和环境保护规划，结合当地的社会经济发展总体规划、环境保护规划和环境功能区划等，调查主要敏感环境保护目标、环境资源、环境质量现状，分析现有环境问题和发展趋势，识别开发区规划可能导致的主要环境影响，初步判定主要环境问题、影响程度以及主要环境制约因素，确定主要评价因子。

（2）主要从宏观角度进行自然环境、社会经济两方面的环境影响识别。

（3）一般或小规模开发区主要考虑对区外环境的影响，重污染或大规模（大于10 km^2）的开发区还应识别区外经济活动对区内的环境影响。

（4）突出与土地开发、能源和水资源利用相关的主要环境影响的识别分析，说明各类环境影响因子、环境影响属性（如可逆影响、不可逆影响），判断影响程度、影响范围和影响时间等。

2．识别方法

影响识别方法一般有矩阵法、网络法、GIS 支持下的叠加图法等。

（1）矩阵法

矩阵法将规划目标、指标以及规划方案与环境因素作为矩阵的行与列，并在相对应位置填写用以表示人为活动与环境因素之间的因果关系的符号、数字或文字。简单矩阵是两个一览表的综合。一个描述拟采用的行动的潜在影响（列），另一个列出包括社会、经济、环境条件等可能受影响的环境因子（行）。一般的在矩阵的后面都附有一个说明，给出每一个单元中数值取得过程。使用者则应该寻找原始资料从而确定哪些行动的影响最为显著。

矩阵法有简单矩阵、定量的分级矩阵（即相互作用矩阵，又叫 Leopold 矩阵）、Phillip-Defillipi 改进矩阵、Welch-Lewis 三维矩阵等。

在区域环评中的应用：通过列表的形式来寻找开发区规划的实施可能带来的环境影响，根据这些影响进行规划方案筛选和环境影响识别。具体步骤如下。

- 找出规划制定、实施、实施后的主要人类行为，将其作为矩阵的行；
- 识别主要的受影响因子，包括社会、经济、环境、资源等方面，并将这些因子作为矩阵的列；
- 根据专家和公众的意见，对每种人类活动与受影响因子之间的直接关系，也可根据一定的规则进行打分。

具有的特点：

优点：可直观地表示交叉或因果关系；可表示和处理那些由模型、图形叠置和主观评估方法取得的量化结果；将矩阵中每个元素的数值，与对各环境资源、生态系统和人类社区的各种行为产生的累积效应的评估很好地联系起来。

缺点：对影响产生的机理解释较少，不能表示影响作用是立即发生的还是延后的，长期的还是短期的；难以处理间接影响，也难以反映规划在复杂时空关系上的不同层次的影响。

（2）网络法

网络法是用网络图表示活动造成的环境影响以及各种影响之间的因果关系，以原因—结果关系树来表示环境影响链，多层影响逐级展开，呈树枝状，故又称影响关系树或影响树。网络法主要有两种形式：因果网络法和影响网络法。

因果网络法的实质是一个包含有规划与调整行为、行为与受影响因子以及各因子之间联系的网络图。因果网络图的优点在于可以识别环境影响的发生途径，便于依据因果关系考虑减缓及补给措施，缺点在于因果关系要么过于详细，致使在一些不太重要或者根本不可能发生的一些影响上花费太多时间、人力、物力和财力，要么就是因果关系考虑得过于笼统，导致遗漏重要影响，尤其可能遗漏间接影响。

影响网络法则是将影响中的对经济行为与环境因子进行的综合分类以及因果网络法中对高层次影响的清晰的追踪描述结合进来，最后形成一个包含经济行为、环境因子和影响联系这三个评价因子的网络。

在区域环评中的应用：环境系统是由一个复杂的关系网组成的，许多行为的影响发生在远离行为本身的几个时期，其目的在于识别最初行为与最终环境结果之间的关键因果关系。

通过专业判断，画出流程图（行为、结果）和箭头（表示它们之间的相互作用）构成的网络系统，用来表示行为的直接影响和间接影响。

具有的特点：

优点：易于理解、透明，并有利于公众参与；快速，成本低；能明确地表述环境因子间的关联性和复杂性；识别有效实施开发规划的环境制约因素；能够为其他方法提供信息。

缺点：无法定量，不能重现；不能反映空间关系和时间跨度的变化影响；图表可能变得非常复杂。

（3）地理信息系统（GIS）

GIS 在计算机软件和硬件的支持之下，以空间数据为基础，储存、检索、处理、显示数据的属性信息和空间信息，并采用地理模型分析法，适时提供多种空间和动态的地理信息。GIS 具有强大的数据库管理功能，同时又能将属性数据与空间数据有效的连接起来，建立各种地理对象的拓扑关系，实现对区域信息的查询、检索及有效管理，进行空间分析，并产生新的图形或信息。其特点在于它能够将自然过程和人类社会活动的各种信息与空间位置、空间分布及其空间关系通过数字化而有机地结合在一起。

在区域环评中的应用：可以将开发区规划中的各时期的环境状况和规划阶段目标在 GIS 中可视地表达，还可进行查询检索，其空间分析功能及其与模型（环境预测模型或决策分析模型）技术的结合可在多方案的环境影响预测中发挥重要作用。

完成制作具有属性数据的地图，比如缓冲区的设置、环境影响的范围和强度等，并在系统中对各种不同规划方案进行比较，为决策者在道路选线等问题上的决策提供技术支持。

具有的特点：

优点：对空间维的透彻分析，拓宽了时空分析范围，效应的累积可在不同的空间尺度上得到分析；以 GIS 为核心的 3S 技术可以迅速提供高质量的空间数据；可视化；多学科整合优势；海量数据处理能力；强大的空间建模能力；GIS 的地图生成功能，效果直观，便于公众参与；信息容易更新，可以综合考虑过去、现在、未来的影响。

缺点：实施费用高；需要一定的专业技术；局限于那些具有空间属性的影响；不能确认和分析累积的因果关系，不能区分累积的作用方式；很难量化影响；耗费时间。

（4）叠图法

叠图法是将一系列关于某区域环境特征，包括自然条件、社会背景、经济状况等的专题地图叠放在一起，形成一张能综合反映区域环境信息的空间特征的地图。具体到开发区区域环境影响评价中，还可以将规划所影响的范围、强度在地图上表示出来，与原有的自然条件、社会背景、经济状况等专题地图叠放在一起，形成一张能综合反映环境影响的空间特征的地图，可以直观、清楚的显示每一个地理单元上的信息群，因此广泛应用于环境影响识别和环境影响评价中。

叠图技术已从最初的在透明胶片上进行手工绘制，进行到目前的借助于现代化的遥感技术及 GIS 软件用计算机生成。借助于计算机技术，可以解决手工操作的困难，还可以引进地理信息系统的叠置分析、缓冲区分析等功能。

在区域环评中的应用：叠图法适用于评价规划区域现状的综合分析，环境影响识别（判断环境影响范围、性质和程度），并比较不同方案下环境受到的影响尤其是累积影响，以确定其是否适合规划。

应用于现状的综合分析和环境影响识别时，只要将受影响地区（如自然保护区、野生动植物和地下水的重要区域）的透明图片叠加起来。应用于环境影响评价时，需要将规划影响的范围和强度图与上述地图重叠即可，在合成图上作用因素和环境特征有重合的即视为有影响。

具有的特点：

优点：直观、形象；可以表现单个影响和复合影响的空间分布；能够得到易于理解的结果，这些结果能够用于公众参与；不需要专家参与就能完成；适用于所有范围。

缺点：只能用于那些可以在地图上表示的影响；耗时，而且成本昂贵，尤其在采用地理信息系统技术时；如果不采用地理信息系统技术，很难保证信息不过时；

无法表达“源”与“受体”的因果关系；无法综合评价环境影响的强度或环境因子的重要性。

三、确定评价范围

1．基本要求

按不同环境要素和区域开发建设可能影响的范围确定环境影响评价的范围。环境影响评价范围应包括开发区、开发区周边地域以及开发建设直接涉及的区域（或设施）。区域开发建设涉及的环境敏感区等重要区域必须纳入环境影响评价的范围，应保持环境功能区的完整性。

2．基本原则

确定各环境要素的评价范围应体现表 8-1 所列基本原则，具体数值参照有关环境影响评价技术导则。

表 8-1　确定评价范围的基本原则

评价要素	评价范围
陆地生态	开发区及其周边地域，参考 HJ/T 19—1997
空气	可能受到区内和区外大气污染影响的，根据所在区域现状大气污染源、拟建大气污染源和当地气象、地形等条件而定
地表水(海域)	与开发区建设相关的重要水体/水域（如水源地、水源保护区）和水污染物受纳水体，根据废水特征、排放量、排放方式、受纳水体特征确定
地下水	根据开发区所在区域地下水补给、径流、排泄条件，地下水开采利用状况量，及其与开发区建设活动的关系确定
声环境	开发区与相邻区域噪声适用区划
固体废物管理	收集、贮存及处置场所周围

四、规划方案初步分析

规划方案初步分析的内容及要求如下述。

1．开发区选址的合理性分析

根据开发区性质、发展目标和生产力配置基本要素，分析开发区规划选址的优势和制约因素。开发区生产力配置一般有 12 个基本要素，即土地、水资源、矿产或原材料资源、能源、人力资源、运输条件、市场需求、气候条件、大气环境容量、水环境容量、固体废物处理处置能力、启动资金。

2．开发区规划目标的协调性分析

按主要的规划要素，逐项比较分析开发区规划与所在区域总体规划、其他专项规划、环境保护规划的协调性，包括区域总体规划对该开发区的定位、发展规模、布局要求，对开发区产业结构及主导行业的规定，开发区的能源类型、污水处理、固体废物处置、给排水设计、园林绿化等基础设施建设与所在区域总体规划中各专项规划的关系，开发区规划中制定的环境功能区划是否符合所在区域环境保护目标和环境功能区划要求等。

可采用列表的方式说明开发区规划发展目标及环境目标与所在区域规划目标及环境保护目标的协调性。

五、评价专题设置

1. 专题设置的基本要求

评价专题的设置要体现区域环评的特点，突出规划的合理性分析和规划布局论证、排污口优化、能源清洁化和集中供热（气）、环境容量和总量控制等涉及全局性、战略性内容。

2. 通常需要设置的专题

开发区区域环境影响评价一般设置以下专题：

（1）环境现状调查与评价。

（2）规划方案分析与污染源分析。

（3）环境空气影响分析与评价。

（4）水环境影响分析与评价。

（5）固体废物管理与处置。

（6）环境容量与污染物总量控制。

（7）生态环境保护与生态建设。

（8）开发区总体规划的综合论证与环境保护措施。

（9）公众参与。

（10）环境监测和管理计划。

3. 其他专题

专题设置时应注意根据评价工作的具体内容进行调整，区域开发可能影响到地下水时，需要设置地下水环境影响评价专题，主要评价工作内容包括调查水文地质基本状况和地下水的开采利用状况、识别影响途径和选择预防对策和措施；涉及大量征用土地和移民搬迁或可能导致原址居民生活方式、工作性质发生大的变化时，需要设置社会影响分析专题；如果开发活动会带来较大的环境风险还应设置风险评价专题。

第三节 环境影响报告书的编制要求

一、环境影响报告书的基本内容

（一）编制要求

环境影响评价报告书是供环境保护主管部门和专家审查及存档的主要文件。环境影响报告书应做到文字简洁、图文并茂、数据翔实、论点明确、论据充分、结论清晰明确。

（二）基本章节

开发区区域环境影响报告书一般包括以下基本章节：

（1）总论。

（2）开发区总体规划与开发现状。

（3）环境现状调查与评价。

（4）规划方案分析与污染源分析。

（5）环境影响预测与评价。

（6）环境容量与污染物排放总量控制。

（7）开发区总体规划的综合论证与环境保护措施。

（8）公众参与。

（9）环境管理与环境监测计划。

（10）结论。

二、总论

总论一般应包括如下内容：

（1）开发区立项背景。

（2）环评工作依据（列出现行的环保法规、政策、开发区规划文本等）。

（3）环境保护目标与保护重点（包括所在区域的环境保护目标、环境保护重点），并在地图上标出可能涉及的环境敏感区域和敏感目标。

（4）环境影响评价因子与评价重点。

（5）环境影响评价范围。

（6）区域环境功能区划和环境标准（附区域环境功能区划图）。

三、开发区总体规划和开发现状

（一）开发区总体规划概述

（1）开发区性质。

（2）目标和指标。开发区不同规划发展阶段的目标和指标，包括开发区规划的人口规模、用地规模、产值规模、规划发展目标和优先目标以及各项社会经济发展指标。

（3）规划方案概述。开发区总体规划方案及专项建设规划方案概述，说明开发区内的功能分区，各分区的地理位置、分区边界、主要功能及各分区间的联系。附总体规划图、土地利用规划等专项规划图。

（4）环保规划。开发区环境保护规划（简述开发区环境保护目标、功能分区、主要环保措施）。附环境功能区划图。

（5）优先发展项目清单和主要污染物特征。

（6）在规划文本中已研究的主要环境保护措施和/或替代方案。

（二）现状回顾

对于已有实质性开发建设活动的开发区，应增加有关开发现状回顾，包括：

（1）开发过程回顾。

（2）区内现有产业结构、重点项目。

（3）能源、水资源及其他主要物料消耗、弹性系数等变化情况及主要污染物排放状况。

（4）环境基础设施建设情况。

（5）区内环境质量变化情况及主要环境问题。

四、开发区环境现状调查与评价

（一）区域环境概况

简述开发区的地理位置、自然环境概况、社会经济发展概况等主要特征，说明区域内重要自然资源及开采状况、环境敏感区和各类保护区及保护现状、历史文化遗产及保护现状。

（二）区域环境现状调查与评价基本内容

现状调查和评价一般包括如下内容：

（1）空气环境质量现状，二氧化硫和氮氧化物等污染物排放和控制现状。

（2）地表水（河流、湖泊、水库）和地下水环境质量现状（包括河口、近海水域水环境质量现状）、废水处理基础设施、水量供需平衡状况、生活和工业用水现状、地下水开采现状等。

（3）土地利用类型和分布情况，各类土地面积及土壤环境质量现状。

（4）区域声环境现状、受超标噪声影响的人口比例以及超标噪声区的分布情况。

（5）固体废物的产生量，废物处理处置以及回收和综合利用现状。

（6）环境敏感区分布和保护现状。

（三）区域社会经济

概述开发区所在区域社会经济发展现状、近期社会经济发展规划和远期发展目标。

（四）环境保护目标与主要环境问题

概述区域环境保护规划和主要环境保护目标和指标，分析区域存在的主要环境问题，并以表格形式列出可能对区域发展目标、开发区规划目标形成制约的关键环境因素或条件。

五、开发区规划方案分析

（一）基本要求

将开发区规划方案放在区域发展的层次上进行合理性分析，突出开发区总体发展目标、布局和环境功能区划的合理性。

（二）开发区总体布局及区内功能分区的合理性分析

1．总体布局分析

分析开发区规划确定的区内各功能组团（如工业区、商住区、绿化景观区、物流仓储区、文教区、行政中心等）的性质及其与相邻功能组团的边界和联系。

2．选址合理性分析

根据开发区选址合理性分析确定的基本要素，分析开发区内各功能组团的发展目标和各组团间的优势与限制因子，分析各组团间的功能配合以及现有的基础设施及周边组团设施对该组团功能的支持。可采用列表的方式说明开发区规划发展目标和各功能组团间的相容性。

（三）开发区规划与所在区域发展规划的协调性分析

将开发区所在区域的总体规划、布局规划、环境功能区划与开发区规划作详细对比，分析开发区规划是否与所在区域的总体规划具有相容性。

（四）开发区土地利用的生态适宜度分析

（1）生态适宜度评价采用三级指标体系，选择对所确定的土地利用目标影响最大的一组因素作为生态适宜度的评价指标。

（2）根据不同指标对同一土地利用方式的影响作用大小，进行指标加权。

（3）进行单项指标（三级指标）分级评分，单项指标评分可分为4级：很适宜、适宜、基本适宜、不适宜。

（4）在各单项指标评分的基础上，进行各种土地利用方式的综合评价。

（五）环境功能区划的合理性分析

（1）对比开发区规划和开发区所在区域总体规划中对开发区内各分区或地块的环境功能要求。

（2）分析开发区环境功能区划和开发区所在区域总体环境功能区划的异同点。根据分析结果，对开发区规划中不合理的环境功能分区提出改进建议。

（六）减缓措施

根据综合论证的结果，提出减缓环境影响的调整方案和污染控制措施与对策。

六、开发区污染源分析

污染源是指造成环境污染的污染物发生源，在环境影响评价中只有知道了污染物的来源，并估算出污染源的排污强度，才有可能对污染物的影响进行准确预测，并采取相应的污染治理措施。

1. 基本原则

（1）根据规划的发展目标、规模、规划阶段、产业结构、行业构成等，分析预测开发区污染物来源、种类和数量。特别应注意考虑入区项目类型与布局存在较大不确定性、阶段性的特点。

（2）根据开发区不同发展阶段，分析确定近、中、远期区域主要污染源。鉴于规划实施的时间跨度较长并存在一定的不确定因素，污染源分析预测可以近期为主。

2. 确定污染源主要污染因子的要求

在确定污染源所排放的污染物中哪些是主要污染因子时，应满足以下要求：

（1）国家和地方政府规定的重点控制污染物。

（2）开发区规划中确定的主导行业或重点行业的特征污染物。

（3）当地环境介质最为敏感的污染因子。

3．污染源估算方法

对于开发区污染源的污染物排放量一般可采用以下方法进行估算：

（1）类比分析法。选择与开发区规划性质、发展目标相近的国内外已建开发区作类比分析，采用计算经济密度的方法（每平方公里的能耗或产值等），类比污染物排放总量数据。

（2）调查核实法。对于已形成主导产业和行业的开发区，按主导产业和行业的类别分别选择区内的典型企业，调查核实其实际的污染因子和现状污染物的排放量，同时考虑科技进步和能源替代等因素，估算开发区污染物排放量。

（3）排放系数法。根据单位产品、单位原材料消耗或单位能耗的排污系数计算排污量。规划中已明确建设集中供热系统的开发区，废气常规因子的排放量可依据集中供热电厂的能源消耗情况来计算。

（4）对规划中已明确建设集中污水处理系统的开发区，可以根据受纳水体的功能确定排放标准级别和出水水质，依据污水处理厂的处理能力和处理工艺，估算开发区水污染物排放总量。未明确建设集中污水处理系统的开发区，可以根据开发区供水规划，通过分析需水量来估算开发区水污染物排放总量。

（5）生活垃圾产生量预测应主要依据开发区规划的人口规模、人均生活垃圾产生量，并在充分考虑经济发展对生活垃圾增长影响的基础上确定。

另外，根据不同的情况还可使用物料衡算法、实测法等方法进行估算。

七、开发区环境影响预测与评价

1．环境空气影响预测与评价主要内容

在开发区区域环境影响评价中对环境空气影响分析与评价主要包括以下几个方面。

（1）开发区能源结构及其环境空气影响分析。分析能源结构的类型、特征、排污特点对开发区环境空气的影响。

（2）对已确定位置、规模的集中供热（气）厂，调查分析其污染物排放情况，并采用相应的预测模式预测其对环境质量的影响。

（3）分析各类装置工艺尾气的排放方式、污染物种类、排放量，以及污染控制措施，分析评价其产生的环境影响。

（4）分析区内污染物排放对区内外环境敏感地区的环境影响。

（5）分析区外污染源对区内的环境影响。

2．地表水环境影响预测与评价主要内容

（1）应包括水资源的开发利用、污水收集与集中处理、尾水回用以及尾水排放对受纳水体的影响。

（2）水质预测的情景设计应包含不同的排水规模、不同的处理深度、不同的排

污口位置和排放方式。

（3）预测中可以针对受纳水体的特点，选择简易（快速）的水质评价模型。

3. 地下水环境影响预测与评价主要内容

对于开发区建设可能影响到地下水的，应进行地下水环境影响分析，主要有：

（1）根据当地水文地质调查资料，识别地下水的径流、补给、排泄条件以及地下水和地表水之间的水力联通，评价包气带的防护特性。

（2）根据《地下水水源保护条例》，核查开发规划内容是否符合有关规定，分析建设活动影响地下水水质的途径，提出限制性（防护）措施。

4. 固体废物处理/处置方式影响预测与评价主要内容

对固体废物的评价应包括以下主要内容：

（1）预测可能的固体废物的类型，确定相应分类处理方式。

（2）对利用开发区周围现有的固体废物处理/处置设施进行固体废物处理时，应确保其符合环境保护要求（如符合垃圾卫生填埋标准、符合有害工业固体废物处置标准等），并核实现有固体废物处理设施可能提供的接纳能力和服务年限，如达不到要求，应提出相应的建设方案，并确认其选址符合环境保护要求。

（3）对规划中拟议的固体废物处理/处置方案，应从环境保护角度分析其选址的合理性及方案的可行性。

5. 噪声影响预测与评价主要内容

在噪声评价中应根据开发区规划布局方案，按有关声环境功能区划分原则和方法，拟定开发区声环境功能区划方案。

对于开发区规划布局可能影响区域噪声功能达标的，应考虑调整规划布局、设置噪声隔离带等措施。

八、开发区环境容量与污染物总量控制主要内容

污染物总量控制是指在一定区域环境范围内，为了达到预期的环境目标，对排入区域内的污染物实行总量控制，以维持区域的可持续发展。在开发区区域环境影响评价中应按照区域环境质量目标确定污染物总量控制的原则要求，并提出污染物总量控制的方案；在提出污染物总量控制方案的工作内容时，应考虑到集中供热、污水集中处理排放、固体废物分类处置的原则要求。

1. 大气环境容量与污染物总量控制主要内容

（1）选择总量控制指标因子：烟尘、粉尘、SO_2。

（2）对开发区进行大气环境功能区划，确定各功能区环境空气质量目标。

（3）根据环境质量现状，分析不同功能区环境质量达标情况。

（4）结合当地地形和气象条件，选择适当方法，确定开发区大气环境容量（即满足环境质量目标的前提下污染物的允许排放总量）。

（5）结合开发区规划分析和污染控制措施，提出区域环境容量利用方案和近期（按五年计划）污染物排放总量控制指标。

2．水环境容量与废水排放总量控制主要内容

（1）选择总量控制指标因子：COD、氨氮、TN、TP 等因子以及受纳水体最为敏感的特征因子。

（2）分析基于环境容量约束的允许排放总量和基于技术经济条件约束的允许排放总量。

（3）对于拟接纳开发区污水的水体，如常年径流的河流、湖泊、近海水域，应根据环境功能区划所规定的水质标准要求，选用适当的水质模型分析确定水环境容量（或最小初始稀释度）；对季节性河流，原则上不要求确定水环境容量。

（4）对于现状水污染物排放虽然已实现达标排放，但水体已无足够的环境容量可资利用的情形，应在制定基于水环境功能的区域水污染控制计划的基础上确定开发区水污染物排放总量。

（5）如预测的各项总量值均低于上述基于技术水平约束下的总量控制和基于水环境容量的总量控制指标，可选择最小的指标提出总量控制方案；如预测总量大于上述两类指标中的某一类指标，则需调整规划，降低污染物总量。

3．固体废物管理与处置主要内容

（1）分析固体废物类型和发生量，分析固体废物减量化、资源化、无害化处理处置措施及方案。

（2）分类确定开发区可能产生的固体废物总量。

（3）开发区的固体废物处理处置应纳入所在区域的固体废物总量控制计划之中，对固体废物的处理处置要符合区域制定的资源回收、固体废物利用的目标与指标要求。

（4）按固体废物分类处置的原则，测算需采取不同处置方式的最终处置总量，并确定可供利用的不同处置设施及能力。

九、开发区生态环境保护与生态建设

生态环境保护与生态建设的主要内容如下：

1．生态现状调查

调查生态环境现状和历史演变过程、生态保护区或生态敏感区的情况，包括生物量及生物多样性、特殊生境及特有物种、自然保护区、湿地、自然生态退化状况（包括植被破坏、土壤污染与土地退化等）。

2．生态影响分析内容与重点

区域环评中应分析评价开发区规划实施对生态环境的影响，主要包括生物多样性、生态环境功能及生态景观影响。具体包括如下内容：

（1）分析由于土地利用类型改变导致的对自然植被、特殊生境及特有物种栖息地、自然保护区、水域生态与湿地、开阔地、园林绿化等的影响。

（2）分析由于自然资源、旅游资源、水资源及其他资源开发利用变化而导致的对自然生态和景观方面的影响。

（3）分析评价区域内各种污染物排放量的增加、污染源空间结构等变化对自然生态与景观方面产生的影响。

生态影响分析的重点是：应着重阐明区域开发造成的包括对生态结构与功能的影响、影响性质与程度、生态功能补偿的可能性与预期的可恢复程度、对保护目标的影响程度及保护的可行途径等。

3．对策与措施

对于预计的可能产生的显著不利影响，要求从保护、恢复、补偿、建设等方面提出和论证实施生态环境保护措施的基本框架。

十、开发区公众参与

1．参与对象

公众参与的对象主要是可能受到开发区建设影响、关注开发区建设的群体和个人。

2．参与内容

应向公众告知开发区规划、开发活动涉及的环境问题、环境影响评价初步分析结论、拟采取的减少环境影响的措施及效果等公众关心的问题。

3．参与方式

公众参与可采用媒体公布、社会调查、问卷、听证会、专家咨询等方式。

十一、开发区总体规划的综合论证与环境保护措施

（一）规划论证内容

根据环境容量和环境影响评价结果，结合地区的环境状况，从开发区的选址、发展规模、产业结构、行业构成、布局、功能区划、开发速度和强度以及环保基础设施建设（污水集中处理、固体废物集中处理处置、集中供热、集中供气等）等方面对开发区规划的环境可行性进行综合论证：

（1）开发区总体发展目标的合理性。

（2）开发区总体布局的合理性。

（3）开发区环境功能区划的合理性和环境保护目标的可达性。

（4）开发区土地利用的生态适宜度分析。

（二）环境保护措施

对应所识别、预测的主要不利环境影响，逐项列出环境保护对策和环境减缓措施。

1. 主要环境保护对策

环境保护对策包括对开发区规划目标、规划布局、总体发展规模、产业结构以及环保基础设施建设的调整方案。

这些方案的调整包括：

（1）当开发区土地利用的生态适宜度较低，或区域环境敏感性较高时，应考虑选址的大规模、大范围调整。

（2）当选址临近生态保护区、水源保护地、重要和敏感的居住地，或周围环境中有重大污染源并对区域选址产生不利影响以及某类环境指标严重超标且难以短时期改善时，要建议提出调整；一般情况下，开发区边界应与外部较敏感地域保持一定的空间防护距离。

（3）开发区内各功能区除满足相互间的影响最小，并留有充足的空间防护距离外，还应从基础设施建设、各产业间的合理连接，以及适应建立循环经济和生态园区的布局条件来考虑开发区布局的调整。

（4）规模调整包括经济规模和土地开发规模的调整；在拟定规模的调整建议时应考虑开发区的最终规模和阶段性发展目标。

（5）当开发区发展目标受外部环境影响时（如受区外重大污染源影响较大），在不能进行选址调整时，要提出对区外环境污染控制进行调整的计划方案，并建议将此计划纳入开发区总体规划之中。

2. 主要环境影响减缓措施

（1）大气环境影响减缓措施应从改变能源系统及能源转换技术方面进行分析。重点是煤的集中转换以及煤的集中转换技术的多方案比较。

（2）水环境影响减缓措施应重点考虑污水集中处理、深度处理与回用系统，以及废水排放的优化布局和排放方式的选择。如在选择更先进的污水处理工艺的同时，考虑增加土地处理系统、强化深度处理和中水回用系统。

（3）对典型工业行业，可根据清洁生产、循环经济原理从原料输入、工艺流程、产品使用等进行分析，提出替代方案与减缓措施。

（4）固体废物影响的减缓措施重点是固体废物的集中收集、减量化、资源化和无害化处理处置措施。

（5）对于可能导致对生态环境功能有显著影响的开发区规划，应根据生态影响特征制定可行的生态建设方案。

3. 提出限制入区的工业项目类型清单（略）

十二、开发区环境管理与环境监测计划

（1）提出开发区环境管理与能力建设方案，包括建立开发区动态环境管理系统的计划安排。

（2）拟定开发区环境质量监测计划，包括环境空气、地表水、地下水、区域噪声的监测项目、监测布点、监测频率、质量保证、数据报表。

（3）提出对开发区不同规划阶段的跟踪环境影响评价与监测的安排，包括对不同阶段进行环境影响评估（阶段验收）的主要内容和要求。

（4）提出简化入区建设项目环境影响评价的建议。

第九章　规划环境影响评价技术导则　总纲

为贯彻《中华人民共和国环境保护法》、《中华人民共和国环境影响评价法》以及《规划环境影响评价条例》，规范和指导规划环境影响评价工作，从决策源头预防环境污染和生态破坏，促进经济、社会和环境的全面协调可持续发展，制定本标准。

本标准规定了规划环境影响评价的一般性原则、内容、工作程序、方法和要求。本标准是对《规划环境影响评价技术导则（试行）》（HJ/T 130—2003）的修订，与原标准相比，主要修改内容如下：

——增加了术语和定义，明确了规划环境影响评价技术导则体系构成。

——修改了评价目的、评价原则、评价范围和评价工作流程等内容，将早期介入原则调整为全程互动原则，增加了层次性原则，修改了一致性、整体性、科学性等评价原则。

——在规划分析章节增加了规划不确定性分析的内容和要求。

——在环境现状调查与评价章节细化了现状调查与评价的内容和要求，增加了环境影响回顾性评价的内容和要求。

——对环境影响识别与评价指标体系构建章节进行了调整，修改了环境影响识别的内容，规定了评价指标体系构建的方法和指标值确定的要求，增加了重大不良环境影响的判定原则。

——修改了环境影响预测与评价的内容、方法和要求，增加了规划开发强度分析、不同规划发展情景的预测、对生态系统完整性的影响预测与评价、资源与环境承载力评估等内容。提出了进行人群健康影响状况分析、事故性环境风险预测与评价和生态风险评价，以及清洁生产水平和循环经济分析的要求。

——增加了规划方案综合论证和优化调整建议章节，提出了环境合理性论证和可持续发展论证的内容、方法和要求，明确了不同类型规划的论证重点，明确了规划优化调整的原则、内容和要求。

——修改了环境影响减缓措施的内容和要求，增加了对规划包含的具体建设项目提出评价要求的内容。

——在附录中，调整并增加了规划环境影响评价方法，补充了各种方法的应用示例。本标准于 2003 年首次发布，本次为第一次修订。自本标准实施之日起，《规划环境影响评价技术导则（试行）》（HJ/T 130—2003）废止。本标准的附录 A 为资料性附录。本标准由环境保护部 2014 年 6 月 4 日批准，并自 2014 年 9 月 1 日起实施。

一、主要内容与适用范围

本标准规定了开展规划环境影响评价的一般性原则、内容、工作程序、方法和要求。各综合性规划、专项规划环境影响评价技术导则和技术规范应根据本标准制（修）定。本标准适用于国务院有关部门、设区的市级以上地方人民政府及其有关部门组织编制的土地利用的有关规划，区域、流域、海域的建设、开发利用规划，以及工业、农业、畜牧业、林业、能源、水利、交通、城市建设、旅游、自然资源开发的有关专项规划的环境影响评价。

国务院有关部门、设区的市级以上地方人民政府及其有关部门组织编制的其他类型的规划、县级人民政府编制的规划进行环境影响评价时，可参照执行。

二、规范性引用文件

本标准内容引用了下列文件中的条款。凡是不注日期的引用文件，其有效版本适用于本标准。

GB/T 15190　城市区域环境噪声适用区划分技术规范

HJ 2.2　环境影响评价技术导则　大气环境

HJ/T 2.3　环境影响评价技术导则　地面水环境

HJ 2.4　环境影响评价技术导则　声环境

HJ 19　环境影响评价技术导则　生态影响

HJ 610　环境影响评价技术导则　地下水环境

HJ 623　区域生物多样性评价标准

HJ 624　外来物种环境风险评估技术导则

HJ 627　生物遗传资源经济价值评价技术导则

HJ/T 14　环境空气质量功能区划分原则与技术方法

HJ/T 82　近岸海域环境功能区划分技术规范

《生态功能区划暂行规程》(环发[2002]117 号)。

三、术语

1. 规划环境影响评价技术导则体系构成

由本标准、综合性规划和专项规划的环境影响评价技术导则、技术规范构成。综合性规划和专项规划的环境影响评价技术导则应根据本标准，并参照各环境要素导则制（修）定；综合性规划和专项规划的环境影响评价技术规范应根据技术导则制（修）定。

2．规划要素

指规划方案中的发展目标、定位、规模、布局、结构、建设（或实施）时序，以及规划包含的具体建设项目的建设计划等。

3．环境目标

指为保护和改善环境而设定的、拟在相应规划期限内达到的环境质量、生态功能和其他与环境保护相关的目标和要求，是规划应满足的环境保护要求，是开展规划环境影响评价的依据。

4．环境敏感区

指依法设立的各级各类自然、文化保护地，以及对某类污染因子或生态影响特别敏感的区域，主要包括：

a）自然保护区、世界文化和自然遗产地、饮用水水源保护区、风景名胜区、森林公园、地质公园、水产种质资源保护区、海洋特别保护区、基本农田保护区、基本草原、水土流失重点预防区和重点治理区、沙化土地封禁保护区。

b）重要湿地、天然林、天然渔场、珍稀濒危（或地方特有）野生动植物天然集中分布区，重要陆生动物迁徙通道、繁育和越冬场所、栖息和觅食区域，重要水生动物的自然产卵场及索饵场、越冬场和洄游通道，封闭及半封闭海域，资源型缺水地区，富营养化水域，江河源头区、重要水源涵养区，江河洪水调蓄区，防风固沙区。

c）以居住、医疗卫生、文化教育、科研、行政办公等为主要功能的区域，文物保护单位，具有特殊历史、文化、科学、民族意义的保护地。

5．重点生态功能区

指生态系统脆弱或生态功能重要，资源环境承载能力较低，不具备大规模高强度工业化、城镇化开发的条件，必须把增强生态产品生产能力作为首要任务，从而应该限制进行大规模高强度工业化、城镇化开发的地区。

6．生态系统完整性

反映生态系统在外来干扰下维持自然状态、稳定性和自组织能力的程度。应从生态系统组成、结构（如连通性、破碎度等）与功能（如系统提供的各种产品、服务）三个方面进行评价。

7．规划不确定性

指规划编制及实施过程中可能导致环境影响预测结果和评价结论发生变化的因素。主要来源于两个方面：一是规划方案本身在某些内容上不全面、不具体或不明确；二是规划编制时设定的某些资源环境基础条件，在规划实施过程中发生的能够预期的变化。

8．累积环境影响

指评价的规划及与其相关的开发活动在规划周期和一定范围内对资源与环境造

成的叠加的、复合的、协同的影响。

9．跟踪评价

指规划编制机关在规划的实施过程中，对规划已经和正在造成的环境影响进行监测、分析和评价的过程，用以检验规划环境影响评价的准确性以及不良环境影响减缓措施的有效性，并根据评价结果，采取减缓不良环境影响的改进措施，或者对正在实施的规划方案进行修订，甚至终止其实施。是应对规划不确定性的有效手段之一。

四、总则

1．评价目的

通过评价，提供规划决策所需的资源与环境信息，识别制约规划实施的主要资源（如土地资源、水资源、能源、矿产资源、旅游资源、生物资源、景观资源和海洋资源等）和环境要素（如水环境、大气环境、土壤环境、海洋环境、声环境和生态环境），确定环境目标，构建评价指标体系，分析、预测与评价规划实施可能对区域、流域、海域生态系统产生的整体影响、对环境和人群健康产生的长远影响，论证规划方案的环境合理性和对可持续发展的影响，论证规划实施后环境目标和指标的可达性，形成规划优化调整建议，提出环境保护对策、措施和跟踪评价方案，协调规划实施的经济效益、社会效益与环境效益之间以及当前利益与长远利益之间的关系，为规划和环境管理提供决策依据。

2．评价原则

（1）全程互动原则：评价应在规划纲要编制阶段（或规划启动阶段）介入，并与规划方案的研究和规划的编制、修改、完善全过程互动。

（2）一致性原则：评价的重点内容和专题设置应与规划对环境影响的性质、程度和范围相一致，应与规划涉及领域和区域的环境管理要求相适应。

（3）整体性原则：评价应统筹考虑各种资源与环境要素及其相互关系，重点分析规划实施对生态系统产生的整体影响和综合效应。

（4）层次性原则：评价的内容与深度应充分考虑规划的属性和层级，并依据不同属性、不同层级规划的决策需求，提出相应的宏观决策建议以及具体的环境管理要求。

（5）科学性原则：评价选择的基础资料和数据应真实、有代表性，选择的评价方法应简单、适用，评价的结论应科学、可信。

3．评价范围

（1）按照规划实施的时间跨度和可能影响的空间尺度确定评价范围。

（2）评价范围在时间跨度上，一般应包括整个规划周期。对于中、长期规划，可以规划的近期为评价的重点时段；必要时，也可根据规划方案的建设时序选择评价的重点时段。

（3）评价范围在空间跨度上，一般应包括规划区域、规划实施影响的周边地域，特别应将规划实施可能影响的环境敏感区、重点生态功能区等重要区域整体纳入评价范围。

（4）确定规划环境影响评价的空间范围一般应同时考虑三个方面的因素，一是规划的环境影响可能达到的地域范围；二是自然地理单元、气候单元、水文单元、生态单元等的完整性；三是行政边界或已有的管理区界（如自然保护区界、饮用水水源保护区界等）。

4．评价工作流程

（1）在规划纲要编制阶段，通过对规划可能涉及内容的分析，收集与规划相关的法律、法规、环境政策和产业政策，对规划区域进行现场踏勘，收集有关基础数据，初步调查环境敏感区域的有关情况，识别规划实施的主要环境影响，分析提出规划实施的资源和环境制约因素，反馈给规划编制机关。同时确定规划环境影响评价方案。

（2）在规划的研究阶段，评价可随着规划的不断深入，及时对不同规划方案实施的资源、环境、生态影响进行分析、预测和评估，综合论证不同规划方案的合理性，提出优化调整建议，反馈给规划编制机关，供其在不同规划方案的比选中参考与利用。

（3）在规划的编制阶段：a）应针对环境影响评价推荐的环境可行的规划方案，从战略和政策层面提出环境影响减缓措施。如果规划未采纳环境影响评价推荐的方案，还应重点对规划方案提出必要的优化调整建议。编制环境影响跟踪评价方案，提出环境管理要求，反馈给规划编制机关；b）如果规划选择的方案资源环境无法承载、可能造成重大不良环境影响且无法提出切实可行的预防或减轻对策和措施，以及对可能产生的不良环境影响的程度或范围尚无法做出科学判断时，应提出放弃规划方案的建议，反馈给规划编制机关。

（4）在规划上报审批前，应完成规划环境影响报告书（规划环境影响篇章或说明）的编写与审查，并提交给规划编制机关。

规划环境影响评价的工作流程见图 9-1。

5．评价方法

规划环境影响评价各工作环节常用的方式和方法见各具体章节，部分常用方法的介绍及应用示例参见附录 A。进行具体评价工作时可根据需要选用，也可选用其他成熟的技术方法。

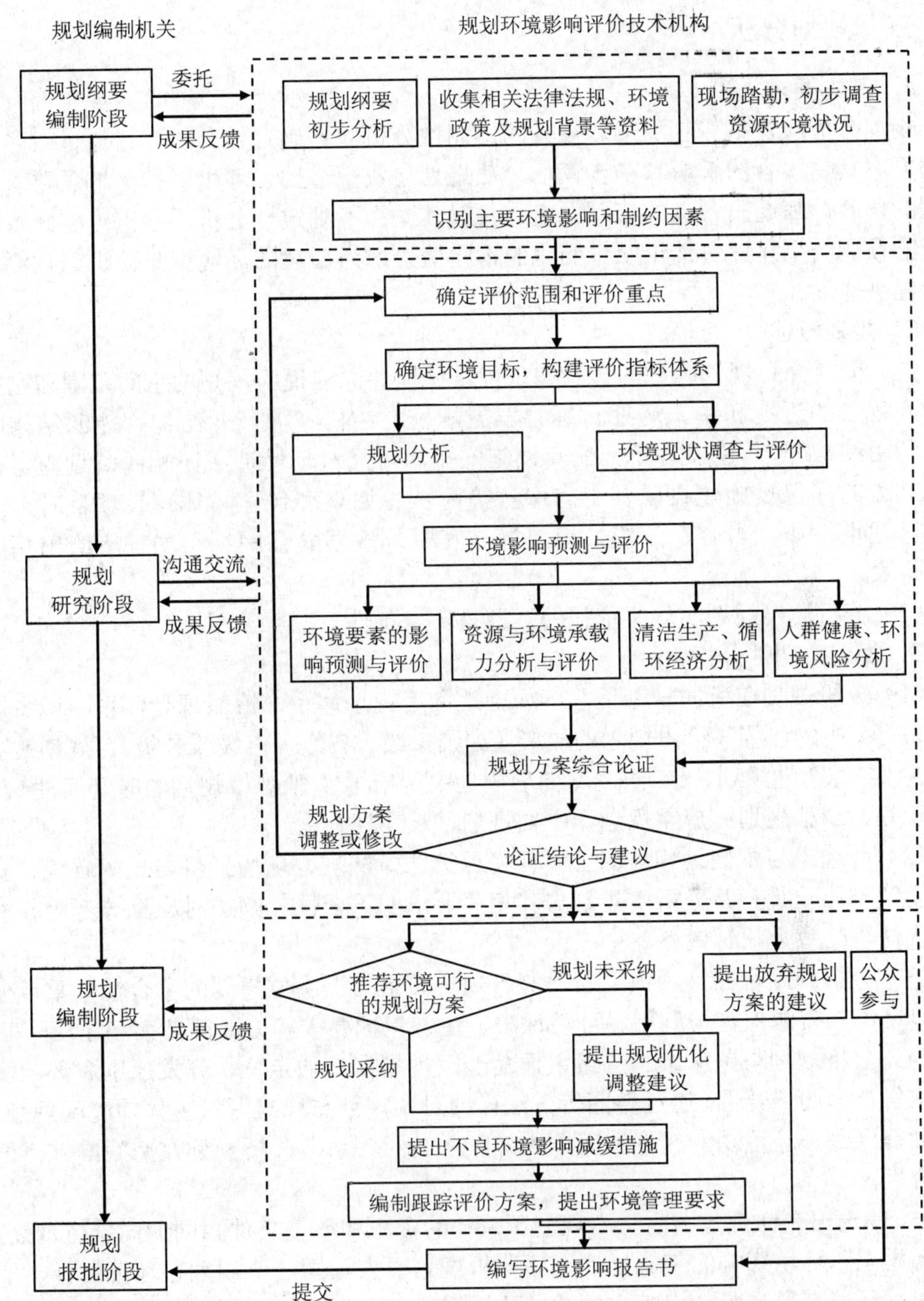

图 9-1　规划环境影响评价工作程序

五、规划分析

1. 基本要求

规划分析应包括规划概述、规划的协调性分析和不确定性分析等。通过对多个规划方案具体内容的解析和初步评估，从规划与资源节约、环境保护等各项要求相协调的角度，筛选出备选的规划方案，并对其进行不确定性分析，给出可能导致环境影响预测结果和评价结论发生变化的不同情景，为后续的环境影响分析、预测与评价提供基础。

2. 规划概述

（1）简要介绍规划编制的背景和定位，梳理并详细说明规划的空间范围和空间布局，规划的近期和中、远期目标、发展规模、结构（如产业结构、能源结构、资源利用结构等）、建设时序、配套设施安排等可能对环境造成影响的规划内容，介绍规划的环保设施建设以及生态保护等内容。如规划包含具体建设项目时，应明确其建设性质、内容、规模、地点等。其中，规划的范围、布局等应给出相应的图、表。

（2）分析给出规划实施所依托的资源与环境条件。

3. 规划协调性分析

（1）分析规划在所属规划体系（如土地利用规划体系、流域规划体系、城乡规划体系等）中的位置，给出规划的层级（如国家级、省级、市级或县级），规划的功能属性（如综合性规划、专项规划、专项规划中的指导性规划），规划的时间属性（如首轮规划、调整规划；短期规划、中期规划、长期规划）。

（2）筛选出与本规划相关的主要环境保护法律法规、环境经济与技术政策、资源利用和产业政策，并分析本规划与其相关要求的符合性。筛选时应充分考虑相关政策、法规的效力和时效性。

（3）分析规划目标、规模、布局等各规划要素与上层位规划的符合性，重点分析规划之间在资源保护与利用、环境保护、生态保护要求等方面的冲突和矛盾。

（4）分析规划与国家级、省级主体功能区规划在功能定位、开发原则和环境政策要求等方面的符合性。通过叠图等方法详细对比规划布局与区域主体功能区规划、生态功能区划、环境功能区划和环境敏感区之间的关系，分析规划在空间准入方面的符合性。

（5）筛选出在评价范围内与本规划所依托的资源和环境条件相同的同层位规划，并在考虑累积环境影响的基础上，逐项分析规划要素与同层位规划在环境目标、资源利用、环境容量与承载力等方面的一致性和协调性，重点分析规划与同层位的环境保护、生态建设、资源保护与利用等规划之间的冲突和矛盾。

（6）分析规划方案的规模、布局、结构、建设时序等与规划发展目标、定位的协调性。

（7）通过上述协调性分析，从多个规划方案中筛选出与各项要求较为协调的规划方案作为备选方案，或综合规划协调性分析结果，提出与环保法规、各项要求相符合的规划调整方案作为备选方案。

4．规划不确定性分析

（1）规划的不确定性分析主要包括规划基础条件的不确定性分析、规划具体方案的不确定性分析及规划不确定性的应对分析三个方面。

（2）规划基础条件的不确定性分析：重点分析规划实施所依托的资源、环境条件可能发生的变化，如水资源分配方案、土地资源使用方案、污染物排放总量分配方案等，论证规划各项内容顺利实施的可能性与必要条件，分析规划方案可能发生的变化或调整情况。

（3）规划具体方案的不确定性分析：从准确有效预测、评价规划实施的环境影响的角度，分析规划方案中需要具备但没有具备、应该明确但没有明确的内容，分析规划产业结构、规模、布局及建设时序等方面可能存在的变化情况。

（4）规划不确定性的应对分析：针对规划基础条件、具体方案两方面不确定性的分析结果，筛选可能出现的各种情况，设置针对规划环境影响预测的多个情景，分析和预测不同情景下的环境影响程度和环境目标的可达性，为推荐环境可行的规划方案提供依据。

5．规划分析的方式和方法

规划分析的方式和方法主要有：核查表、叠图分析、矩阵分析、专家咨询、情景分析、博弈论、类比分析、系统分析等。

六、现状调查与评价

1．基本要求

（1）通过调查与评价，掌握评价范围内主要资源的赋存和利用状况，评价生态状况、环境质量的总体水平和变化趋势，辨析制约规划实施的主要资源和环境要素。

（2）现状调查与评价一般包括自然环境状况、社会经济概况、资源赋存与利用状况、环境质量与生态状况等内容。实际工作中应遵循以点带面、点面结合、突出重点的原则，选择可以反映规划环境影响特点和区域环境目标要求的具体内容。

（3）现状调查可充分收集和利用已有的历史（一般为一个规划周期，或更长时间段）和现状资料。资料应能够反映整个评价区域的社会、经济和生态环境的特征，能够说明各项调查内容的现状和发展趋势，并注明资料的来源及其有效性；对于收集采用的环境监测数据，应给出监测点位分布图、监测时段及监测频次等，说明采用数据的代表性。当评价范围内有需要特别保护的环境敏感区时，需有专项调查资料。当已有资料不能满足评价要求，特别是需要评价规划方案中包含的具体建设项目的环境影响时，应进行补充调查和现状监测。

（4）对于尚未进行环境功能区或生态功能区划分的区域，可按照 GB/T 15190、HJ/T 14、HJ/T 82 或《生态功能区划暂行规程》中规定的原则与方法，先划定功能区，再进行现状评价。

2．现状调查内容

（1）自然地理状况调查内容主要包括地形地貌，河流、湖泊（水库）、海湾的水文状况，环境水文地质状况，气候与气象特征等。

（2）社会经济概况调查内容一般包括评价范围内的人口规模、分布、结构（包括性别、年龄等） 和增长状况，人群健康（包括地方病等）状况，农业与耕地（含人均），经济规模与增长率、人均收入水平，交通运输结构、空间布局及运量情况等。重点关注评价区域的产业结构、主导产业及其布局、重大基础设施布局及建设情况等，并附相应图件。

（3）环保基础设施建设及运行情况调查内容一般包括评价范围内的污水处理设施规模、分布、处理能力和处理工艺，以及服务范围和服务年限；清洁能源利用及大气污染综合治理情况；区域噪声污染控制情况；固体废物处理与处置方式及危险废物安全处置情况（包括规模、分布、处理能力、处理工艺、服务范围和服务年限等）；现有生态保护工程建设及实施效果；已发生的环境风险事故情况等。

（4）资源赋存与利用状况调查一般包括评价范围内的以下内容：

a）主要用地类型、面积及其分布、利用状况，区域水土流失现状，并附土地利用现状图。

b）水资源总量、时空分布及开发利用强度（包括地表水和地下水），饮用水水源保护区分布、保护范围，其他水资源利用状况（如海水、雨水、污水及中水）等，并附有关的水系图及水文地质相关图件或说明。

c）能源生产和消费总量、结构及弹性系数，能源利用效率等情况。

d）矿产资源类型与储量、生产和消费总量、资源利用效率等，并附矿产资源分布图。

e）旅游资源和景观资源的地理位置、范围和主要保护对象、保护要求，开发利用状况等，并附相关图件。

f）海域面积及其利用状况，岸线资源及其利用状况，并附相关图件。

g）重要生物资源（如林地资源、草地资源、渔业资源）和其他对区域经济社会有重要意义的资源的地理位置、范围及其开发利用状况，并附相关图件。

（5）环境质量与生态状况调查一般包括评价范围内的以下内容：

a）水（包括地表水和地下水）环境功能区划、海洋功能区划、近岸海域环境功能区划、保护目标及各功能区水质达标情况，主要水污染因子和特征污染因子、主要水污染物排放总量及其控制目标、地表水控制断面位置及达标情况、主要水污染源分布和污染贡献率（包括工业、农业和生活污染源）、单位国内生产总值废水及主要水污染物排放量，并附水功能区划图、控制断面位置图、海洋功能区划图、近岸海域环境功能区划图、主要水污染源排放口分布图和现状监测点位图。

b）大气环境功能区划、保护目标及各功能区环境空气质量达标情况、主要大气污染因子和特征污染因子、主要大气污染物排放总量及其控制目标、主要大气污染源分布和污染贡献率（包括工业、农业和生活污染源）、单位国内生产总值主要大气污染物排放量，并附大气环境功能区划图、重点污染源分布图和现状监测点位图。

c）声环境功能区划、保护目标及各功能区声环境质量达标情况，并附声环境功能区划图和现状监测点位图。

d）主要土壤类型及其分布，土壤肥力与使用情况，土壤污染的主要来源，土壤环境质量现状，并附土壤类型分布图。

e）生态系统的类型（森林、草原、荒漠、冻原、湿地、水域、海洋、农田、城镇等）及其结构、功能和过程。植物区系与主要植被类型，特有、狭域、珍稀、濒危野生动植物的种类、分布和生境状况，生态功能区划与保护目标要求，生态管控红线等；主要生态问题的类型、成因、空间分布、发生特点等。附生态功能区划图、重点生态功能区划图及野生动植物分布图等。

f）固体废物（一般工业固体废物、一般农业固体废物、危险废物、生活垃圾）产生量及单位国内生产总值固体废物产生量，危险废物的产生量、产生源分布等。

g）调查环境敏感区的类型、分布、范围、敏感性（或保护级别）、主要保护对象及相关环境保护要求等，并附相关图件。

3．现状分析与评价

（1）资源利用现状评价

根据评价范围内各类资源的供需状况和利用效率等，分析区域资源利用和保护中存在的问题。

（2）环境与生态现状评价

a）按照环境功能区划的要求，评价区域水环境质量、大气环境质量、土壤环境质量、声环境质量现状和变化趋势，分析影响其质量的主要污染因子和特征污染因子及其来源；评价区域环保设施的建设与运营情况，分析区域水环境（包括地表水、地下水、海水）保护、主要环境敏感区保护、固体废物处置等方面存在的问题及原因，以及目前需解决的主要环境问题。

b）根据生态功能区划的要求，评价区域生态系统的组成、结构与功能状况，分析生态系统面临的压力和存在的问题，生态系统的变化趋势和变化的主要原因。评价生态系统的完整性和敏感性。当评价区面积较大且生态系统状况差异也较大时，应进行生态环境敏感性分级、分区，并附相应的图表。当评价区域涉及受保护的敏感物种时，应分析该敏感物种的生态学特征；当评价区域涉及生态敏感区时，应分析其生态现状、保护现状和存在的问题等。明确目前区域生态保护和建设方面存在的主要问题。

c）分析评价区域已发生的环境风险事故的类型、原因及造成的环境危害和损失，分析区域环境风险防范方面存在的问题。

d）分性别、年龄段分析评价区域的人群健康状况和存在的问题。

（3）主要行业经济和污染贡献率分析

分析评价区域主要行业的经济贡献率、资源消耗率（该行业的资源消耗量占资源消耗总量之比）和污染贡献率（该行业的污染物排放量占污染物排放总量之比），并与国内先进水平、国际先进水平进行对比分析，评价区域主要行业的资源、环境效益水平。

（4）环境影响回顾性评价

结合区域发展的历史或上一轮规划的实施情况，对区域生态系统的变化趋势和环境质量的变化情况进行分析与评价，重点分析评价区域存在的主要生态、环境问题和人群健康状况与现有的开发模式、规划布局、产业结构、产业规模和资源利用效率等方面的关系。提出本次规划应关注的资源、环境、生态问题，以及解决问题的途径，并为本次规划的环境影响预测提供类比资料和数据。

4．制约因素分析

基于上述现状评价和规划分析结果，结合环境影响回顾与环境变化趋势分析结论，重点分析评价区域环境现状和环境质量、生态功能与环境保护目标间的差距，明确提出规划实施的资源与环境制约因素。

5．现状调查与评价的方式和方法

（1）现状调查的方式和方法主要有：资料收集、现场踏勘、环境监测、生态调查、问卷调查、访谈、座谈会等。环境要素的调查方式和监测方法可参照 HJ 2.2、HJ/T 2.3、HJ 2.4、HJ 19、HJ 610、HJ 623 和有关监测规范执行。

（2）现状分析与评价的方式和方法主要有：专家咨询、指数法（单指数、综合指数）、类比分析、叠图分析、灰色系统分析、生态学分析法（生态系统健康评价法、生物多样性评价法、生态机理分析法、生态系统服务功能评价法、生态环境敏感性评价法、景观生态学法等）。

七、环境影响识别与评价指标体系构建

1．基本要求

按照一致性、整体性和层次性原则，识别规划实施可能影响的资源与环境要素，建立规划要素与资源、环境要素之间的关系，初步判断影响的性质、范围和程度，确定评价重点。并根据环境目标，结合现状调查与评价的结果，以及确定的评价重点，建立评价的指标体系。

2. 环境影响识别

（1）重点从规划的目标、规模、布局、结构、建设时序及规划包含的具体建设项目等方面，全面识别规划要素对资源和环境造成影响的途径与方式，以及影响的性质、范围和程度。如果规划分为近期、中期、远期或其他时段，还应识别不同时段的影响。

（2）识别规划实施的有利影响或不良影响，重点识别可能造成的重大不良环境影响，包括直接影响、间接影响，短期影响、长期影响，各种可能发生的区域性、综合性、累积性的环境影响或环境风险。

（3）对于某些有可能产生具有难降解、易生物蓄积、长期接触对人体和生物产生危害作用的重金属污染物、无机和有机污染物、放射性污染物、微生物等的规划，还应识别规划实施产生的污染物与人体接触的途径、方式（如经皮肤、口或鼻腔等），以及可能造成的人群健康影响。

（4）对资源、环境要素的重大不良影响，可从规划实施是否导致区域环境功能变化、资源与环境利用严重冲突、人群健康状况发生显著变化三个方面进行分析与判断。

a）导致区域环境功能变化的重大不良环境影响，主要包括规划实施使环境敏感区、重点生态功能区等重要区域的组成、结构、功能发生显著不良变化或导致其功能丧失，或使评价范围内的环境质量显著下降（环境质量降级），或导致功能区主要功能丧失。

b）导致资源、环境利用严重冲突的重大不良环境影响，主要包括规划实施与规划范围内或相邻区域内的其他资源开发利用规划和环境保护规划等产生的显著冲突，规划实施导致的环境变化对规划范围内或相关区域内的特殊宗教、民族或传统生产、生活方式产生的显著不良影响，规划实施可能导致的跨行政区、跨流域以及跨国界的显著不良影响。

c）导致人群健康状况发生显著变化的重大不良环境影响，主要包括规划实施导致具有难降解、易生物蓄积、长期接触对人体和生物产生危害作用的重金属污染物、无机和有机污染物、放射性污染物、微生物等在水、大气和土壤环境介质中显著增加，对农牧渔产品的污染风险显著增加，规划实施导致人居生态环境发生显著不良变化。

（5）通过环境影响识别，以图、表等形式，建立规划要素与资源、环境要素之间的动态响应关系，给出各规划要素对资源、环境要素的影响途径，从中筛选出受规划影响大、范围广的资源、环境要素，作为分析、预测与评价的重点内容。

3. 环境目标与评价指标确定

（1）环境目标是开展规划环境影响评价的依据。规划在不同规划时段应满足的环境目标可根据国家和区域确定的可持续发展战略、环境保护政策与法规、资源利用政策与法规、产业政策、上层位规划，规划区域、规划实施直接影响的周边地域的生态功能区划和环境保护规划、生态建设规划确定的目标，环境保护行政主管部门以及区域、行业的其他环境保护管理要求确定。

（2）评价指标是量化了的环境目标，一般首先将环境目标分解成环境质量、生态保护、资源利用、社会与经济环境等评价主题，再筛选确定表征评价主题的具体评价指标，并将现状调查与评价中确定的规划实施的资源与环境制约因素作为评价指标筛选的重点。

（3）评价指标的选取应能体现国家发展战略和环境保护战略、政策、法规的要求，体现规划的行业特点及其主要环境影响特征，符合评价区域生态、环境特征，体现社会发展对环境质量和生态功能不断提高的要求，并易于统计、比较和量化。

（4）评价指标值的确定应符合相关产业政策、环境保护政策、法规和标准中规定的限值要求，如国内政策、法规和标准中没有的指标值也可参考国际标准确定；对于不易量化的指标可经过专家论证，给出半定量的指标值或定性说明。

4. 环境影响识别与评价指标确定的方式和方法

环境影响识别与评价指标确定的方式和方法主要有：核查表、矩阵分析、网络分析、系统流图、叠图分析、灰色系统分析、层次分析、情景分析、专家咨询、类比分析、压力—状态—响应分析等。

八、环境影响预测与评价

1. 基本要求

（1）系统分析规划实施全过程对可能受影响的所有资源、环境要素的影响类型和途径，针对环境影响识别确定的评价重点内容和各项具体评价指标，按照规划不确定性分析给出的不同发展情景，进行同等深度的影响预测与评价，明确给出规划实施对评价区域资源、环境要素的影响性质、程度和范围，为提出评价推荐的环境可行的规划方案和优化调整建议提供支撑。

（2）环境影响预测与评价一般包括规划开发强度的分析，水环境（包括地表水、地下水、海水）、大气环境、土壤环境、声环境的影响，对生态系统完整性及景观生态格局的影响，对环境敏感区和重点生态功能区的影响，资源与环境承载能力的评估等内容。

（3）环境影响预测应充分考虑规划的层级和属性，依据不同层级和属性规划的决策需求，采用定性、半定量、定量相结合的方式进行。对环境质量影响较大、与节能减排关系密切的工业、能源、城市建设、区域建设与开发利用、自然资源开发等专项规划，应进行定量或半定量环境影响预测与评价。对于资源和水环境、大气环境、土壤环境、海洋环境、声环境指标的预测与评价，一般应采用定量的方式进行。

2. 环境影响预测与评价的内容

（1）规划开发强度分析

a）通过规划要素的深入分析，选择与规划方案性质、发展目标等相近的国内、国外同类型已实施规划进行类比分析（如区域已开发，可采用环境影响回顾性分析的资料），依据现状调查与评价的结果，同时考虑科技进步和能源替代等因素，结合不确定性分析设置的不同发展情景，采用负荷分析、投入产出分析等方法，估算关键性资源的需求量和污染物（包括影响人群健康的特定污染物）的排放量。

b）选择与规划方案和规划所在区域生态系统（组成、结构、功能等）相近的已实施规划进行类比分析，依据生态现状调查与评价的结果，同时考虑生态系统自我调节和生态修复等因素，结合不确定性分析设置的不同发展情景，采用专家咨询、趋势分析等方法，估算规划实施的生态影响范围和持续时间，以及主要生态因子的变化量（如生物量、植被覆盖率、珍稀濒危和特有物种生境损失量、水土流失量、斑块优势度等）。

（2）影响预测与评价

a）预测不同发展情景下规划实施产生的水污染物对受纳水体稀释扩散能力、水质、水体富营养化和河口咸水入侵等的影响；对地下水水质、流场和水位的影响；对海域水动力条件、水环境质量的影响。明确影响的范围与程度或变化趋势，评价规划实施后受纳水体的环境质量能否满足相应功能区的要求，并绘制相应的预测与评价图件。

b）预测不同发展情景规划实施产生的大气污染物对环境敏感区和评价范围内大气环境的影响范围与程度或变化趋势，在叠加环境现状本底值的基础上，分析规划实施后区域环境空气质量能否满足相应功能区的要求，并绘制相应的预测与评价图件。

c）声环境影响预测与评价按照 HJ 2.4 中关于规划环境影响评价声环境影响评价的要求执行。

d）预测不同发展情景下规划实施产生的污染物对区域土壤环境影响的范围与程度或变化趋势，评价规划实施后土壤环境质量能否满足相应标准的要求，进而分析对区域农作物、动植物等造成的潜在影响，并绘制相应的预测与评价图件。

e）预测不同发展情景对区域生物多样性（主要是物种多样性和生境多样性）、生态系统连通性、破碎度及功能等的影响性质与程度，评价规划实施对生态系统完整性及景观生态格局的影响，明确评价区域主要生态问题（如生态功能退化、生物多样性丧失等）的变化趋势，分析规划是否符合有关生态红线的管控要求。对规划区域进行了生态敏感性分区的，还应评价规划实施对不同区域的影响后果，以及规划布局的生态适宜性。

f）预测不同发展情景对自然保护区、饮用水水源保护区、风景名胜区、基本农田保护区、居住区、文化教育区域等环境敏感区、重点生态功能区和重点环境保护目标的影响，评价其是否符合相应的保护要求。

g）对于某些有可能产生具有难降解、易生物蓄积、长期接触对人体和生物产生危害作用的重金属污染物、无机和有机污染物、放射性污染物、微生物等的规划，根据这些特定污染物的环境影响预测结果及其可能与人体接触的途径与方式，分析可能受影响的人群范围、数量和敏感人群所占比例，开展人群健康影响状况分析。鼓励通过剂量—反应关系模型和暴露评价模型，定量预测规划实施对区域人群健康的影响。

h）对于规划实施可能产生重大环境风险源的，应进行危险源、事故概率、规划区域与环境敏感区及环境保护目标相对位置关系等方面的分析，开展环境风险评价；对于规划范围涉及生态脆弱区域或重点生态功能区的，应开展生态风险评价。

i）对于工业、能源、自然资源开发等专项规划和开发区、工业园区等区域开发类规划，应进行清洁生产分析，重点评价产业发展的单位国内生产总值或单位产品的能源、资源利用效率和污染物排放强度、固体废物综合利用率等的清洁生产水平；对于区域建设和开发利用规划，以及工业、农业、畜牧业、林业、能源、自然资源开发的专项规划，需要进行循环经济分析，重点评价污染物综合利用途径与方式的有效性和合理性。

（3）累积环境影响预测与分析

识别和判定规划实施可能发生累积环境影响的条件、方式和途径，预测和分析规划实施与其他相关规划在时间和空间上累积的资源、环境和生态影响。

（4）资源与环境承载力评估

评估资源（水资源、土地资源、能源、矿产资源等）与环境承载能力的现状及利用水平，在充分考虑累积环境影响的情况下，动态分析不同规划时段可供规划实施利用的资源量、环境容量及总量控制指标，重点判定区域资源与环境对规划实施的支撑能力，重点判定规划实施是否导致生态系统主导功能发生显著不良变化或丧失。

3．环境影响预测与评价的方式和方法

（1）规划开发强度分析的方式和方法主要有：情景分析、负荷分析（单位国内生产总值物耗、能耗和污染物排放量等）、趋势分析、弹性系数法、类比分析、对比分析、投入产出分析、供需平衡分析、专家咨询等。

（2）环境要素影响预测与评价的方式和方法可参照 HJ 2.2、HJ/T 2.3、HJ 2.4、HJ 19、HJ 610、HJ 624、HJ 627 执行。

（3）累积影响评价的方式和方法主要有：矩阵分析、网络分析、系统流图、叠图分析、情景分析、数值模拟、生态学分析、灰色系统分析、类比分析等。

（4）环境风险评价的方式和方法主要有：灰色系统分析、模糊数学分析、数值模拟、风险概率统计、事件树分析、生态学分析、类比分析等。

（5）资源与环境承载力评估的方式和方法主要有：情景分析、类比分析、供需平衡分析、系统动力学分析、生态学分析等。

九、规划方案综合论证和优化调整建议

1. 基本要求

（1）依据环境影响识别后建立的规划要素与资源、环境要素之间的动态响应关系，综合各种资源与环境要素的影响预测和分析、评价结果，论证规划的目标、规模、布局、结构等规划要素的合理性以及环境目标的可达性，动态判定不同规划时段、不同发展情景下规划实施有无重大资源、生态、环境制约因素，详细说明制约的程度、范围、方式等，进而提出规划方案的优化调整建议和评价推荐的规划方案。

（2）规划方案的综合论证包括环境合理性论证和可持续发展论证两部分内容。其中，前者侧重于从规划实施对资源、环境整体影响的角度，论证各规划要素的合理性；后者则侧重于从规划实施对区域经济、社会与环境效益贡献，以及协调当前利益与长远利益之间关系的角度，论证规划方案的合理性。

2. 规划方案综合论证

（1）规划方案的环境合理性论证

a）基于区域发展与环境保护的综合要求，结合规划协调性分析结论，论证规划目标与发展定位的合理性。

b）基于资源与环境承载力评估结论，结合区域节能减排和总量控制等要求，论证规划规模的环境合理性。

c）基于规划与重点生态功能区、环境功能区、环境敏感区的空间位置关系，对环境保护目标和环境敏感区的影响程度，结合环境风险评价的结论，论证规划布局的环境合理性。

d）基于区域环境管理和循环经济发展要求，以及清洁生产水平的评价结果，重点结合规划重点产业的环境准入条件，论证规划能源结构、产业结构的环境合理性。

e）基于规划实施环境影响评价结果，重点结合环境保护措施的经济技术可行性，论证环境保护目标与评价指标的可达性。

（2）规划方案的可持续发展论证

a）从保障区域、流域可持续发展的角度，论证规划实施能否使其消耗（或占用）资源的市场供求状况有所改善，能否解决区域、流域经济发展的资源“瓶颈”；论证规划实施能否使其依赖的生态系统保持稳定，能否使生态服务功能逐步提高；论证规划实施能否使其依赖的环境状况整体改善。

b）综合分析规划方案的先进性和科学性，论证规划方案与国家全面协调可

持续发展战略的符合性，可能带来的直接和间接的社会、经济、生态环境效益，对区域经济结构的调整与优化的贡献程度，以及对区域社会发展和社会公平的促进性等。

（3）不同类型规划方案综合论证重点

a）进行综合论证时，可针对不同类型和不同层级规划的环境影响特点，突出论证重点。

b）对资源、能源消耗量大、污染物排放量高的行业规划，重点从区域资源、环境对规划的支撑能力、规划实施对敏感环境保护目标与节能减排目标的影响程度、清洁生产水平、人群健康影响状况等方面，论述规划确定的发展规模、布局（及选址）和产业结构的合理性。

c）对土地利用的有关规划和区域、流域、海域的建设、开发利用规划，以及农业、畜牧业、林业、能源、水利、旅游、自然资源开发专项规划，重点从规划实施对生态系统及环境敏感区组成、结构、功能所造成的影响，以及潜在的生态风险，论述规划方案的合理性。

d）对公路、铁路、航运等交通类规划，重点从规划实施对生态系统组成、结构、功能所造成的影响、规划布局与评价区域生态功能区划、景观生态格局之间的协调性，以及规划的能源利用和资源占用效率等方面，论述交通设施结构、布局等的合理性。

e）对于开发区及产业园区等规划，重点从区域资源、环境对规划实施的支撑能力、规划的清洁生产与循环经济水平、规划实施可能造成的事故性环境风险与人群健康影响状况等方面，综合论述规划选址及各规划要素的合理性。

f）城市规划、国民经济与社会发展规划等综合类规划，重点从区域资源、环境及城市基础设施对规划实施的支撑能力能否满足可持续发展要求、改善人居环境质量、优化城市景观生态格局、促进两型社会建设和生态文明建设等方面，综合论述规划方案的合理性。

3. 规划方案优化调整建议

（1）根据规划方案的环境合理性和可持续发展论证结果，对规划要素提出明确的优化调整建议，特别是出现以下情形时。

a）规划的目标、发展定位与国家级、省级主体功能区规划要求不符。

b）规划的布局和规划包含的具体建设项目选址、选线与主体功能区规划、生态功能区划、环境敏感区的保护要求发生严重冲突。

c）规划本身或规划包含的具体建设项目属于国家明令禁止的产业类型或不符合国家产业政策、环境保护政策（包括环境保护相关规划、节能减排和总量控制要求等）。

d）规划方案中配套建设的生态保护和污染防治措施实施后，区域的资源、环境承载力仍无法支撑规划的实施，或仍可能造成重大的生态破坏和环境污染。

e）规划方案中有依据现有知识水平和技术条件，无法或难以对其产生的不良环境影响的程度或者范围作出科学、准确判断的内容。

（2）规划的优化调整建议应全面、具体、可操作。如对规划规模（或布局、结构、建设时序等）提出了调整建议，应明确给出调整后的规划规模（或布局、结构、建设时序等），并保证调整后的规划方案实施后资源与环境承载力可以支撑。

（3）将优化调整后的规划方案，作为评价推荐的规划方案。

十、环境影响减缓对策和措施

（1）规划的环境影响减缓对策和措施是对规划方案中配套建设的环境污染防治、生态保护和提高资源能源利用效率措施进行评估后，针对环境影响评价推荐的规划方案实施后所产生的不良环境影响，提出的政策、管理或者技术等方面的建议。

（2）环境影响减缓对策和措施应具有可操作性，能够解决或缓解规划所在区域已存在的主要环境问题，并使环境目标在相应的规划期限内可以实现。

（3）环境影响减缓对策和措施包括影响预防、影响最小化及对造成的影响进行全面修复补救等三方面的内容：

a）预防对策和措施可从建立健全环境管理体系、建议发布的管理规章和制度、划定禁止和限制开发区域、设定环境准入条件、建立环境风险防范与应急预案等方面提出。

b）影响最小化对策和措施可从环境保护基础设施和污染控制设施建设方案、清洁生产和循环经济实施方案等方面提出。

c）修复补救措施主要包括生态修复与建设、生态补偿、环境治理、清洁能源与资源替代等措施。

（4）如规划方案中包含有具体的建设项目，还应针对建设项目所属行业特点及其环境影响特征，提出建设项目环境影响评价的重点内容和基本要求，并依据本规划环境影响评价的主要评价结论提出相应的环境准入（包括选址或选线、规模、清洁生产水平、节能减排、总量控制和生态保护要求等）、污染防治措施建设和环境管理等要求。同时，在充分考虑规划编制时设定的某些资源、环境基础条件随区域发展发生变化的情况下，提出建设项目环境影响评价内容的具体简化建议。

十一、环境影响跟踪评价

（1）对于可能产生重大环境影响的规划，在编制规划环境影响评价文件时，应拟定跟踪评价方案，对规划的不确定性提出管理要求，对规划实施全过程产生的实际资源、环境、生态影响进行跟踪监测。

（2）跟踪评价取得的数据、资料和评价结果应能够为规划的调整及下一轮规划的编制提供参考，同时为规划实施区域的建设项目管理提供依据。

（3）跟踪评价方案一般包括评价的时段、主要评价内容、资金来源、管理机构设置及其职责定位等。其中，主要评价内容包括：

a）对规划实施全过程中已经或正在造成的影响提出监控要求，明确需要进行监控的资源、环境要素及其具体的评价指标，提出实际产生的环境影响与环境影响评价文件预测结果之间的比较分析和评估的主要内容。

b）对规划实施中所采取的预防或者减轻不良环境影响的对策和措施提出分析和评价的具体要求，明确评价对策和措施有效性的方式、方法和技术路线。

c）明确公众对规划实施区域环境与生态影响的意见和对策建议的调查方案。

d）提出跟踪评价结论的内容要求（环境目标的落实情况等）。

十二、公众参与

（1）对可能造成不良环境影响并直接涉及公众环境权益的专项规划，应当公开征求有关单位、专家和公众对规划环境影响报告书的意见。依法需要保密的除外。

（2）公开的环境影响报告书的主要内容包括：规划概况、规划的主要环境影响、规划的优化调整建议和预防或者减轻不良环境影响的对策与措施、评价结论。

（3）公众参与可采取调查问卷、座谈会、论证会、听证会等形式进行。对于政策性、宏观性较强的规划，参与的人员以规划涉及的部门代表和专家为主；对于内容较为具体的开发建设类规划，参与的人员还应包括直接环境利益相关群体的代表。

（4）处理公众参与的意见和建议时，对于已采纳的，应在环境影响报告书中明确说明修改的具体内容；对于不采纳的，应说明理由。

十三、评价结论

（1）评价结论是对整个评价工作成果的归纳总结，应力求文字简洁、论点明确、结论清晰准确。

（2）在评价结论中应明确给出：

a）评价区域的生态系统完整性和敏感性、环境质量现状和变化趋势，资源利用现状，明确对规划实施具有重大制约的资源、环境要素。

b）规划实施可能造成的主要生态、环境影响预测结果和风险评价结论；对水、土地、生物资源和能源等的需求情况。

c）规划方案的综合论证结论，主要包括规划的协调性分析结论，规划方案的环境合理性和可持续发展论证结论，环境保护目标与评价指标的可达性评价结论，规划要素的优化调整建议等。

d）规划的环境影响减缓对策和措施，主要包括环境管理体系构建方案、环境准入条件、环境风险防范与应急预案的构建方案、生态建设和补偿方案、规划包含的具体建设项目环境影响评价的重点内容和要求等。

e）跟踪评价方案，跟踪评价的主要内容和要求。

f）公众参与意见和建议处理情况，不采纳意见的理由说明。

十四、环境影响评价文件的编制要求

（1）规划环境影响评价文件应图文并茂、数据翔实、论据充分、结构完整、重点突出、结论和建议明确。

（2）环境影响报告书应包括以下主要内容：

a）总则。概述任务由来，说明与规划编制全程互动的有关情况及其作用。明确评价依据，评价目的与原则，评价范围（附图），评价重点；附图、列表说明主体功能区规划、生态功能区划、环境功能区划及其执行的环境标准对评价区域的具体要求，说明评价区域内的主要环境保护目标和环境敏感区的分布情况及其保护要求等。

b）规划分析。概述规划编制的背景，明确规划的层级和属性，解析并说明规划的发展目标、定位、规模、布局、结构、时序，以及规划包含的具体建设项目的建设计划等规划内容；进行规划与政策法规、上层位规划在资源保护与利用、环境保护、生态建设要求等方面的符合性分析，与同层位规划在环境目标、资源利用、环境容量与承载力等方面的协调性分析，给出分析结论，重点明确规划之间的冲突与矛盾；进行规划的不确定性分析，给出规划环境影响预测的不同情景。

c）环境现状调查与评价。概述环境现状调查情况。阐明评价区自然地理状况、社会经济概况、资源赋存与利用状况、环境质量和生态状况等，评价区域资源利用和保护中存在的问题，分析规划布局与主体功能区划、生态功能区划、环境功能区划和环境敏感区、重点生态功能区之间的关系，评价区域环境质量状况，分析区域生态系统的组成、结构与功能状况、变化趋势和存在的主要问题，评价区域环境风险防范和人群健康状况，分析评价区主要行业经济和污染贡献率。对已开发区域进行环境影响回顾性评价，明确现有开发状况与区域主要环境问题间的关系。明确提出规划实施的资源与环境制约因素。

d）环境影响识别与评价指标体系构建。识别规划实施可能影响的资源与环境要素及其范围和程度，建立规划要素与资源、环境要素之间的动态响应关系。论述评价区域环境质量、生态保护和其他与环境保护相关的目标和要求，确定不同规划时段的环境目标，建立评价指标体系，给出具体的评价指标值。

e）环境影响预测与评价。说明资源、环境影响预测的方法，包括预测模式和参数选取等。估算不同发展情景对关键性资源的需求量和污染物的排放量，给出生态影响范围和持续时间，主要生态因子的变化量。预测与评价不同发展情景下区域环境质量能否满足相应功能区的要求，对区域生态系统完整性所造成的影响，对主要环境敏感区和重点生态功能区等环境保护目标的影响性质与程度。根据不同类型规划及其环境影响特点，开展人群健康影响状况评价、事故性环境风险和生态风险分析、清洁生产水平和循环经济分析。预测和分析规划实施与其他相关规划在时间和空间上的累积环境影响。评价区域资源与环境承载能力对规划实施的支撑状况。

f）规划方案综合论证和优化调整建议。综合各种资源与环境要素的影响预测和分析、评价结果，分别论述规划的目标、规模、布局、结构等规划要素的环境合理性，以及环境目标的可达性和规划对区域可持续发展的影响。明确规划方案的优化调整建议，并给出评价推荐的规划方案。

g）环境影响减缓措施。详细给出针对不良环境影响的预防、最小化及对造成的影响进行全面修复补救的对策和措施，论述对策和措施的实施效果。如规划方案中包含有具体的建设项目，还应给出重大建设项目环境影响评价的重点内容和基本要求（包括简化建议）、环境准入条件和管理要求等。

h）环境影响跟踪评价。详细说明拟定的跟踪评价方案，论述跟踪评价的具体内容和要求。

i）公众参与。说明公众参与的方式、内容及公众参与意见和建议的处理情况，重点说明不采纳的理由。

j）评价结论。归纳总结评价工作成果，明确规划方案的合理性和可行性。

k）附必要的表征规划发展目标、规模、布局、结构、建设时序以及表征规划涉及的资源与环境的图、表和文件，给出环境现状调查范围、监测点位分布等图件。

（3）规划环境影响篇章（或说明）应包括以下主要内容：

a）环境影响分析依据。重点明确与规划相关的法律法规、环境经济与技术政策、产业政策和环境标准。

b）环境现状评价。明确主体功能区划、生态功能区划、环境功能区划对评价区域的要求，说明环境敏感区和重点生态功能区等环境保护目标的分布情况及其保护要求；评述资源利用和保护中存在的问题，评述区域环境质量状况，评述生态系统的组成、结构与功能状况、变化趋势和存在的主要问题，评价区域环境风险防范和人群健康状况，明确提出规划实施的资源与环境制约因素。

c）环境影响分析、预测与评价。根据规划的层级和属性，分析规划与相关政策、法规、上层位规划在资源利用、环境保护要求等方面的符合性。评价不同发展情景下区域环境质量能否满足相应功能区的要求，对区域生态系统完整性所造成的影响，对主要环境敏感区和重点生态功能区等环境保护目标的影响性质与程度。根据不同类型规划及其环境影响特点，开展人群健康影响状况分析、事故性环境风险和生态风险分析、清洁生产水平和循环经济分析。评价区域资源与环境承载能力对规划实施的支撑状况，以及环境目标的可达性。给出规划方案的环境合理性和可持续发展综合论证结果。

d）环境影响减缓措施。详细说明针对不良环境影响的预防、减缓（最小化）及对造成的影响进行全面修复补救的对策和措施。如规划方案中包含有具体的建设项目，还应给出重大建设项目环境影响评价要求、环境准入条件和管理要求等。给出跟踪评价方案，明确跟踪评价的具体内容和要求。

e）根据评价需要，在篇章（或说明）中附必要的图、表。

第十章　建设项目环境风险评价技术导则

在世界环境史上发生过多起震惊世界的重大污染事件。在众多事故造成的环境污染事件中影响最大、后果最严重的是美国联碳公司在印度的博帕尔农药厂发生的甲基异氰酸泄漏事件，造成2 000多人死亡，5万多人失明，20多万人受伤。这些环境污染事件使人们认识到：重大环境污染事件均与有毒有害的化学品泄漏密切相关。因此人类社会开始关心对可能发生的突发事故对环境造成危害的评价问题。风险评价是估算不可预见事件发生概率和严重程度的方法学，环境风险评价只是其中一部分。从风险评价的发展历史看，由于化工、石化等行业在涉及有毒有害和易燃易炸物质的生产和运输中，存在潜在危险严重，并可导致重大环境污染和巨大直接经济损失等环境风险问题，从而产生了独立的新兴的学科—环境风险评价和风险管理。

环境风险是指突发性事故对环境（或健康）的危害程度，用风险值 R 表征，其定义为事故发生概率 P 与事故造成的环境（或健康）后果 C 的乘积，即：

$$R[\text{危害/单位时间}]=P[\text{事故/单位时间}]\times C[\text{危害/事故}]$$

环境风险评价是对建设项目建设和运行期间发生的可预测突发性事件或事故（一般不包括人为破坏及自然灾害）引起有毒有害、易燃易炸等物质泄露，或突发事件产生的新的有毒有害物质，所造成的对人身安全与环境的影响和损害进行评估，提出防范、应急与减缓措施。

为规范建设项目环境风险评价，提高环境风险评价的有效性和实用性，更有效地防范建设项目的环境风险，将建设项目环境风险评价纳入环境影响评价范畴，实现项目建设全过程风险管理，使其达到法制化、规范化和标准化的要求。为此，原国家环境保护总局于2004年颁布了《建设项目环境风险评价技术导则》（HJ/T 169—2004）。

《建设项目环境风险评价技术导则》是我国颁布的第一个用于建设项目环境风险评价的技术导则，该导则根据《中华人民共和国环境影响评价法》、《建设项目环境保护管理条例》、《环境影响评价技术导则》和危险化学品安全管理与安全评价的有关法律法规以及相关的标准制定，规定了建设项目环境风险评价的目的、基本原则、内容、程度和方法。

第一节 总 则

一、适用范围

该导则适用于涉及有毒有害和易燃易爆物质的生产、使用、贮运等的新建、改建、扩建和技术改造项目（不包括核建设项目）的环境风险评价。国家环境保护总局颁布的《建设项目环境保护管理名录》中的化学原料及化学品制造、石油和天然气开采与炼制、信息化学品制造、化学纤维制造、有色金属冶炼加工、采掘业、建材等新建、改建、扩建和技术改造项目，按规定都要进行环境风险评价。

二、环境风险评价目的和重点

进行建设项目环境风险评价的目的是分析和预测建设项目存在的潜在危险、有害因素，建设项目建设和运行期间可能发生的突发性事件或事故（一般不包括人为破坏及自然灾害），引起有毒有害和易燃易爆等物质泄漏，所造成的人身安全与环境影响和损害程度，提出合理可行的防范、应急与减缓措施，以使建设项目事故率、损失和环境影响达到可接受水平。

环境风险评价有别于安全评价，环境风险评价是把预测和评价事故对厂（场）界外人群的伤害、环境质量的恶化及对生态系统影响的范围和程度，提出防范、减少、消除对人群和环境影响措施作为工作重点。

三、环境风险评价工作级别和评价范围

1．工作级别

环境风险评价工作划分为一级和二级。划分评价等级的依据是评价项目的物质危险性和功能单元重大危险源判定结果以及环境敏感程度等因素。重大危险源系指长期或短期生产加工、运输、使用或贮存危险物质，且危险物质数量等于或超过临界量的功能单元。经过对建设项目的初步工程分析，选择生产、加工、运输、使用或贮存中涉及的1～3个主要化学品，进行危险性判定。工作级别划分见表10-1。

表10-1 评价工作等级（一、二级）

	剧毒危险性物质	一般毒性危险物质	可燃、易燃危险性物质	爆炸危险性物质
重大危险源	一	二	一	一
非重大危险源	二	二	二	二
环境敏感地区	一	一	一	一

一级评价必须对事故影响进行定量预测，说明影响范围和程度，提出防范、减缓和应急措施。二级评价需进行风险识别、源强分析和对事故影响进行简要分析，提出防范、减缓和应急措施。

2．评价范围

环境风险评价范围的确定依据是危险化学品的伤害阈和敏感区域位置。大气环境影响一级评价范围，距离源点不低于 5 km；二级评价范围，距离源点不低于 3 km 范围。地面水和海洋评价范围按《环境影响评价技术导则 地面水环境》规定执行。

四、环境风险评价工作程序

环境风险评价可按图 10-1 所示流程进行。

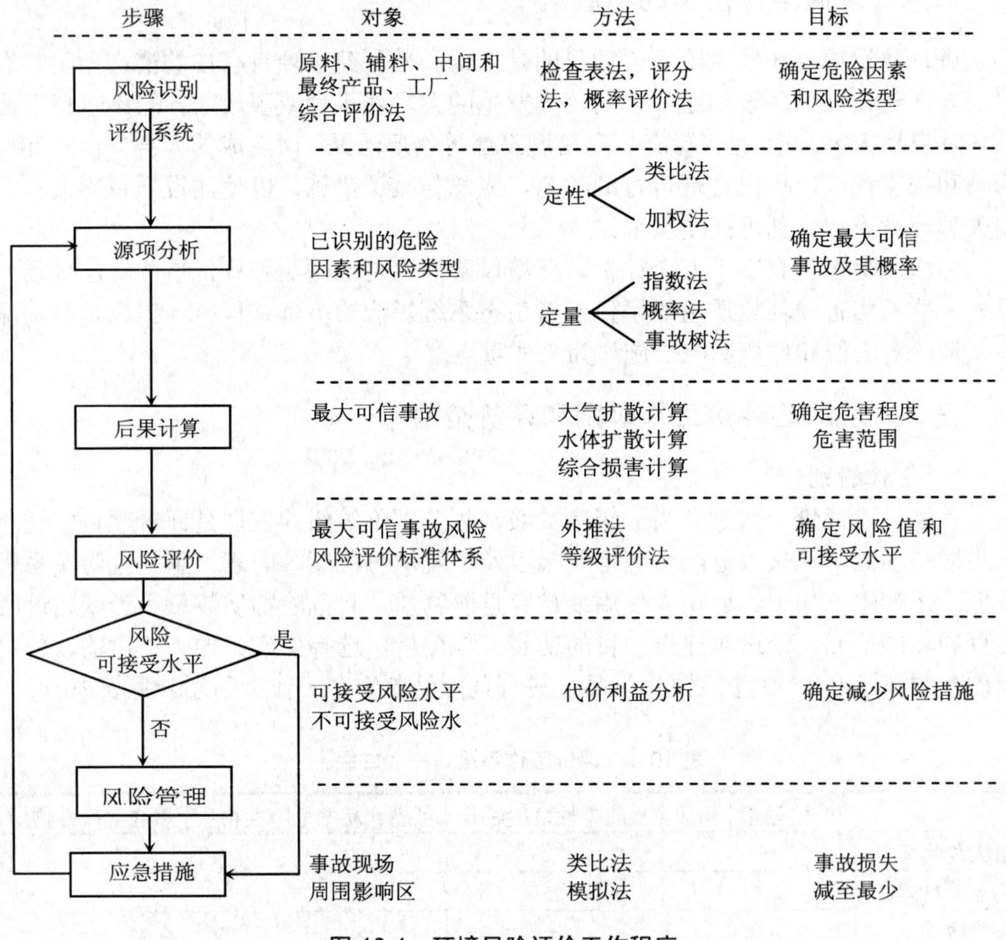

图 10-1 环境风险评价工作程序

五、环境风险评价基本内容

环境风险评价的基本内容为：风险识别、源项分析、后果计算、风险计算和评价以及风险管理。

1．风险识别

风险识别的目的是确定风险类型。根据引起有毒有害物质向环境放散的危害环境事故起因，将风险类型分为火灾、爆炸和泄漏三种。风险识别内容包括：

（1）资料收集和准备

主要收集建设项目工程资料、环境资料和事故资料，为进行物质风险识别和生产设施风险识别提供基础资料。环境资料主要应收集有关拟建项目附近居民分布及敏感目标方位、距离、重要水环境和生态保护资料。

（2）物质风险识别

对项目涉及的原材料及辅料、中间产品、产品及“三废”污染物，按其危险性或毒性，进行危险性识别。

（3）生产设施风险识别

对项目主要生产装置、贮运系统、公用和辅助工程，逐一划分功能单元，分别进行重大危险源判定。

2．源项分析

源项分析包括确定最大可信事故发生概率和估算危险化学品的泄漏量两项工作内容。最大可信事故指在所有预测概率不为零的事故中，对环境（或健康）危害最严重的事故，即给公众带来严重危害，对环境造成严重污染的事故。可以采用事件树、事故树分析方法或类比法确定最大可信事故及概率。本导则中推荐了危险化学品泄漏量的计算方法，这些方法也是世界银行/国际信贷公司编制的《工业污染评价技术导则》推荐的方法。通过计算确定泄漏时间，估算泄漏率。

3．后果计算

后果计算是在风险识别和源项分析基础上，针对最大可信事故对环境（或健康）造成的危害和影响进行预测分析。事故泄漏的有毒有害物释放入环境后，由于在水环境中的弥散，在大气环境中扩散，从而引起环境污染，危害人群健康。后果计算要对这类环境事故进行预测，确定影响范围和程度。

4．风险计算和评价

风险计算是建设项目环境风险评价的核心工作。综合分析确定最大可信事故造成的受害点距源项（释放点）的最大距离以及危害程度，包括造成厂外环境损坏程度、人员死亡和损伤及经济损失。导则规定用风险值评价，风险值定义为：

$$\text{风险值}\left(\frac{\text{后果}}{\text{时间}}\right)=\text{概率}\left(\frac{\text{事故数}}{\text{单位时间}}\right)\times\text{危害程度}\left(\frac{\text{后果}}{\text{每次事故}}\right)$$

将最大可信事故风险值 R_{max} 与同行业可接受风险水平 R_L 比较：

$R_{max} \leqslant R_L$ 则认为本项目的风险水平可以接受。

$R_{max} > R_L$ 则项目应进一步采取减少事故的安全措施，以达到可接受水平，否则建设项目不可接受。

5．风险管理

当风险评价结果表明风险值达不到可接受水平时，为减轻和消除对环境的危害，应采取减缓措施和应急预案，这就是风险管理的主要内容。

第二节 风险识别

风险识别是建设项目环境风险评价的基础，通过风险识别确定危险因素和风险类型。

一、风险识别范围

不论何种建设项目，凡涉及生产、使用、贮存和运输有毒有害、易燃易爆物质的建设项目应在掌握建设项目情况以及环境保护与敏感目标资料的基础上进行以下两个方面的工作：

（1）物质风险识别

分析、判定使用的主要原材料、辅助材料、燃料、中间产品、最终产品、副产品以及生产过程产生的污染物是否属于剧毒、有毒易燃和爆炸性物质。物质危险性判定标准见表 10-2。

表 10-2 物质危险性判定标准

		LD_{50}（大鼠经口）/（mg/kg）	LD_{50}（大鼠经皮）/（mg/kg）	LC_{50}（小鼠吸入，4 h）/（mg/L）
有毒物质	1	<5	<1	<0.01
	2	$5<LD_{50}<25$	$10<LD_{50}<50$	$0.1<LC_{50}<0.5$
	3	$25<LD_{50}<200$	$50<LD_{50}<400$	$0.5<LC_{50}<2$
易燃物质	1	可燃气体——在常压下以气态存在并与空气混合形成可燃混合物；其沸点（常压下）是20℃或20℃以下的物质		
	2	易燃液体——闪点低于21℃，沸点高于20℃的物质		
	3	可燃液体——闪点低于55℃，压力下保持液态，在实际操作条件下（如高温高压）可以引起重大事故的物质		
爆炸性物质		在火焰影响下可以爆炸，或者对冲击、摩擦比硝基苯更为敏感的物质		

（2）生产设施风险识别

对所有涉及危险性物质的生产装置、公用和辅助工程、贮运系统、环保设施等，均应进行风险识别，即对规定的上述设施各功能单元所有的危险物质，核定其在生产场所和贮存场所的临界量（吨），并用导则中推荐的有毒物质名称及临界量表，判定功能单元是否属重大危险源，具环境风险。

二、风险识别工作内容

（1）资料收集和准备。

收集和说明所用原材料、辅助材料、中间产品、最终产品、副产品、燃料等的物理和化学性质，危险性和毒性参数、使用量、贮运方式。

收集和说明工艺流程、反应过程、装置构成、位置，对功能系统划分功能单元。每一个功能单元必须包括一种危险性物质的使用、生产、贮存容器或管道。每个功能单元在泄漏事故中应有其中的容器或管道与所有其他单元分隔开的设施。

分析厂址周边环境和区域环境资料。主要收集人口分布和环境保护目标如水源、自然保护区等位置、功能区划资料。分析同类项目事故资料，统计分析事故发生原因及概率。

（2）对涉及的有毒有害物质进行风险识别，筛选环境风险评价因子。

（3）计算各功能单元中环境风险评价因子贮（积）存量，对各功能单元进行风险识别。

（4）分析潜在事故的类型、可能的危害及向环境转移的途径。

第三节　风险管理

风险管理包括降低风险措施和应急预案。

一、降低风险措施——减缓措施

风险管理的重点在于减缓措施。应在风险识别、后果分析与风险评价基础上，为使事故对环境影响和人群伤害降到可接受水平，提出应采取的减轻事故后果，事故频率和影响的措施。例如对重点环境风险功能单元（设备、管道等）采用遏制泄漏和消除危险性物质扩散的措施（例如水幕、防护堤、事故池，控制排放条件等）；又如切断泄漏源，减少和降低风险概率的措施。

二、应急预案

应确定不同的事故应急响应级别，根据不同级别制订应急预案。应急预案主要内容应是消除污染环境和人员伤害的事故应急处理方案。并应根据需清理的危险物质的特性，有针对性地提出消除环境污染的应急处理方案。具体要求见表 10-3。

表 10-3　应急预案内容

序号	项　目	内容及要求
1	应急计划区	危险目标：装置区、贮罐区、环境保护目标
2	应急组织机构、人员	工厂、地区应急组织机构、人员
3	预案分级响应条件	规定预案的级别及分级响应程序
4	应急救援保障	应急设施、设备与器材等
5	报警、通讯联络方式	规定应急状态下的报警通讯方式、通知方式和交通保障、管制
6	应急环境监测、抢险、救援及控制措施	由专业队伍负责对事故现场进行侦察监测，对事故性质、参数与后果进行评估，为指挥部门提供决策依据
7	应急检测、防护措施，清除泄漏措施和器材	事故现场、邻近区域、控制防火区域，控制和清除污染措施及相应设备
8	人员紧急撤离、疏散，应急剂量控制、撤离组织计划	事故现场、工厂邻近区、受事故影响的区域人员及公众对毒物应急剂量控制规定，撤离组织计划及救护，医疗救护与公众健康
9	事故应急救援关闭程序与恢复措施	规定应急状态终止程序 事故现场善后处理，恢复措施 邻近区域解除事故警戒及善后恢复措施
10	应急培训计划	应急计划制定后，平时安排人员培训与演练
11	公众教育和信息	对工厂邻近地区开展公众教育、培训和发布有关信息

第十一章　生态影响类建设项目竣工环境保护验收技术规范

“建设项目需要配套建设的环境保护设施，必须与主体工程同时设计、同时施工、同时投产使用”，是《建设项目环境保护管理条例》中对建设项目的明确要求，对其跟踪检查和竣工环境保护验收是我国独具特色的环境管理制度，也是环境保护部对建设项目实施管理的重要手段和日常工作内容之一。

从最早作为试点的第一个项目“小湾水电站”竣工环境保护验收起，以全面调查工程建设与试运行以来造成的环境影响，编制调查报告的形式，为公路、铁路、管道（管线）、水利、水电、油（气）田开发、矿山开采等建设项目竣工环境保护验收提供验收依据已逐渐形成惯例，并在2002年出台的《建设项目竣工环境保护验收管理办法》中予以明确。验收调查工作也逐步摸索出一套行之有效的工作内容和方法。

为进一步贯彻《中华人民共和国环境保护法》、《中华人民共和国环境影响评价法》和《建设项目环境保护管理条例》，给生态影响类建设项目的“三同时”管理提供更有力的技术支持，规范生态影响类建设项目工程竣工环境保护验收工作，原国家环境保护总局于2007年12月发布了《建设项目竣工环境保护验收技术规范　生态影响类》，详细了规定了生态影响类建设项目竣工环境保护验收调查总体要求、实施方案和调查报告的编制要求。

第一节　总　则

一、适用范围

该标准适用于交通运输（公路，铁路，城市道路和轨道交通，港口和航运，管道运输等）、水利水电、石油和天然气开采、矿山采选、电力生产（风力发电）、农业、林业、牧业、渔业、旅游等行业和海洋、海岸带开发、高压输变电线路等主要对生态造成影响的建设项目，以及区域、流域开发项目竣工环境保护验收调查工作。其他项目涉及生态影响的可参照执行。

二、验收调查工作程序

验收调查工作可分为准备、初步调查、编制实施方案、详细调查、编制调查报告五个阶段。具体工作程序见图 11-1。

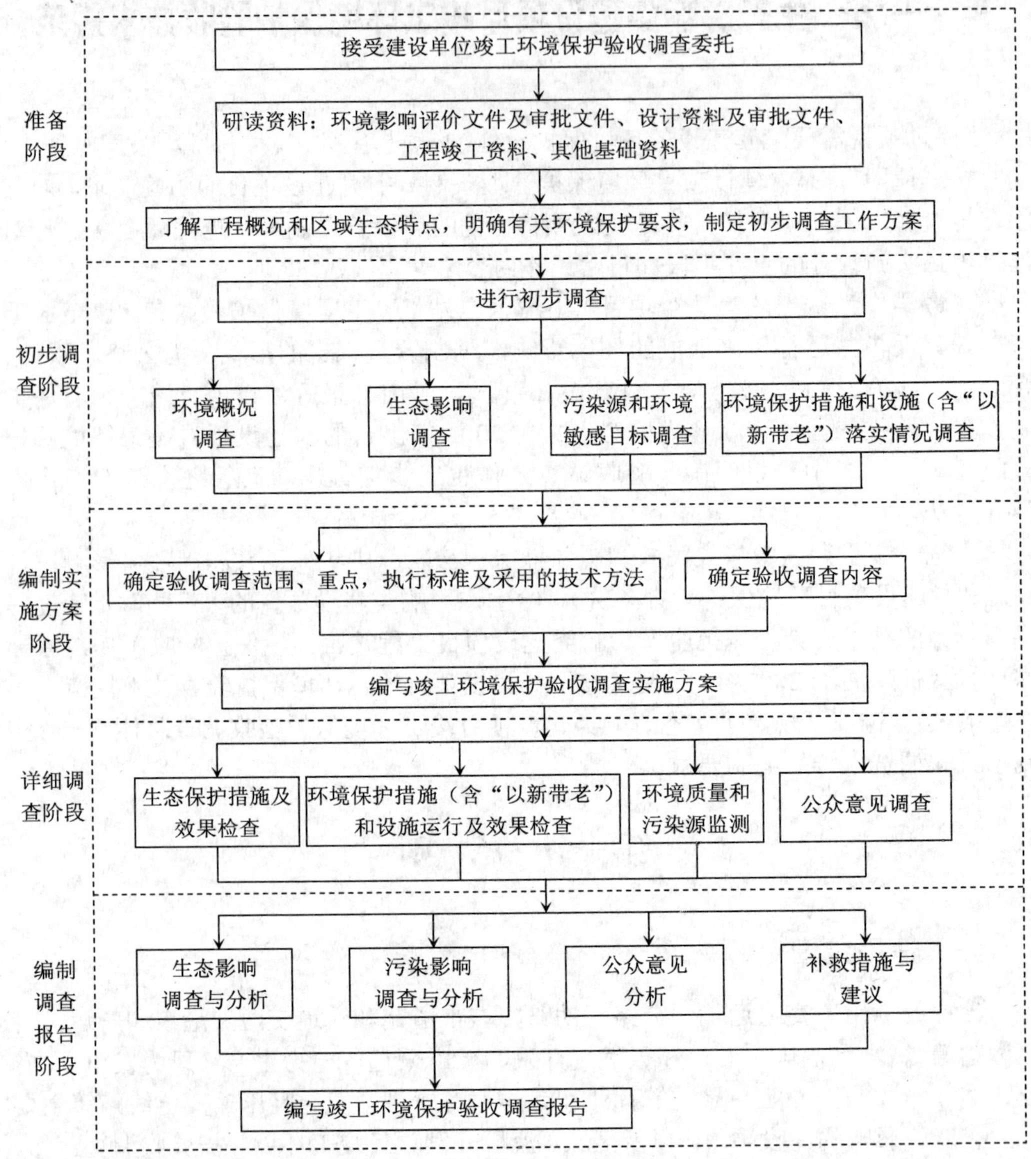

图 11-1 验收调查工作程序

（1）准备阶段：收集、分析工程有关的文件和资料，了解工程概况和项目建设区域的基本生态特征，明确环境影响评价文件和环境影响评价审批文件有关要求，制定初步调查工作方案。

（2）初步调查阶段：核查工程设计、建设变更情况及环境敏感目标变化情况，初步掌握环境影响评价文件和环境影响评价审批文件要求的环境保护措施落实情况、与主体工程配套的污染防治设施完成及运行情况和生态保护措施执行情况，获取相应的影像资料。

（3）编制实施方案阶段：确定验收调查标准、范围、重点及采用的技术方法，编制验收调查实施方案文本。

（4）详细调查阶段：调查工程建设期和运行期造成的实际环境影响，详细核查环境影响评价文件及初步设计文件提出的环境保护措施落实情况、运行情况、有效性和环境影响评价审批文件有关要求的执行情况。

（5）编制调查报告阶段：对项目建设造成的实际环境影响、环境保护措施的落实情况进行论证分析，针对尚未达到环境保护验收要求的各类环境保护问题，提出整改与补救措施，明确验收调查结论，编制验收调查报告文本。

三、验收调查时段和范围

根据工程建设过程，验收调查时段一般分为工程前期、施工期、试运行期三个时段。

验收调查范围原则上与环境影响评价文件的评价范围一致；当工程实际建设内容发生变更或环境影响评价文件未能全面反映出项目建设的实际生态影响和其他环境影响时，根据工程实际变更和实际环境影响情况，结合现场踏勘对调查范围进行适当调整。

四、验收调查标准

验收调查标准原则上采用建设项目环境影响评价阶段经环境保护部门确认的环境保护标准与环境保护设施工艺指标进行验收，对已修订新颁布的环境保护标准应提出验收后按新标准进行达标考核的建议。

环境影响评价文件和环境影响评价审批文件中有明确规定的按其规定作为验收标准；环境影响评价文件和环境影响评价审批文件中没有明确规定的，可按法律、法规、部门规章的规定参考国家、地方或发达国家环境保护标准；现阶段暂时还没有环境保护标准的可按实际调查情况给出结果。

五、验收调查运行工况要求

对于公路、铁路、轨道交通等线性工程以及港口项目，验收调查应在工况稳定、生产负荷达到近期预测生产能力（或交通量）75%以上的情况下进行；如果短期内生产能力（或交通量）确实无法达到设计能力 75%或以上的，验收调查应在主体工程运行稳定、环境保护设施运行正常的条件下进行，注明实际调查工况，并按环境影响评价文件近期的设计能力（或交通量）对主要环境要素进行影响分析。生产能力达不到设计能力 75%时，可以通过调整工况达到设计能力 75%以上再进行验收调查。国家、地方环境保护标准对建设项目运行工况另有规定的按相应标准规定执行。对于水利水电项目、输变电工程、油气开发工程（含集输管线）、矿山采选可按其行业特征执行，在工程正常运行的情况下即可开展验收调查工作。对分期建设、分期投入生产的建设项目应分阶段开展验收调查工作，如水利、水电项目分期蓄水、发电等。

六、验收调查重点

验收调查应重点调查以下内容：

（1）核查实际工程内容及方案设计变更情况。

（2）环境敏感目标基本情况及变更情况。

（3）实际工程内容及方案设计变更造成的环境影响变化情况。

（4）环境影响评价制度及其他环境保护规章制度执行情况。

（5）环境影响评价文件及环境影响评价审批文件中提出的主要环境影响。

（6）环境质量和主要污染因子达标情况。

（7）环境保护设计文件、环境影响评价文件及环境影响评价审批文件中提出的环境保护措施落实情况及其效果、污染物排放总量控制要求落实情况、环境风险防范与应急措施落实情况及有效性。

（8）工程施工期和试运行期实际存在的及公众反映强烈的环境问题。

（9）验证环境影响评价文件对污染因子达标情况的预测结果。

（10）工程环境保护投资情况。

第二节　验收调查技术要求

一、环境敏感目标调查

根据表 11-1 所界定的环境敏感目标，调查其地理位置、规模、与工程的相对位置关系、所处环境功能区及保护内容等，附图、列表予以说明，并注明实际环境敏感目标与环境影响评价文件中的变化情况及变化原因。

表 11-1　环境敏感目标

环境敏感目标	主要内容
需特殊保护地区	国家法律、法规、行政规章及规划确定的或经县级以上人民政府批准的需要特殊保护的地区，如饮用水水源保护区、自然保护区、风景名胜区、生态功能保护区、基本农田保护区、水土流失重点防治区、森林公园、地质公园、世界遗产地、国家重点文物保护单位、历史文化保护地等，以及有特殊价值的生物物种资源分布区域
生态敏感与脆弱区	沙尘暴源区、石漠化区、荒漠中的绿洲、严重缺水地区、珍稀动植物栖息地或特殊生态系统、天然林、热带雨林、红树林、珊瑚礁、鱼虾产卵场、重要湿地和天然渔场等
社会关注区	具有历史、文化、科学、民族意义的保护地等

二、工程调查

（1）工程建设过程。应说明建设项目立项时间和审批部门，初步设计完成及批复时间，环境影响评价文件完成及审批时间，工程开工建设时间，环境保护设施设计单位、施工单位和工程环境监理单位，投入试运行时间等。

（2）工程概况。应明确建设项目所处的地理位置、项目组成、工程规模、工程量、主要经济或技术指标（可列表）、主要生产工艺及流程、工程总投资与环境保护投资（环境保护投资应列表分类详细列出）、工程运行状况等。工程建设过程中发生变更时，应重点说明其具体变更内容及有关情况。

（3）提供适当比例的工程地理位置图和工程平面图（线性工程给出线路走向示意图），明确比例尺，工程平面布置图（或线路走向示意图）中应标注主要工程设施和环境敏感目标。

三、环境保护措施落实情况调查

（1）概括描述工程在设计、施工、运行阶段针对生态影响、污染影响和社会影响所采取的环境保护措施，并对环境影响评价文件及环境影响评价审批文件所提各项环境保护措施的落实情况一一予以核实、说明。

（2）给出环境影响评价、设计和实际采取的生态保护和污染防治措施对照、变化情况，并对变化情况予以必要的说明；对无法全面落实的措施，应说明实际情况并提出后续实施、改进的建议。

（3）生态影响的环境保护措施主要是针对生态敏感目标（水生、陆生）的保护措施，包括植被的保护与恢复措施、野生动物保护措施（如野生动物通道）、水环境保护措施、生态用水泄水建筑物及运行方案、低温水缓解工程措施、鱼类保护设施与措施、水土流失防治措施、土壤质量保护和占地恢复措施、自然保护区、风景名胜区、生态功能保护区等生态敏感目标的保护措施、生态监测措施等。

（4）污染影响的环境保护措施主要是指针对水、气、声、固体废物、电磁、振动等各类污染源所采取的保护措施。

（5）社会影响的环境保护措施主要包括移民安置、文物保护等方面所采取的保护措施。

四、生态影响调查

1. 调查内容

根据建设项目的特点设置调查内容，一般包括：

（1）工程沿线生态状况，珍稀动植物和水生生物的种类、保护级别和分布状况、鱼类三场分布等。

（2）工程占地情况调查，包括临时占地、永久占地，列表说明占地位置、用途、类型、面积、取弃土量（取弃土场）及生态恢复情况等。

（3）工程影响区域内水土流失现状、成因、类型，所采取的水土保持、绿化及措施的实施效果等。

（4）工程影响区域内自然保护区、风景名胜区、饮用水源保护区、生态功能保护区、基本农田保护区、水土流失重点防治区、森林公园、地质公园、世界遗产地等生态敏感目标和人文景观的分布状况，明确其与工程影响范围的相对位置关系、保护区级别、保护物种及保护范围等。提供适当比例的保护区位置图，注明工程相对位置、保护区位置和边界。

（5）工程影响区域内植被类型、数量、覆盖率的变化情况。

（6）工程影响区域内不良地质地段分布状况及工程采取的防护措施。

（7）工程影响区域内水利设施、农业灌溉系统分布状况及工程采取的保护措施。

（8）建设项目建设及运行改变周围水系情况时，应做水文情势调查，必要时须进行水生生态调查。

（9）如需进行植物样方、水生生态、土壤调查，应明确调查范围、位置、因子、频次，并提供调查点位图。

（10）上述内容可根据实际情况进行适当增减。

2. 调查方法

（1）文件资料调查

查阅工程有关协议、合同等文件，了解工程施工期产生的生态影响，调查工程建设占用土地（耕地、林地、自然保护区等）或水利设施等产生的生态影响及采取的相应生态补偿措施。

（2）现场勘察

①通过现场勘察核实文件资料的准确性，了解项目建设区域的生态背景，评估

生态影响的范围和程度，核查生态保护与恢复措施的落实情况。

② 现场勘察范围：全面覆盖项目建设所涉及的区域，勘察区域与勘察对象应基本能覆盖建设项目所涉及区域的 80%以上。对于建设项目涉及的范围较大、无法全部覆盖的，可根据随机性和典型性的原则，选择有代表性的区域与对象进行重点现场勘察。

③ 勘察区域与勘察对象的选择应遵循验收调查重点确定原则进行。

④ 为了定量了解项目建设前后对周围生态所产生的影响，必要时需进行植物样方调查或水生生态影响调查。若环境影响评价文件未进行此部分调查而工程的影响又较为突出、需定量时，需设置此部分调查内容；原则上与环境影响评价文件中的调查内容、位置、因子相一致；若工程变更影响位置发生变化时，除在影响范围内选点进行调查外，还应在未影响区选择对照点进行调查。

（3）公众意见调查

可以定性了解建设项目在不同时期存在的环境影响，发现工程前期和施工期曾经存在的及目前可能遗留的环境问题，有助于明确和分析运行期公众关心的环境问题，为改进已有环境保护措施和提出补救措施提供依据。

公众意见调查在公众知情的情况下开展，可采用问询、问卷调查、座谈会、媒体公示等方法，较为敏感或知名度较高的项目也可采取听证会的方式。调查对象应选择工程影响范围内的人群，从性别、年龄、职业、居住地、受教育程度等方面考虑覆盖社会各阶层的意见，民族地区必须有少数民族的代表。调查样本数量应根据实际受影响人群数量和人群分布特征，在满足代表性的前提下确定。

调查内容可根据建设项目的工程特点和周围环境特征设置，一般包括：

① 工程施工期是否发生过环境污染事件或扰民事件。

② 公众对建设项目施工期、试运行期存在的主要环境问题和可能存在的环境影响方式的看法与认识，可按生态、水、气、声、固体废物、振动、电磁等环境要素设计问题。

③ 公众对建设项目施工期、试运行期采取的环境保护措施效果的满意度及其他意见。

④ 对涉及环境敏感目标或公众环境利益的建设项目，应针对环境敏感目标或公众环境利益设计调查问题，了解其是否受到影响。

⑤ 公众最关注的环境问题及希望采取的环境保护措施。

⑥ 公众对建设项目环境保护工作的总体评价。

（4）遥感调查

① 适用于涉及范围区域较大、人力勘察较为困难或难以到达的建设项目。

② 遥感调查一般需以下内容：卫星遥感资料、地形图等基础资料，通过卫星遥感技术或 GPS 定位等技术获取专题数据；数据处理与分析；成果生成。

3．调查结果分析

（1）自然生态影响调查结果

① 根据工程建设前后影响区域内重要野生生物（包括陆生和水生）生存环境及生物量的变化情况，结合工程采取的保护措施，分析工程建设对动植物生存的影响；调查与环境影响评价文件中预测值的符合程度及减免、补偿措施的落实情况。

② 分析建设项目建设及运营造成的地貌影响及保护措施。

③ 分析工程建设对自然保护区、风景名胜区、人文景观等生态敏感目标的影响，并提供工程与环境敏感目标的相对位置关系图，必要时提供图片辅助说明调查结果。

（2）农业生态影响调查结果

① 与环境影响评价文件对比，列表说明工程实际占地和变化情况，包括基本农田和耕地，明确占地性质、占地位置、占地面积、用途、采取的恢复措施和恢复效果，必要时采用图片进行说明。

② 说明工程影响区域内对水利设施、农业灌溉系统采取的保护措施。

③ 分析采取工程、植物、节约用地、保护和管理措施后，对区域内农业生态的影响。

（3）水土流失影响调查结果

① 列表说明工程土石方量调运情况，占地位置、原土地类型、采取的生态恢复措施和恢复效果，采取的护坡、排水、防洪、绿化工程等。

② 调查工程对影响区域内河流、水利设施的影响，包括与工程的相对位置关系、工程施工方式、采取的保护措施。

③ 调查采取工程、植物和管理措施后，保护水土资源的情况。

④ 根据建设项目建设前水土流失原始状况，对工程施工扰动原地貌、损坏土地和植被、弃渣、损坏水土保持设施和造成水土流失的类型、分布、流失总量及危害的情况进行分析。

⑤ 若建设项目水土保持验收工作已结束，可适当参考其验收结果。

⑥ 必要时辅以图表进行说明。

（4）监测结果

① 统计监测数据，与原有生态数据或相关标准对比，明确环境变化情况，并分析发生变化的原因。

② 分析工程建设前后对环境敏感目标的影响程度。

（5）措施有效性分析及补救措施与建议

① 从自然生态影响、生态敏感目标影响、农业生态影响、水土流失影响等方面分析采取的生态保护措施的有效性。分析指标包括生物量、特殊生境条件、特有物种的增减量、景观效果、水土流失率等；评述生态保护措施对生态结构与功能的保护（保护性质与程度）、生态功能补偿的可达性、预期的可恢复程度等。

② 根据上述分析结果，对存在的问题分析原因，并从保护、恢复、补偿、建设等方面提出具有操作性的补救措施和建议。

③ 对短期内难以显现的预期生态影响，应提出跟踪监测要求及回顾性评价建议，并制定监测计划。

五、调查结论与建议

调查结论是全部调查工作的结论，编写时需概括和总结全部工作。

（1）总结建设项目对环境影响评价文件及环境影响评价审批文件要求的落实情况。

（2）重点概括说明工程建设成后产生的主要环境问题及现有环境保护措施的有效性，在此基础上，对环境保护措施提出改进措施和建议。

（3）根据调查和分析的结果，客观、明确地从技术角度论证工程是否符合建设项目竣工环境保护验收条件，主要包括：

① 建议通过竣工环境保护验收。

② 限期整改后，建议通过竣工环境保护验收。

第十二章　有关固体废物污染控制标准

第一节　概　述

一、固体废物定义与分类

根据《中华人民共和国固体废物污染环境防治法》的规定，固体废物是指在生产、生活和其他活动中产生，丧失原利用价值或者虽未丧失利用价值但被抛弃或者放弃的固态、半固态和置于容器中的气态物品、物质以及法律、行政法规规定纳入固体废物管理的物品、物质。可见固体废物来源十分广泛，种类也十分庞杂。但大体上可分为工业固体废物、农业固体废物和生活垃圾。

生活垃圾是指在日常生活中或者为日常生活提供服务的活动中产生的固体废物以及法律、行政法规规定视为生活垃圾的固体废物。

工业固体废物是指在工业生产活动中产生的固体废物。

工业固体废物按其特性可分为一般工业固体废物和危险废物，由于危险废物具有腐蚀性、急性毒性、浸出毒性、反应性、传染性和放射性等特性，因此危险废物对环境和人体健康可能造成更大的危害。

二、危险废物定义

危险废物系指列入《国家危险废物名录》或者根据国家规定的危险废物鉴别标准和鉴别方法认定的具有腐蚀性、毒性、易燃性、反应性和感染性等一种或一种以上危险特性，以及不排除具有以上危险特性的固体废物。《固体废物浸出毒性浸出方法》（GB 5086—1997）及《固体废物浸出毒性测定方法》（GB/T 1555—95）认定的具有危险特性的固体废物。

三、一般工业固体废物定义

一般工业固体废物系指未列入《国家危险废物名录》或者根据国家规定的危险废物鉴别标准认定其不具有危险特性的工业固体废物。例如粉煤灰、煤矸石和炉渣等。一般工业固体废物又分为Ⅰ类和Ⅱ类两类。

Ⅰ类：按照《固体废物浸出毒性浸出方法》（GB 5086—1997）规定方法进行浸出试验而获得的浸出液中，任何一种污染物的浓度均未超过《污水综合排放标准》（GB 8978—1996）中最高允许排放浓度，且 pH 在 6～9 的一般工业固体废物。

Ⅱ类：按照《固体废物浸出毒性浸出方法》（GB 5086—1997）规定的方法进行浸出试验而获得的浸出液中，有一种或一种以上的污染物浓度超过《污水综合排放标准》（GB 8978—1996）中的最高允许排放浓度，或者 pH 在 6～9 之外的一般工业固体废物。

四、医疗废物定义

医疗废物是指各类医疗卫生机构在医疗、预防、保健以及其他相关活动中产生的具有直接或者间接传染性、毒性及其他相关危害性的废物。医疗废物共分五类，并列入《国家危险废物名录》。

五、《中华人民共和国固体废物污染环境防治法》的有关要求

（1）企业事业单位应当对其产生的工业固体废物加以利用。对暂时不利用的，必须按照国务院环境保护行政主管部门的规定建设贮存设施、场所，安全分类存放。确实不能利用的，必须实行无害化处置。

建设工业固体废物贮存、处置的设施、场所，必须符合国家规定的环境保护标准。

（2）禁止擅自关闭、闲置或者拆除工业固体废物污染环境防治设施、场所；确有必要关闭、闲置或者拆除的，必须经所在地县级以上地方人民政府环境保护行政主管部门核准，并采取措施，防止污染环境。

（3）建设生活垃圾处置设施、场所，必须符合国务院环境保护行政主管部门和国务院建设行政主管部门规定的环境保护和环境卫生标准。

禁止擅自关闭、闲置或者拆除生活垃圾处置的设施、场所；确有必要关闭、闲置或者拆除的，必须经所在地的市、县人民政府环境卫生行政主管部门和环境保护行政主管部门核准，并采取措施，防止污染环境。

（4）收集、贮存危险废物，必须按照危险废物特性分类进行。禁止混合收集、贮存、运输、处置性质不相容而未经安全性处置的危险废物。

贮存危险废物必须采取符合国家环境保护标准的防护措施，并不得超过一年；确需延长期限的，必须报经原批准贮存危险废物许可证的环境保护行政主管部门批准；法律、行政法规另有规定的除外。

禁止将危险废物混入非危险废物中贮存。

第二节 《生活垃圾填埋场污染控制标准》

一、《生活垃圾填埋场污染控制标准》的应用

1. 适用范围

该标准规定了生活垃圾填埋场选址、设计与施工、填埋废物的入场条件、运行、封场、后期维护与管理的污染控制和监测等方面的要求。

该标准适用于生活垃圾填埋场建设、运行和封场后的维护与管理过程中的污染控制和监督管理。本标准的部分规定也适用于与生活垃圾填埋场配套建设的生活垃圾转运站的建设、运行。

该标准只适用于法律允许的污染物排放行为；新设立污染源的选址和特殊保护区域内现有污染源的管理，按照《中华人民共和国大气污染防治法》《中华人民共和国水污染防治法》《中华人民共和国海洋环境保护法》《中华人民共和国固体废物污染环境防治法》《中华人民共和国放射性污染防治法》《中华人民共和国环境影响评价法》等法律、法规、规章的相关规定执行。

2. 相关的主要标准

《海水水质标准》（GB 3097—1997）

《地表水环境质量标准》（GB 3838—2002）

《工业企业厂界环境噪声排放标准》（GB 12348—2008）

《污水综合排放标准》（GB 8978—1996）

《地下水质量标准》（GB/T 14848—93）

《恶臭污染物排放标准》（GB14554—93）

《生活垃圾填埋场污染控制标准》（GB 16889—2008）与上述相关标准一致，并按上述标准的修订的最新版本执行。

二、生活垃圾填埋场的主要特点

生活垃圾填埋场即利用自然地形或人工构造形成一定的空间，将每日产生的生活垃圾填充、压实、覆盖，达到贮存、处置生活垃圾的目的。当预先修建的这一空间被充满后即服务期满，采取封场措施，恢复场区的原貌。生活垃圾中的厨余物、纸类、纤维物、草木类、有机污泥等，填埋后，在微生物作用下，逐步分解为气态物质、水和无机盐类，而达到减容和稳定的目的。在这一稳定过程中，将产生填埋气体和由垃圾本身水分加上降水而形成的渗滤液。

生活垃圾填埋场除了要有导排气系统外，为了防止渗滤液对地下水和地表水的污染，必须将渗滤液与外界的联系隔断，同时收集后引出处理，因此填埋场必须设

有防渗层及渗滤液集排水系统。

三、生活垃圾填埋场对环境的主要影响

生活垃圾填埋场在营运期间对环境的影响主要有：

（1）填埋场渗滤液未处理或处理不达标造成对地表水的污染以及流经填埋区地表径流可能受到污染。

（2）填埋场产生的气体污染物对大气的污染，及产生的气体在无组织排放情况下可能产生燃烧爆炸对公众的威胁。

（3）填埋堆体对周围地质环境的影响，如造成滑坡、崩塌、泥石流等。

（4）垃圾运输及填埋场作业，产生的噪声对公众的影响。

（5）填埋场对周围景观的不利影响。

（6）填埋场滋生的害虫、昆虫、啮齿动物以及在填埋场觅食的鸟类和其他动物可能传染疾病。

（7）当填埋场防渗衬层受到破坏后，渗滤液下渗对地下水的影响，这属非正常情况。

四、生活垃圾填埋场环评的主要内容

生活垃圾填埋场环境影响评价的主要工作内容有以下几个方面：

1．场址合理性论证

生活垃圾填埋场场址选择原则主要是符合当地城乡建设总体规划要求，避开不允许建设的区域。场址选择是评价中的关键所在，场址选择得合理，环评工作存在的问题就较易解决，因此要根据所选场址的场地自然条件，按照国家标准逐项进行评判。有条件的地方可以选择多个备选场址，根据制约性条件和参考性条件，淘汰部分场址，并对优化出的场址进一步做比选。考虑到生活垃圾填埋渗滤液是最重要的污染源，因此选址过程中，特别要关注场址的水文地质条件、工程地质条件、土壤自净能力等。

2．环境质量现状调查

在选择场址的基础上，通过历史资料调查和现场监测对拟选场址及其周围的空气、地表水、地下水、噪声等环境质量现状进行评价，其评价结果既是生活垃圾填埋场建设前的本底值，也是评价环境现状是否容许建设生活垃圾填埋场的评判条件。

3．工程污染因素分析

对生活垃圾填埋场不仅要考虑在建设过程中产生的污染源和污染物。而且重要的是要考虑在营运期从收集、运输、贮存、预处理直至填埋全过程产生的污染源和污染物，并给出它们产生的种类、数量和排放方式等。

在建设期主要是施工场地内排放生活污水，各类施工机械产生的机械噪声、振

动及二次扬尘对周围地区产生的环境影响。

生活垃圾填埋场在营运期，主要的污染源有渗滤液、释放气体、恶臭、噪声。

4．大气环境影响预测与评价

主要是预测垃圾在填埋过程中产生的释放气体和臭气对环境的影响。首先是预测和评价填埋释放气体利用的可能性，当释放气体未被利用，应采取的处置手段及其对环境的影响。另外，预测在垃圾运输和填埋过程中及封场后产生的恶臭可能对环境的影响，同时要根据不同时段及垃圾的不同组成，预测臭气产生的部位、种类、浓度及其影响范围和影响程度。

5．水环境影响预测与评价

根据《生活垃圾填埋污染控制标准》（GB 16889—2008）的规定，对应不同的受纳水体，对渗滤液处理要求达到的级别不同。预测出渗滤液经过收集、处理，正常的达标排放对水体产生的影响和影响程度。预测防渗层损坏后，渗滤液对地下水的影响与危害程度。

五、生活垃圾填埋场选址要求

生活垃圾填埋场的选址应符合区域性环境规划、环境卫生设施建设规划和当地的城市规划。

生活垃圾填埋场场址不应选在城市工农业发展规划区、农业保护区、自然保护区、风景名胜区、文物（考古）保护区、生活饮用水水源保护区、供水远景规划区、矿产资源储备区、军事要地、国家保密地区和其他需要特别保护的区域内。

生活垃圾填埋场选址的标高应位于重现期不小于 50 年一遇的洪水位之上，并建设在长远规划中的水库等人工蓄水设施的淹没区和保护区之外。

拟建有可靠防洪设施的山谷型填埋场，并经过环境影响评价证明洪水对生活垃圾填埋场的环境风险在可接受范围内，前款规定的选址标准可以适当降低。

生活垃圾填埋场场址的选择应避开下列区域：破坏性地震及活动构造区；活动中的坍塌、滑坡和隆起地带；活动中的断裂带；石灰岩溶洞发育带；废弃矿区的活动塌陷区；活动沙丘区；海啸及涌浪影响区；湿地；尚未稳定的冲积扇及冲沟地区；泥炭以及其他可能危及填埋场安全的区域。

生活垃圾填埋场场址的位置及与周围人群的距离应依据环境影响评价结论确定，并经地方环境保护行政主管部门批准。

在对生活垃圾填埋场场址进行环境影响评价时，应考虑生活垃圾填埋场产生的渗滤液、大气污染物（含恶臭物质）、滋养动物（蚊、蝇、鸟类等）等因素，根据其所在地区的环境功能区类别，综合评价其对周围环境、居住人群的身体健康、日常生活和生产活动的影响，确定生活垃圾填埋场与常住居民居住场所、地表水域、高速公路、交通主干道（国道或省道）、铁路、飞机场、军事基地等敏感对象之间合理的位置关系以及合理的防护距离。环境影响评价的结论可作为规划控制的依据。

六、填埋废物的入场要求

（1）下列废物可以直接进入生活垃圾填埋场填埋处置。

① 由环境卫生机构收集或者自行收集的混合生活垃圾，以及企事业单位产生的办公废物。

② 生活垃圾焚烧炉渣（不包括焚烧飞灰）。

③ 生活垃圾堆肥处理产生的固态残余物。

④ 服装加工、食品加工以及其他城市生活服务行业产生的性质与生活垃圾相近的一般工业固体废物。

（2）《医疗废物分类目录》中的感染性废物经过下列方式处理后，可以进入生活垃圾填埋场填埋处置。

① 按照 HJ/T 228 要求进行破碎毁形和化学消毒处理，并满足消毒效果检验指标；

② 按照 HJ/T 229 要求进行破碎毁形和微波消毒处理，并满足消毒效果检验指标；

③ 按照 HJ/T 276 要求进行破碎毁形和高温蒸汽处理，并满足处理效果检验指标；

④ 医疗废物焚烧处置后的残渣的入场标准按照第 3 条执行。

（3）生活垃圾焚烧飞灰和医疗废物焚烧残渣（包括飞灰、底渣）经处理后满足下列条件，可以进入生活垃圾填埋场填埋处置。

① 含水率小于 30%。

② 二噁英含量低于 3 μg TEQ/kg。

③ 按照 HJ/T 300 制备的浸出液中危害成分浓度低于表 12-1 规定的限值。

表 12-1　浸出液污染物浓度限值

序号	污染物项目	浓度限值/（mg/L）	序号	污染物项目	浓度限值/（mg/L）
1	汞	0.05	7	钡	25
2	铜	40	8	镍	0.5
3	锌	100	9	砷	0.3
4	铅	0.25	10	总铬	4.5
5	镉	0.15	11	六价铬	1.5
6	铍	0.02	12	硒	0.1

（4）一般工业固体废物经处理后，按照 HJ/T 300 制备的浸出液中危害成分浓度低于表 1 规定的限值，可以进入生活垃圾填埋场填埋处置。

（5）经处理后满足（3）要求的生活垃圾焚烧飞灰和医疗废物焚烧残渣（包括飞灰、底渣）和满足（4）要求的一般工业固体废物在生活垃圾填埋场中应单独分区填埋。

（6）厌氧产沼等生物处理后的固态残余物、粪便经处理后的固态残余物和生活污水处理厂污泥经处理后含水率小于60%，可以进入生活垃圾填埋场填埋处置。

（7）处理后分别满足（2）、（3）、（4）和（6）要求的废物应由地方环境保护行政主管部门认可的监测部门检测、经地方环境保护行政主管部门批准后，方可进入生活垃圾填埋场。

（8）下列废物不得在生活垃圾填埋场中填埋处置。

① 除符合（3）规定的生活垃圾焚烧飞灰以外的危险废物。

② 未经处理的餐饮废物。

③ 未经处理的粪便。

④ 禽畜养殖废物。

⑤ 电子废物及其处理处置残余物。

⑥ 除本填埋场产生的渗滤液之外的任何液态废物和废水。

国家环境保护标准另有规定的除外。

七、污染物排放控制要求

（1）水污染物排放控制要求

① 生活垃圾填埋场应设置污水处理装置，生活垃圾渗滤液（含调节池废水）等污水经处理并符合本标准规定的污染物排放控制要求后，可直接排放。

② 现有和新建生活垃圾填埋场自2008年7月1日起执行表12-2规定的水污染物排放浓度限值。

表12-2 现有和新建生活垃圾填埋场水污染物排放浓度限值

序号	控制污染物	排放浓度限值	污染物排放监控位置
1	色度（稀释倍数）	40	常规污水处理设施排放口
2	化学需氧量（COD_{Cr}）（mg/L）	100	常规污水处理设施排放口
3	生化需氧量（BOD_5）（mg/L）	30	常规污水处理设施排放口
4	悬浮物（mg/L）	30	常规污水处理设施排放口
5	总氮（mg/L）	40	常规污水处理设施排放口
6	氨氮（mg/L）	25	常规污水处理设施排放口
7	总磷（mg/L）	3	常规污水处理设施排放口
8	粪大肠菌群数（个/L）	10 000	常规污水处理设施排放口
9	总汞（mg/L）	0.001	常规污水处理设施排放口
10	总镉（mg/L）	0.01	常规污水处理设施排放口
11	总铬（mg/L）	0.1	常规污水处理设施排放口
12	六价铬（mg/L）	0.05	常规污水处理设施排放口
13	总砷（mg/L）	0.1	常规污水处理设施排放口
14	总铅（mg/L）	0.1	常规污水处理设施排放口

③ 2011 年 7 月 1 日前，现有生活垃圾填埋场无法满足表 12-2 规定的水污染物排放浓度限值求的，满足以下条件时可将生活垃圾渗滤液送往城市二级污水处理厂进行处理：

◆ 生活垃圾渗滤液在填埋场经过处理后，总汞、总镉、总铬、六价铬、总砷、总铅等污物浓度达到表 12-2 规定浓度限值；

◆ 城市二级污水处理厂每日处理生活垃圾渗滤液总量不超过污水处理量的 0.5%，并不超城市二级污水处理厂额定的污水处理能力；

◆ 生活垃圾渗滤液应均匀注入城市二级污水处理厂；

◆ 不影响城市二级污水处理场的污水处理效果；

2011 年 7 月 1 日起，现有全部生活垃圾填埋场应自行处理生活垃圾渗滤液并执行表 12-2 规定的水污染排放浓度限值。

④ 根据环境保护工作的要求，在国土开发密度已经较高、环境承载能力开始减弱或环境容量较小、生态环境脆弱，容易发生严重环境污染问题而需要采取特别保护措施的地区，应严格控制生活垃圾填埋场的污染物排放行为，在上述地区的现有和新建生活垃圾填埋场自 2008 年 7 月 1 日起执行表 12-3 规定的水污染物特别排放限值。

表 12-3　现有和新建生活垃圾填埋场水污染物特别排放限值

序号	控制污染物	排放浓度限值	污染物排放监控位置
1	色度（稀释倍数）	30	常规污水处理设施排放口
2	化学需氧量（COD_{Cr}）（mg/L）	60	常规污水处理设施排放口
3	生化需氧量（BOD_5）（mg/L）	20	常规污水处理设施排放口
4	悬浮物（mg/L）	30	常规污水处理设施排放口
5	总氮（mg/L）	20	常规污水处理设施排放口
6	氨氮（mg/L）	8	常规污水处理设施排放口
7	总磷（mg/L）	1.5	常规污水处理设施排放口
8	粪大肠菌群数（个/L）	1 000	常规污水处理设施排放口
9	总汞（mg/L）	0.001	常规污水处理设施排放口
10	总镉（mg/L）	0.01	常规污水处理设施排放口
11	总铬（mg/L）	0.1	常规污水处理设施排放口
12	六价铬（mg/L）	0.05	常规污水处理设施排放口
13	总砷（mg/L）	0.1	常规污水处理设施排放口
14	总铅（mg/L）	0.1	常规污水处理设施排放口

（2）甲烷排放控制要求

填埋工作面上 2 m 以下高度范围内甲烷的体积百分比应不大于 0.1%。

生活垃圾填埋场应采取甲烷减排措施；当通过导气管道直接排放填埋气体时，导气管排放口的甲烷的体积百分比不大于 5%。

（3）生活垃圾填埋场在运行中应采取必要的措施防止恶臭物质的扩散。在生活垃圾填埋场周围环境敏感点方位的场界的恶臭污染物浓度应符合 GB 14554 的规定。

（4）生活垃圾转运站产生的渗滤液经收集后，可采用密闭运输送到城市污水处理厂处理、排入城市排水管道进入城市污水处理厂处理或者自行处理等方式。排入设置城市污水处理厂的排水管网的，应在转运站内对渗滤液进行处理，总汞、总镉、总铬、六价铬、总砷、总铅等污染物浓度限值达到表 12-2 规定浓度限值，其他水污染物排放控制要求由企业与城镇污水处理厂根据其污水处理能力商定或执行相关标准。排入环境水体或排入未设置污水处理厂的排水管网的，应在转运站内对渗滤液进行处理并达到表 12-2 规定的浓度限值。

第三节 《生活垃圾焚烧污染控制标准》

一、适用范围

本标准规定了生活垃圾焚烧厂的选址要求、技术要求、入炉废物要求、运行要求、排放控制要求、监测要求、实施与监督等内容。

本标准适用于生活垃圾焚烧厂的设计、环境影响评价、竣工验收以及运行过程中的污染控制及监督管理。

掺加生活垃圾质量超过入炉（窑）物料总质量 30%的工业窑炉以及生活污水处理设施产生的污泥、一般工业固体废物的专用焚烧炉的污染控制参照本标准执行。

本标准适用于法律允许的污染物排放行为；新设立污染源的选址和特殊保护区域内现有污染源的管理，按照《中华人民共和国大气污染防治法》《中华人民共和国水污染防治法》《中华人民共和国海洋环境保护法》《中华人民共和国固体废物污染环境防治法》《中华人民共和国放射性污染防治法》《中华人民共和国环境影响评价法》《中华人民共和国城乡规划法》和《中华人民共和国土地管理法》等法律、法规、规章的相关规定执行。

二、规范性引用文件

本文件内容引用了下列文件中的条款。凡是不注日期的引用文件，其最新版本适用于本文件。

GB 8978　污水综合排放标准

GB 14554　恶臭污染物排放标准

GB 16889　生活垃圾填埋场污染控制标准

GB 30485　水泥窑协同处置固体废物污染控制标准

GB/T 16157　固定污染源排气中颗粒物测定与气态污染物采样方法

HJ 77.2　环境空气和废气　二噁英类的测定　同位素稀释高分辨气相色谱—高分辨质谱法

HJ 543　固定污染源废气　汞的测定　冷原子吸收分光光度法（暂行）

HJ 548　固定污染源排气中氯化氢的测定　硝酸银容量法（暂行）

HJ 549　环境空气和废气　氯化氢的测定　离子色谱法（暂行）

HJ 629　固定污染源废气　二氧化硫的测定　非分散红外吸收法

HJ 657　空气和废气　颗粒物中铅等金属元素的测定　电感耦合等离子体质谱法

HJ 693　固定污染源废气　氮氧化物的测定　定电位电解法

HJ/T 20　工业固体废物采样制样技术规范

HJ/T 27　固定污染源排气中氯化氢的测定　硫氰酸汞分光光度法

HJ/T 42　固定污染源排气中氮氧化物的测定　紫外分光光度法

HJ/T 43　固定污染源排气中氮氧化物的测定　盐酸萘乙二胺分光光度法

HJ/T 44　固定污染源排气中一氧化碳的测定　非色散红外吸收法

HJ/T 56　固定污染源排气中二氧化硫的测定　碘量法

HJ/T 57　固定污染源排气中二氧化硫的测定　定电位电解法

HJ/T 75　固定污染源烟气排放连续监测系统技术规范

HJ/T 228　医疗废物化学消毒集中处理工程技术规范（试行）

HJ/T 229　医疗废物微波消毒集中处理工程技术规范（试行）

HJ/T 276　医疗废物高温蒸汽集中处理工程技术规范（试行）

HJ/T 397　固定源废气监测技术规范

《污染源自动监控管理办法》（国家环境保护总局令第 28 号）

《环境监测管理办法》（国家环境保护总局令第 39 号）

《医疗废物分类目录》（卫医发[2003]287 号）

三、术语和定义

（1）焚烧炉，指利用高温氧化作用处理生活垃圾的装置。

（2）焚烧处理能力，指单位时间焚烧炉焚烧生活垃圾的设计能力。

（3）炉膛，指焚烧炉中由炉墙包围起来供燃料燃烧的空间。

（4）烟气停留时间，指燃烧所产生的烟气处于高温段（≥850℃）的持续时间。

（5）焚烧炉渣，指生活垃圾焚烧后从炉床直接排出的残渣，以及过热器和省煤器排出的灰渣。

（6）焚烧飞灰，指烟气净化系统捕集物和烟道及烟囱底部沉降的底灰。

（7）热灼减率，指焚烧炉渣经灼烧减少的质量占原焚烧炉渣质量的百分数。其计算方法如下：

$$P=(A-B)/A\times 100\%$$

式中：P —— 热灼减率，%；

A —— 焚烧炉渣经 110℃干燥 2 h 后冷却至室温的质量，g，

B —— 焚烧炉渣经 600℃（±25℃）灼烧 3 h 后冷却至室温的质量，g。

（8）二噁英类，指多氯代二苯并-对-二噁英（PCDDs）和多氯代二苯并呋喃（PCDFs）的统称。

（9）毒性当量因子，指二噁英类同类物与 2,3,7,8-四氯代二苯并-对-二噁英对 Ah 受体的亲和性能之比。

（10）毒性当量，指各二噁英类同类物浓度折算为相当于 2,3,7,8-四氯代二苯并-对-二噁英毒性的等价浓度，毒性当量浓度为实测浓度与该异构体的毒性当量因子的乘积。

（11）一般工业固体废物，指在工业生产活动中产生的固体废物，危险废物除外。

（12）现有生活垃圾焚烧设炉，指本标准实施之日前，已建成投入使用或环境影响评价文件已获批准的生活垃圾焚烧炉。

（13）新建生活垃圾焚烧炉，指本标准实施之日后环境影响评价文件获批准的新建、改建和扩建的生活垃圾焚烧炉。

（14）标准状态，指温度在 273.16 K，压力在 101.325 kPa 时的气体状态。

（15）测定均值，指取样期以等时间间隔（最少 30 min，最多 8 h）至少采集 3 个样品测试值的平均值；二噁英类的采样时间间隔为最少 6 h，最多 8 h。

（16）1 小时均值，指任何 1 小时污染物浓度的算术平均值；或在 1 小时内，以等时间间隔采集 4 个样品测试值的算术平均值。

（17）24 小时均值，指连续 24 个 1 小时均值的算术平均值。

（18）基准氧含量排放浓度，指本标准规定的各项污染物浓度的排放限值，均指在标准状态下以 11%（V/V %）O_2（干烟气）作为换算基准换算后的基准含氧量排放浓度，按下式进行换算：

$$\rho=\rho'(21-11)/[\varphi_0(O_2)-\varphi'(O_2)]$$

式中：ρ —— 大气污染物基准氧含量排放浓度，mg/m^3；

ρ' —— 实测的大气污染物排放浓度，mg/m^3；

$\varphi_0(O_2)$ —— 助燃空气初始氧含量，%，采用空气助燃时为 21；

$\varphi'(O_2)$ —— 实测的烟气氧含量，%。

四、选址要求

（1）生活垃圾焚烧厂的选址应符合当地的城乡总体规划、环境保护规划和环境卫生专项规划，并符合当地的大气污染防治、水资源保护、自然生态保护等要求。

（2）应依据环境影响评价结论确定生活垃圾焚烧厂厂址的位置及其与周围人群的距离。经具有审批权的环境保护行政主管部门批准后，这一距离可作为规划控制的依据。

（3）在对生活垃圾焚烧厂厂址进行环境影响评价时，应重点考虑生活垃圾焚烧厂内各设施可能产生的有害物质泄漏、大气污染物（含恶臭物质）的产生与扩散以及可能的事故风险等因素，根据其所在地区的环境功能区类别，综合评价其对周围环境、居住人群的身体健康、日常生活和生产活动的影响，确定生活垃圾焚烧厂与常住居民居住场所、农用地、地表水体以及其他敏感对象之间合理的位置关系。

五、技术要求

（1）生活垃圾的运输应采取密闭措施，避免在运输过程中发生垃圾遗撒、气味泄漏和污水滴漏。

（2）生活垃圾贮存设施和渗滤液收集设施应采取封闭负压措施，并保证其在运行期和停炉期均处于负压状态。这些设施内的气体应优先通入焚烧炉中进行高温处理，或收集并经除臭处理满足 GB 14554 要求后排放。

（3）生活垃圾焚烧炉的主要技术性能指标应满足下列要求。

a）炉膛内焚烧温度、炉膛内烟气停留时间和焚烧炉渣热灼减率应满足表 12-4 的要求。

表 12-4　生活垃圾焚烧炉主要技术性能指标

序号	项目	指标	检验方法
1	炉膛内焚烧温度	≥850℃	在二次空气喷入点所在断面、炉膛中部断面和炉膛上部断面中至少选择两个断面分别布设监测点，实行热电偶实时在线测量
2	炉膛内烟气停留时间	≥2 s	根据焚烧炉设计书中的检验和制造图核验炉膛内焚烧温度监测点断面间的烟气停留时间
3	焚烧炉渣热灼减率	≤5%	HJ/T 20

b）2015 年 12 月 31 日前，现有生活垃圾焚烧炉排放烟气中一氧化碳浓度执行 GB 18485—2001 中规定的限值。

c）自2016年1月1日起，现有生活垃圾焚烧炉排放烟气中一氧化碳浓度执行表12-5规定的限值。

d）自2014年7月1日起，新建生活垃圾焚烧炉排放烟气中一氧化碳浓度执行表12-5规定的限值。

表12-5 新建生活垃圾焚烧炉排放烟气中一氧化碳浓度限值

取值时间	限值/（mg/m^3）	监测方法
24小时均值	80	HJ/T 44
1小时均值	100	

（4）每台生活垃圾焚烧炉必须单独设置烟气净化系统并安装烟气在线监测装置，处理后的烟气应采用独立的排气筒排放；多台生活垃圾焚烧炉的排气筒可采用多筒集束式排放。

（5）焚烧炉烟囱高度不得低于表12-6定的高度，具体高度应根据环境影响评价结论确定。如果在烟囱周围200 m半径距离内存在建筑物时，烟囱高度应至少高出这一区域内最高建筑物3 m以上。

表12-6 焚烧炉烟囱高度

焚烧处理能力/（t/d）	烟囱最低允许高度/m
＜300	45
≥300	60

注：在同一厂区内如同时有多台焚烧炉，则以各焚烧炉焚烧处理能力总和作为评判依据。

（6）焚烧炉应设置助燃系统，在启、停炉时以及当炉膛内焚烧温度低于表12-4要求的温度时使用并保证焚烧炉的运行工况满足本标准（3）的要求。

（7）应按照GB/T 16157的要求设置永久采样孔，并在采样孔的正下方约1 m处设置不小于 3 m^2 的带护栏的安全监测平台，并设置永久电源（220 V）以便放置采样设备，进行采样操作。

六、入炉废物要求

（1）下列废物可以直接进入生活垃圾焚烧炉进行焚烧处置：

——由环境卫生机构收集或者生活垃圾产生单位自行收集的混合生活垃圾；

——由环境卫生机构收集的服装加工、食品加工以及其他为城市生活服务的行业产生的性质与生活垃圾相近的一般工业固体废物；

——生活垃圾堆肥处理过程中筛分工序产生的筛上物，以及其他生化处理过程中产生的固态残余组分；

——按照 HJ/T 228、HJ/T 229、HJ/T 276 要求进行破碎毁形和消毒处理并满足消毒效果检验指标的《医疗废物分类目录》中的感染性废物。

（2）在不影响生活垃圾焚烧炉污染物排放达标和焚烧炉正常运行的前提下，生活污水处理设施产生的污泥和一般工业固体废物可以进入生活垃圾焚烧炉进行焚烧处置，焚烧炉排放烟气中污染物浓度执行表 12-7 规定的限值。

（3）下列废物不得在生活垃圾焚烧炉中进行焚烧处置：

——危险废物，本标准（1）条规定的除外；

——电子废物及其处理处置残余物。

国家环境保护行政主管部门另有规定的除外。

表 12-7 生活垃圾焚烧炉排放烟气中污染物限值

序号	污染物项目	限值	取值时间
1	颗粒物/（mg/m^3）	30	1 h 均值
		20	24 h 均值
2	氮氧化物（NO_x）/（mg/m^3）	300	1 h 均值
		250	24 h 均值
3	二氧化硫（SO_2）/（mg/m^3）	100	1 h 均值
		80	24 h 均值
4	氯化氢（HCl）/（mg/m^3）	60	1 h 均值
		50	24 h 均值
5	汞及其化合物（以 Hg 计）/（mg/m^3）	0.05	测定均值
6	镉、铊及其化合物（以 Cd+Tl 计）/（mg/m^3）	0.1	测定均值
7	锑、砷、铅、铬、钴、铜、锰、镍及其化合物（以 Sb+As+Pb+Cr+Co+Cu+Mn+Ni 计）/（mg/m^3）	1.0	测定均值
8	二噁英类/（$ngTEQ/m^3$）	0.1	测定均值
9	一氧化碳（CO）/（mg/m^3）	100	1 h 均值
		80	24 h 均值

七、运行要求

（1）焚烧炉在启动时，应先将炉膛内焚烧温度升至本标准表 12-4 条规定的温度后才能投入生活垃圾。自投入生活垃圾开始，应逐渐增加投入量直至达到额定垃圾处理量；在焚烧炉启动阶段，炉膛内焚烧温度应满足本标准表 12-4 要求，焚烧炉应在 4 h 内达到稳定工况。

（2）焚烧炉在停炉时，自停止投入生活垃圾开始，启动垃圾助燃系统，保证剩余垃圾完全燃烧，并满足本标准表 12-4 所规定的炉膛内焚烧温度的要求。

（3）焚烧炉在运行过程中发生故障，应及时检修，尽快恢复正常。如果无法修复应立即停止投加生活垃圾，按照本标准（2）条要求操作停炉。每次故障或者事故持续排放污染物时间不应超过 4 h。

（4）焚烧炉每年启动、停炉过程排放污染物的持续时间以及发生故障或事故排放污染物持续时间累计不应超过 60 h。

（5）生活垃圾焚烧厂运行期间，应建立运行情况记录制度，如实记载运行管理情况，至少应包括废物接收情况、入炉情况、设施运行参数以及环境监测数据等。运行情况记录簿应按照国家有关档案管理的法律法规进行整理和保管。

八、排放控制要求

（1）2015 年 12 月 31 日前，现有生活垃圾焚烧炉排放烟气中污染物浓度执行 GB 18485—2001 中规定的限值。

（2）自 2016 年 1 月 1 日起，现有生活垃圾焚烧炉排放烟气中污染物浓度执行表 12-7 规定的限值。

（3）自 2014 年 7 月 1 日起，新建生活垃圾焚烧炉排放烟气中污染物浓度执行表 12-7 规定的限值。

（4）生活污水处理设施产生的污泥、一般工业固体废物的专用焚烧炉排放烟气中二噁英类污染物浓度执行表 12-8 中规定的限值。

表 12-8　生活污水处理设施产生的污泥、一般工业固体废物专用焚烧炉排放烟气中二噁英类限值

焚烧处理能力/（t/d）	二噁英类排放限值/（ng TEQ/m³）	取值时间
＞100	0.1	测定均值
50～100	0.5	测定均值
＜50	1.0	测定均值

（5）在本标准七（1）、七（2）、七（3）、七（4）条规定的时间内，所获得的监测数据不作为评价是否达到本标准排放限值的依据，但在这些时间内颗粒物浓度的 1 h 均值不得大于 150 mg/m^3。

（6）生活垃圾焚烧飞灰与焚烧炉渣应分别收集、贮存、运输和处置。生活垃圾焚烧飞灰应按危险废物进行管理，如进入生活垃圾填埋场处置，应满足 GB 16889 的要求；如进入水泥窑处置，应满足 GB 30485 的要求。

（7）生活垃圾渗滤液和车辆清洗废水应收集并在生活垃圾焚烧厂内处理或送至生活垃圾填埋场渗滤液处理设施处理，处理后满足 GB 16889 表 2 的要求（如厂址在符合 GB 16889 中第 9.1.4 条要求的地区，应满足 GB 16889 表 3 的要求）后，可直接排放。

若通过污水管网或采用密闭输送方式送至采用二级处理方式的城市污水处理厂处理，应满足以下条件：

a）在生活垃圾焚烧厂内处理后，总汞、总镉、总铬、六价铬、总砷、总铅等污染物浓度达到 GB 16889 表 2 规定的浓度限值要求；

b）城市二级污水处理厂每日处理生活垃圾渗滤液和车辆清洗废水总量不超过污水处理量的 0.5%；

c）城市二级污水处理厂应设置生活垃圾渗滤液和车辆清洗废水专用调节池，将其均匀注入生化处理单元；

d）不影响城市二级污水处理厂的污水处理效果。

九、监测要求

（1）生活垃圾焚烧厂运行企业应按照有关法律和《环境监测管理办法》等规定，建立企业监测制度，制定监测方案，并向当地环境保护行政主管部门和行业主管部门本备案。对污染物排放状况及其对周边环境质量的影响开展自行监测，保存原始监测记录，并公布监测结果。

（2）生活垃圾焚烧厂运行企业应按照环境监测管理规定和技术规范的要求，设计、建设、维护永久采样口、采样测试平台和排污口标志。

（3）对生活垃圾焚烧厂运行企业排放废气的采样，应根据监测污染物的种类，在规定的污染物排放监控位置进行；有废气处理设施的，应在该设施后检测。排气筒中大气污染物的监测采样按 GB/T 16157、HJ/T 397 或 HJ/T 75 的规定进行。

（4）生活垃圾焚烧厂运行企业对烟气中重金属类污染物和焚烧炉渣热灼减率的监测应每月至少开展 1 次；对烟气中二噁英类的监测应每年至少开展 1 次，其采样要求按 HJ 77.2 的有关规定执行，其浓度为连续 3 次测定值的算术平均值。对其他大气污染物排放情况监测的频次、采样时间等要求，按有关环境监测管理规定和技术规范的要求执行。

（5）环境保护行政主管部门应采用随机方式对生活垃圾焚烧厂进行日常监督性监测，对焚烧炉渣热灼减率与烟气中颗粒物、二氧化硫、氮氧化物、氯化氢、重金属类污染物和一氧化碳的监测应每季度至少开展 1 次，对烟气中二噁英类的监测应每年至少开展 1 次。

（6）焚烧炉大气污染物浓度监测时的测定方法采用表 12-9 所列的方法标准。

表 12-9 大气污染物浓度测定方法

序号	污染物项目	方法标准名称	标准编号
1	颗粒物	固定污染源排气中颗粒物测定与气态污染物采样方法	GB/T 16157
2	二氧化硫（SO_2）	固定污染源排气中二氧化硫的测定 碘量法	HJ/T 56
		固定污染源排气中二氧化硫的测定 定电位电解法	HJ/T 57
		固定污染源废气二氧化硫的测定 非分散红外吸收法	HJ 629
3	氮氧化物（NO_x）	固定污染源排气中氮氧化物的测定 紫外分光光度法	HJ/T 42
		固定污染源排气中氮氧化物的测定 盐酸萘乙二胺分光光度法	HJ/T 43
		固定污染源废气氮氧化物的测定 定电位电解法	HJ 693
4	氯化氢（HCl）	固定污染源排气中氯化氢的测定 硫氰酸汞分光光度法	HJ/T 27
		固定污染源排气中氯化氢的测定 硝酸银容量法（暂行）	HJ 548
		环境空气和废气氯化氢的测定 离子色谱法（暂行）	HJ 549
5	汞	固定污染源废气汞的测定 冷原子吸收分光光度法（暂行）	HJ 543
6	镉、铊、砷、铅、铬、锰、镍、锡、锑、铜、钴	空气和废气颗粒物中铅等金属元素的测定 电感耦合等离子体质谱法	HJ 657
7	二噁英类	空气和废气二噁英类的测定 同位素稀释高分辨气相色谱—高分辨质谱法	HJ 77.2
8	一氧化碳（CO）	固定污染源排气中一氧化碳的测定 非色散红外吸收法	HJ/T 44

（7）生活垃圾焚烧厂应设置焚烧炉运行工况在线监测装置，监测结果应采用电子显示板进行公示并与当地环境保护行政主管部门和行业行政主管部门监控中心联网。焚烧炉运行工况在线监测指标应至少包括烟气中一氧化碳浓度和炉膛内焚烧温度。

（8）生活垃圾焚烧厂烟气在线监测装置安装要求应按《污染源自动监控管理办法》等规定执行并定期进行校对。在线监测结果应采用电子显示板进行公示并与当地环保行政主管部门和行业行政主管部门监控中心联网。烟气在线监测指标应至少包括烟气中一氧化碳、颗粒物、二氧化硫、氮氧化物和氯化氢。

十、实施与监督

（1）本标准由县级以上人民政府环境保护行政主管部门和行业主管部门负责监督实施。

（2）在任何情况下，生活垃圾焚烧厂均应遵守本标准的污染物排放控制要求，采取必要措施保证污染防治设施正常运行。各级环保部门在对生活垃圾焚烧厂进行监督性检查时，可以现场即时采样获得均值，将监测结果作为判定排污行为是否符合排放标准以及实施相关环境保护管理措施的依据。

第四节　《危险废物贮存污染控制标准》

一、术语

1. 危险废物贮存

危险废物贮存是指危险废物再利用或无害化处理和最终处置前的存放行为。

生产者产出的危险废物可以再利用的有两种情况：一是由于生产能力的限制，可利用的危险废物有一定的剩余；二是由于技术上的困难，对有再利用价值的尚未找到理想的技术方法加以有效的利用。属于上述情况的危险废物就需要贮存，有的危险废物属于无法利用或无利用价值的，则在无害化处理和最终处置前，也需暂时的贮存。

2. 集中贮存

集中贮存是指危险废物集中处理、处置设施中所附设的按规定设计、建造或改建的用于专门存放危险废物的贮存设施和区域性的贮存设施。

根据《国务院关于全国危险废物和医疗废物处置设施建设规划的批复》，到2006年，在全国各省及部分市、地区将建成30多个危险废物集中处置中心和300多个医疗废物集中处置中心。这些集中处置中心都附设了集中贮存设施。

3. 相容性

某种危险废物同其他危险废物或设施中其他物质接触时不产生气体、热量、有害物质，不会燃烧或爆炸，不发生其他可能对设施产生不利影响的反应和变化。本标准所述“兼容”即同于“相容”。

二、适用范围

该标准适用于所有的危险废物（尾矿除外）贮存的污染控制及监督管理，适用于危险废物的产生者、经营者和管理者。

三、一般要求

（1）所有危险废物产生者和危险废物经营者应建造专用的危险废物贮存设施，也可利用原有构筑物改建成危险废物贮存设施。

（2）在常温常压下易爆、易燃及排出有毒气体的危险废物必须进行预处理，使之稳定后贮存；否则，按易爆、易燃危险品贮存。

（3）在常温常压下不水解、不挥发的固体危险废物可在贮存设施内分别堆放。

（4）除上述（3）规定外，必须将危险废物装入容器内。

（5）禁止将不兼容（相互反应）的危险废物在同一容器内混装。

（6）无法装入常用容器的危险废物可用防漏胶袋等盛装。

（7）装载液体、半固体危险废物的容器内须留足够空间，容器顶部与液体表面之间保留 100 mm 以上的空间。

（8）医院产生的临床废物，必须当日消毒，消毒后装入容器。常温下贮存期不得超过 1 天，于 5℃以下冷藏的，不得超过 7 天。

（9）盛装危险废物的容器上必须粘贴符合本标准所示的标签。

（10）危险废物贮存设施在施工前应做环境影响评价。

四、危险废物贮存设施的选址要求

（1）应选在地质结构稳定，地震烈度不超过 7 度的区域内。

（2）设施底部必须高于地下水最高水位。

（3)应依据环境影响评价结论确定危险废物集中贮存设施的位置及其与周围人群的距离，并经具有审批权的环境保护行政主管部门批准，并可作为规划控制的依据。在对危险废物集中贮存设施场址进行环境影响评价时，应重点考虑危险废物集中贮存设施可能产生的有害物质泄漏、大气污染物（含恶臭物质）的产生与扩散以及可能的事故风险等因素，根据其所在地区的环境功能区类别，综合评价其对周围环境、居住人群的身体健康、日常生活和生产活动的影响，确定危险废物集中贮存设施与常住居民居住场所、农用地、地表水体以及其他敏感对象之间合理的位置关系。

（4）应避免建在溶洞区或易遭受严重自然灾害如洪水、滑坡、泥石流、潮汐等影响的地区。

（5）应建在易燃、易爆等危险品仓库、高压输电线路防护区域以外。

（6）应位于居民中心区常年最大风频的下风向。

（7）集中贮存的废物堆选址除满足以上要求外，还应满足：基础必须防渗，防渗层为至少 1 m 厚黏土层（渗透系数≤10^{-7} cm/s），或 2 mm 厚高密度聚乙烯，或至少 2 mm 厚的其他人工材料（渗透系数≤10^{-10} cm/s）等要求。

五、危险废物贮存设施（仓库式）的设计原则

（1）地面与裙脚要用坚固、防渗的材料制造，建筑材料必须与危险废物兼容。

（2）必须有泄漏液体收集装置、气体导出口及气体净化装置。

（3）设施内要有安全照明设施和观察窗口。

（4）用以存放装载液体、半固体危险废物容器的地方，必须有耐腐蚀的硬化地面，且表面无缝隙。

（5）应设计堵截泄漏的裙脚，地面与裙脚所围建的容积不低于堵截最大容器的

最大储量或总储量的 1/5。

（6）不兼容的危险废物必须分开存放，并设有隔离间隔断。

六、危险废物堆放要求

（1）基础必须防渗，防渗层为至少 1 m 厚黏土层（渗透系数≤10^{-7} cm/s），或 2 mm 厚高密度聚乙烯，或至少 2 mm 厚的其他人工材料（渗透系数≤10^{-10} cm/s）。

（2）堆放危险废物的高度应根据地面承载能力确定。

（3）衬里放在一个基础或底座上。

（4）衬里要能覆盖危险废物或其溶出物可能涉及的范围。

（5）衬里材料与堆放危险废物兼容。

（6）在衬里上设计、建造浸出液收集清除系统。

（7）应设计建造径流疏导系统，保证能防止 25 年一遇的暴雨不会流到危险废物堆里。

（8）危险废物堆内设计雨水收集池，并能收集 25 年一遇的暴雨 24 h 降水量。

（9）危险废物堆要防风、防雨、防晒。

（10）产生量大的危险废物可以散装方式堆放贮存在按上述要求设计的废物堆里。

（11）不兼容的危险废物不能堆放在一起。

（12）总贮存量不超过 300 kg（L）的危险废物要放入符合标准的容器内，加上标签，容器放入坚固的柜或箱中，柜或箱应设多个直径不少于 30 mm 的排气孔。不兼容危险废物要分别存放或存放在不渗透间隔分开的区域内，每个部分都应有防漏裙脚或储漏盘，防漏裙脚或储漏盘的材料要与危险废物兼容。

第五节　《危险废物填埋污染控制标准》

一、适用范围

该标准适用于危险废物填埋场的建设、运行及监督管理。本标准不适用于放射性废物的处置。

二、危险废物填埋处置技术特点

安全填埋是危险废物无害化处置技术之一，也是对危险废物使用其他方式处理后所采取的最终处置措施。利用对危险废物固化/稳定化处理、建筑防渗层构造等手段，将危险废物既放置在环境中，又令其与环境隔断联系。因此，是否能够成功地阻断这种联系，将是填埋场能否长远安全的关键，也是安全填埋风险之所在。

一个完整的危险废物填埋场应包括废物接收与贮存系统、分析监测系统、预处理系统、防渗系统、渗滤液集排水系统、雨水集排系统、地下水集排系统、渗滤液处理系统、渗滤液监测系统、管理系统和公用工程等。

三、危险废物填埋场选址要求

（1）填埋场场址的选择应符合国家及地方城乡建设总体规划要求，场址应处于一个相对稳定的区域，不会因自然或人为的因素而受到破坏。

（2）填埋场场址的选择应进行环境影响评价，并经环境保护行政主管部门批准。

（3）填埋场场址不应选在城市工农业发展规划区、农业保护区、自然保护区、风景名胜区、文物（考古）保护区、生活饮用水源保护区、供水远景规划区、矿产资源储备区和其他需要特别保护的区域内。

（4）填埋场距飞机场、军事基地的距离应在 3 000 m 以上。

（5）危险废物填埋场场址的位置及与周围人群的距离应依据环境影响评价结论确定，并经具有审批权的环境保护行政主管部门批准，并可作为规划控制的依据。在对危险废物填埋场场址进行环境影响评价时，应重点考虑危险废物填埋场渗滤液可能产生的风险、填埋场结构及防渗层长期安全性及其由此造成的渗漏风险等因素，根据其所在地区的环境功能区类别，结合该地区的长期发展规划和填埋场的设计寿命，重点评价其对周围地下水环境、居住人群的身体健康、日常生活和生产活动的长期影响，确定其与常住居民居住场所、农用地、地表水体以及其他敏感对象之间合理的位置关系。

（6）填埋场场址的地质条件应符合下列要求：

① 能充分满足填埋场基础层的要求。

② 现场或其附近有充足的黏土资源以满足构筑防渗层的需要。

③ 位于地下水饮用水水源地主要补给区范围之外，且下游无集中供水井。

④ 地下水位应在不透水层 3 m 以下，否则，必须提高防渗设计标准并进行环境影响评价，取得主管部门同意。

⑤ 天然地层岩性相对均匀、渗透率低，其渗透系数应符合《危险废物填埋污染控制标准》（GB 18598—2001）中“6.4 填埋场天然基础层的饱和渗透系数不应大于 1.0×10^{-5} cm/s，且厚度不应小于 2 m”。

⑥ 地质结构相对简单、稳定，没有断层。

（9）填埋场场址选择应避开下列区域：破坏性地震及活动构造区；海啸及涌浪影响区；湿地和低洼汇水处；地应力高度集中，地面抬升或沉降速率快的地区；石灰溶洞发育带；废弃矿区或塌陷区；崩塌、岩堆、滑坡区；山洪、泥石流地区；活动沙丘区；尚未稳定的冲积扇及冲沟地区；高压缩性淤泥、泥炭及软土区以及其他可能危及填埋场安全的区域。

（10）填埋场场址必须有足够大的可使用面积以保证填埋场建成后具有 10 年或更长的使用期，在使用期内能充分接纳所产生的危险废物。

（11）填埋场场址应选在交通方便、运输距离较短，建造和运行费用低，能保证填埋场正常运行的地区。

四、污染物排放控制要求

危险废物填埋场污染物控制项目有渗滤液、排出气体、噪声。

（1）严禁将集排水系统收集的渗滤液直接排放，必须对其进行处理并达到《污水综合排放标准》（GB 8978—1996）中第一类污染物最高允许排放浓度的要求及第二类污染物最高允许排放浓度标准要求后方可排放。

（2）危险废物填埋场废物渗滤液第二类污染物排放控制项目为：pH 值，悬浮物（SS），五日生化需氧量（BOD_5），化学需氧量（COD_{Cr}），氨氮（NH_3-N），磷酸盐（以 P 计）。

（3）填埋场渗滤液不应对地下水造成污染。填埋场地下水污染评价指标及其限值按照《地下水质量标准》（GB/T 14848—93）执行。

（4）地下水监测因子应根据填埋废物特性由当地环境保护行政主管部门确定，必须具有代表性，能表示废物特性的参数。常规测定项目为：浊度，pH 值，可溶性固体，氯化物，硝酸盐（以 N 计），亚硝酸盐（以 N 计），氨氮，大肠杆菌总数。

（5）填埋场排出的气体应按照《大气污染物综合排放标准》（GB 16297—1996）中无组织排放的规定执行。监测因子应根据填埋废物特性由当地环境保护行政主管部门确定，必须具有代表性，能表示废物特性的参数。

（6）填埋场在作业期间，噪声控制应按照《工业企业厂界环境噪声排放标准》（GB 12348—2008）的规定执行。

第六节　《危险废物焚烧污染控制标准》

一、术语

1．焚烧

指焚化燃烧危险废物使之分解并无害化的过程。

2．焚烧残余物

指焚烧危险废物后排出的燃烧残渣、飞灰和经尾气净化装置产生的固态物质。

3．二噁英类

多氯代二苯并-对-二噁英和多氯代二苯并呋喃的总称。即 PCDDs 和 PCDFs。

4．二噁英毒性当量（TEQ）

二噁英毒性当量因子（TEF）是二噁英毒性同类物与2,3,7,8-四氯代二苯并-对-二噁英对Ah受体的亲和性能之比，二噁英毒性当量可以通过下式计算：

TEQ=Σ 二噁英毒性同类物浓度×TEF

5．标准状态

指温度在273.16 K，压力在101.325 kPa时的气体状态。本标准规定的各项污染物的排放限值，均指在标准状态下以11% O_2（干空气）作为换算基准换算后的浓度。

二、内容和适用范围

该标准从危险废物处置过程中环境污染防治出发，规定了危险废物焚烧设施场所的选址原则，焚烧基本技术性能指标，焚烧排放大气污染物的最高允许排放限值，焚烧残余物的处置原则和相应的环境监测等。

本标准适用于除易爆和具有放射性以外的危险废物焚烧设施的设计、环境影响评价，竣工验收以及运行过程中的污染控制管理。

三、危险废物焚烧处置的特点

焚烧处置方法是一种高温热处理技术，即以一定的过剩空气量与被处置的危险废物在焚烧炉内进行氧化燃烧反应，废物中的有毒、有害物质在高温下氧化、分解而被破坏。焚烧处置的特点是它可同时实现废物的无害化、减量化、资源化。焚烧的目的是借助焚烧工况的控制，使被焚烧的物质无害化，最大限度地减容，并尽可能减少新的污染物产生，避免造成二次污染。对于大、中型的危险废物焚烧厂确有条件能同时实现使废物减量、彻底焚毁废物中的毒性物质，以及回收利用焚烧产生的废热这三个目的。焚烧法不但可以处置固态废物，还可以处置液态或气态废物，并且通过残渣熔融使重金属元素稳定化。

焚烧处置技术的最大弊端是产生废气污染。焚烧烟气中主要的空气污染物是粒状污染物、酸性气体、氮的氧化物、一氧化碳、重金属与二噁英等有机氯化物。

四、危险废物焚烧厂选址要求

各类焚烧厂不允许建设在《地表水环境质量标准》（GB 3838—2002）中规定的地表水环境质量Ⅰ类、Ⅱ类功能区和《环境空气质量标准》（GB 3095—1996）中规定的环境空气质量一类功能区，即自然保护区、风景名胜区和其他需要特殊保护地区。集中式危险废物焚烧厂不允许建设在人口密集的居住区、商业区和文化区。

各类焚烧厂不允许建设在居民区主导风向的上风向地区（在2004年制定的《危险废物集中焚烧处置工程建设技术要求（试行）》中还规定了厂界距居民区应＞1 000 m）。

表 12-10 焚烧炉的技术性能指标

指标 废物类型	焚烧炉温度/℃	烟气停留时间/s	焚烧效率/%	焚毁去除率/%	焚烧残渣热灼减率/%
危险废物	≥1 100	≥2.0	≥99.9	≥99.99	<5
多氯联苯	≥1 200	≥2.0	≥99.9	≥99.9999	<5
医院临床废物	≥850	≥1.0	≥99.9	≥99.99	<5

表 12-11 焚烧炉大气污染物排放限值①

序号	污 染 物	不同焚烧容量时的最高允许排放浓度限值/(mg/m^3)		
		≤300 kg/h	300～2 500 kg/h	≥2 500 kg/h
1	烟气黑度	林格曼Ⅰ级		
2	烟尘	100	80	65
3	一氧化碳（CO）	100	80	80
4	二氧化硫（SO_2）	400	300	200
5	氟化氢（HF）	9.0	7.0	5.0
6	氯化氢（HCl）	100	70	60
7	氮氧化物（以 NO_2 计）	500		
8	汞及其化合物（以 Hg 计）	0.1		
9	镉及其化合物（以 Cd 计）	0.1		
10	砷、镍及其化合物（以 As+Ni 计）②	1.0		
11	铅及其化合物（以 Pb 计）	1.0		
12	铬、锡、锑、铜、锰及其化合物（以 Cr+Sn+Sb+Cu+Mn 计）③	4.0		
13	二噁英类	0.5 TEQ ng/m^3		

注：①在测试计算过程中，以 11% O_2（干气）作为换算基准。换算公式为：

$$c=\frac{10}{21-O_s}\times c_s$$

式中：c —— 标准状态下被测污染物经换算后的浓度，mg/m^3；

O_s —— 排气中氧气的浓度，%；

c_s —— 标准状态下被测污染物的浓度，mg/m^3。

②指砷和镍的总量。

③指铬、锡、锑、铜和锰的总量。

五、焚烧炉的技术性能指标

针对焚烧处置的危险废物类型不同，其焚烧炉的技术性能指标也有所差别，见表 12-10。

六、污染物（项目）排放控制要求

（1）焚烧炉大气污染物排放限值。

焚烧炉排气中任何一种有害物质浓度不得超过表12-11中所列的最高允许限值。

（2）危险废物焚烧厂排放废水时，其水中污染物最高允许排放浓度按《污水综合排放标准》（GB 8978—1996）执行。

（3）焚烧残余物按危险废物进行安全处置。

（4）危险废物焚烧厂噪声执行《工业企业厂界环境噪声排放标准》（GB 12348—2008）。

第七节　《一般工业固体废物贮存、处置场污染控制标准》

一、术语

1．Ⅰ类工业固体废物

按照GB 5086.1～5086.2—1997规定方法进行浸出试验而获得的浸出液中，任何一种污染物的浓度均未超过GB 8978—1996最高允许排放浓度，且pH值在6～9的一般工业固体废物。

2．Ⅱ类工业固体废物

按照GB 5086.1～5086.2—1997规定方法进行浸出试验而获得的浸出液中，有一种或一种以上的污染物浓度超过GB 8978—1996最高允许排放浓度，或者是pH值在6～9之外的一般工业固体废物。

3．贮存场

将一般工业固体废物置于符合本标准规定的非永久性的集中堆放场所。

4．处置场

将一般工业固体废物置于符合本标准规定的永久性的集中堆放场所。

二、适用范围

本标准适用于新建、扩建、改建及已经建成投产的一般工业固体废物贮存、处置场的建设、运行和监督管理。不适用于危险废物的贮存、处置设施和生活垃圾填埋场。

三、一般工业固体废物贮存、处置场分类

根据一般工业固体废物分为两类，相应的贮存、处置场也分为两类，Ⅰ类场适用于Ⅰ类一般工业固体废物的贮存和处置；Ⅱ类场适用于Ⅱ类一般工业固体废物的贮存和处置。

四、一般工业固体废物贮存、处置场对环境的主要影响

一般工业固体废物虽然不具有危险废物的危险性，但它产出量大，贮存、处置占地多，因此不可低估对环境造成的影响。一般工业固体废物贮存、处置场对环境的影响主要有以下几方面：

1．对生态环境的影响

贮存、处置场的建设，必然造成天然土层植被的破坏，林木的损失，同时也造成景观生态的影响。只有在贮存、处置场封场后生态环境才有望得以恢复。

2．对大气环境的影响

在作业和自然风扬尘的情况下造成周围大气环境的粉尘污染，致使空气中颗粒物浓度增高。如果是煤矸石型的堆场，在自燃的情况下，也会散发大量的 SO_2，造成 SO_2 浓度增高。

3．对水环境的影响

淋沥固体废物的雨水径流有可能进入河流、湖泊，尤其是Ⅱ类场，可造成地表水体的污染。

渗滤液收集、处理不当或防渗层泄漏，可能造成地下水污染，这是建设贮存、处置场时，应予特别关注的问题。因此在设计中要有防渗系统、集排水系统、渗滤液收集系统、处理系统以及对场周边地下水的监控系统。

五、一般工业固体废物贮存、处置场选址要求

1．Ⅰ类场和Ⅱ类场的共同要求

（1）所选场址应符合当地城乡建设总体规划要求。

（2）应依据环境影响评价结论确定场址的位置及其与周围人群的距离，并经具有审批权的环境保护行政主管部门批准，并可作为规划控制的依据。在对一般工业固体废物贮存、处置场场址进行环境影响评价时，应重点考虑一般工业固体废物贮存、处置场产生的渗滤液以及粉尘等大气污染物等因素，根据其所在地区的环境功能区类别，综合评价其对周围环境、居住人群的身体健康、日常生活和生产活动的影响，确定其与常住居民居住场所、农用地、地表水体、高速公路、交通主干道（国道或省道）、铁路、飞机场、军事基地等敏感对象之间合理的位置关系。

（3）应选在满足承载力要求的地基上，以避免地基下沉的影响，特别是不均匀或局部下沉的影响。

（4）应避开断层、断层破碎带、溶洞区，以及天然滑坡或泥石流影响区。

（5）禁止选在江河、湖泊、水库最高水位线以下的滩地和洪泛区。

（6）禁止选在自然保护区、风景名胜区和其他需要特别保护的区域。

2．Ⅰ类场的其他要求

对于Ⅰ类场应优先选用废弃的采矿坑、塌陷区。

3．Ⅱ类场的其他要求

（1）应避开地下水主要补给区和饮用水源含水层。

（2）应选在防渗性能好的地基上。天然基础层地表距地下水位的距离不得＜1.5 m。

上述的要求主要是防止渗滤液对地下水和饮用水源的污染。如果天然基础层渗透系数＞1.0×10^{-7} cm/s 时，应采用天然或人工材料构筑防渗层，防渗层的厚度应相当于渗透系数 1.0×10^{-7} cm/s 和厚度 1.5 m 的黏土层的防渗性能。

六、污染物排放控制要求

1．渗滤液及其处理后的排放水

渗滤液及其处理后的排放水应根据贮存和处置的一般工业固体废物的特征组分作为控制项目。

2．地下水

在贮存、处置场投入使用前，以《地下水质量标准》（GB/T 14848—93）规定的项目为控制项目。其中包括 pH、氨氮、硝酸盐氮、亚硝酸盐氮、挥发性酚类、氰化物、砷、汞、铬（六价）、总硬度、铅、氟、镉、铁、锰、溶解性总固体、高锰酸盐指数、硫酸盐、氯化物、大肠菌群以及反映本地区主要水质问题的其他项目。

在使用过程中和关闭或封场后的控制项目，可选择所贮存、处置的固体废物的特征组分作为控制项目。

3．大气

工业固废贮存、处置场以颗粒物为控制项目，其中属于自燃性煤矸石的贮存、处置场，以颗粒物和二氧化硫为控制项目。

第八节　危险废物和医疗废物处置设施建设项目环境影响评价要求

由于危险废物处置具有潜在的风险，为了防止在危险废物处理过程中造成对环境的污染，国家环境保护总局于 2004 年 4 月 15 日发布了《危险废物和医疗废物处置设施建设环境影响评价技术原则》，该原则在环评技术导则的基础上针对危险废物焚烧厂和危险废物填埋场，提出一些特殊的要求，主要归纳为：

（1）危险废物和医疗废物处置设施建设项目环境影响评价必须编制环境影响报告书，并严格执行国家、地方相关法律、法规、标准的有关规定。

（2）根据处置设施的特点，进行环境影响因素识别和评价因子筛选，并确定评价重点。环境要素应按三级或三级以上等级进行评价。环境影响评价范围应根据处理方法和环境敏感程度合理确定，要包括事故状态下可能影响的范围。

（3）重点关注厂（场）址选择。由于危险废物及医疗废物的处置所具有的危险性和危害性，因此在环境影响评价中，首要关注的是厂（场）址的选择。处置设施选址除要符合国家法律法规要求外，还要就社会环境、自然环境、场地环境、工程地质、水文地质、气候条件、应急救援等因素进行综合分析。结合《危险废物焚烧污染控制标准》（GB 18484—2001）、《危险废物填埋污染控制标准》（GB 18598—2001）、《危险废物贮存污染控制标准》（GB 18597—2001）、《医疗废物集中焚烧处置工程建设技术要求》中规定的对厂址的选择的要求，详细论证拟选厂（场）址的合理性。

（4）要进行全时段的环境影响评价。处置的对象是危险废物或医疗废物，处置的方法包括焚烧法、安全填埋法、其他物化方法。无论使用何种技术处置何种对象，其设施建设项目都经历建设期、营运期和服务期满后。但是根据此类环评的特殊性，对于使用焚烧及其他物化技术的处置厂，主要关注的是营运期，而对于填埋场则关注的是建设期、营运期和服务期满后全时段的环境影响。填埋场在建设期势必要永久占地和临时占地，植被将受到影响，可能造成生物资源或农业资源损失，甚至对生态环境敏感目标产生影响。而在服务期满后，需要提出填埋场封场、植被恢复的具体措施，并要求提出封场后 30 年内的管理和监测方案。这对保护生态环境可谓是重要的问题。

（5）要进行全过程的环境影响评价。危险废物和医疗废物处置设施建设环境影响评价应包括收集、运输、贮存、预处理、处置全过程。由于各环节所产生的污染物及其对环境的影响有所不同，由此制定的防治措施是保证在处置过程不造成二次污染的重要环境影响评价内容。

（6）必须要有环境风险评价。环境风险评价的目的是分析和预测建设项目存在的潜在危险，预测项目营运期可能发生的突发性事件，以及由其引起有毒有害和易燃易爆等物质的泄漏，造成对人身的损害和对环境的污染，从而提出合理可行的防范与减缓措施及应急预案，以使建设项目的事故率达到最小，使事故带来的损失及对环境的影响达到可接受的水平。

（7）充分重视环境管理与环境监测。为保证危险废物和医疗废物的处置设施安全、有效的运行，必须有健全的管理机构和完整的规章制度。环境影响评价报告书必须提出风险管理及应急救援制度、转移联单管理制度、处置过程安全操作规程、人员培训考核制度、档案管理制度、处置全过程管理制度以及职业健康、安全、环保管理体系等。在环境监测方面，焚烧处置厂重点是大气环境监测，而对安全填埋场重点则是地下水的监测。